21世纪普通高校计算机公共课程规划教材

C语言程序设计

陈明晰　谢蓉蓉　编著

清华大学出版社
北　京

内 容 简 介

本书以程序设计为主线，系统介绍 C 语言及其程序设计技术。全书共 10 章，主要包括算法及 C 语言程序设计的初步知识、数据类型与表达式、顺序结构程序设计、选择结构程序设计、循环结构程序设计、数组、函数和编译预处理、指针、结构体与共用体、文件、C 语言上机实验等内容。

本书内容全面，章节安排由浅入深、注重实践，各章均安排了适量的习题，并将上机实验内容编入书中，适合作为高校“C 语言程序设计”课程的教材，还可作为全国计算机等级考试的参考用书。

图书在版编目（CIP）数据

C 语言程序设计 / 陈明晰，谢蓉蓉编著. —北京：清华大学出版社，2013.1（2024.1 重印）

（21 世纪普通高校计算机公共课程规划教材）

ISBN 978-7-302-30635-1

Ⅰ. ①C… Ⅱ. ①陈… ②谢… Ⅲ. ①C 语言-程序设计-高等学校-教材 Ⅳ. ①TP312

中国版本图书馆 CIP 数据核字（2012）第 272498 号

责任编辑：郑寅堃
封面设计：常雪影
责任校对：白　蕾
责任印制：曹婉颖

出版发行：清华大学出版社
网　　址：https://www.tup.com.cn, https://www.wqxuetang.com
地　　址：北京清华大学学研大厦 A 座　　邮　　编：100084
社 总 机：010-83470000　　邮　　购：010-62786544
投稿与读者服务：010-62776969，c-service@tup.tsinghua.edu.cn
质 量 反 馈：010-62772015，zhiliang@tup.tsinghua.edu.cn
课 件 下 载：https://www.tup.com.cn，010-83470236
印 装 者：三河市龙大印装有限公司
经　　销：全国新华书店
开　　本：185mm×260mm　　印　　张：19.5　　字　　数：457 千字
版　　次：2013 年 1 月第 1 版　　印　　次：2024 年 1 月第 9 次印刷
印　　数：6001～6300
定　　价：49.00 元

产品编号：049263-02

前　言

程序设计是高等院校重要的基础课程之一。根据教育部高等学校计算机基础课程教学指导委员会提出的《关于进一步加强高校计算机基础教学的意见》精神，“程序设计基础”课程一般定位为各专业大学生第二门计算机公共基础课，通过该课程的学习，一是让学生掌握一种高级程序设计语言；二是了解程序设计的思想和方法，培养程序设计的能力。

C 语言是国内外广泛使用的一种面向过程的程序设计语言，它不仅具有丰富的数据类型与运算符、灵活的控制结构、简洁高效的表达式、清晰的程序结构和良好的可移植性等优点，而且还具有直接对计算机硬件操作的强大功能；既具有高级语言的优点，又有低级语言的特点；生成目标代码质量高，执行速度快也是其特点之一。C 语言的卓越性能，使它流行于全世界，成为最受欢迎的程序设计语言之一。当今流行的面向对象语言 C++以及 Internet 上的通用语言 Java 就是在 C 语言基础上发展起来的。

本书以程序设计为主线，全面、系统地介绍 C 语言及程序设计的基础知识。全书共分 10 章，包括程序设计基础，数据类型和表达式，顺序、选择和循环结构程序设计，数组，函数和编译预处理，指针，结构体与共用体，文件，C 语言上机实验等内容，将 C 语言上机实验内容作为第 10 章，主要为了方便教学。本书在编写过程中参考了大量同类教材，结合了作者多年从事程序设计教学和研究的经验，内容编排由浅入深、循序渐进、通俗易懂，通过大量的例题介绍 C 语言程序设计的基本方法与技巧，通过习题加深对 C 语言的掌握，训练学生的程序设计技能，是一本适合初学程序设计的人员学习 C 语言的书籍，还可作为普通高等院校非计算机专业“C 语言程序设计”课程的教材。

本书由陈明晰、谢蓉蓉编写。刘天时教授对全书做了审阅，并提出了许多宝贵的意见，在此表示衷心的感谢。

本书在编写过程中参阅了大量的其他参考文献、资料，在此对它们的作者表示衷心的感谢。由于编者水平有限，加之时间仓促，书中不当之处在所难免，恳请读者批评指正。

编　者

2012 年 10 月

前言

2012年10月

目录

第 1 章　C 语言程序设计概述……1
1.1　算法与程序设计……1
1.1.1　算法……1
1.1.2　程序……3
1.1.3　程序设计语言……4
1.1.4　程序设计的一般过程……4
1.2　C 语言发展历史和特点……5
1.3　C 语言程序的结构……7
1.3.1　C 语言程序的一般形式……7
1.3.2　C 程序中的主要成分……8
1.4　C 语言上机环境及操作步骤……10
1.5　用流程图表示算法……14
1.6　结构化程序设计简介……15
1.6.1　结构化程序……15
1.6.2　结构化程序设计方法遵循的原则……15
习题 1……17
第 2 章　数据类型与表达式……20
2.1　C 语言的数据类型……20
2.2　常量和变量……21
2.2.1　常量和符号常量……21
2.2.2　标识符与变量……21
2.3　整型数据……23
2.3.1　整型常量……23
2.3.2　整型变量……24
2.4　实型数据……26
2.4.1　实型常量的表示方法……26
2.4.2　实型变量……27
2.4.3　双精度型数据……28
2.5　字符型数据……28
2.5.1　字符常量……28

2.5.2 字符变量 30
2.5.3 字符串常量 31
2.6 系统函数 32
2.6.1 简例 32
2.6.2 常用数学函数 33
2.7 C 运算符概述 34
2.8 算术运算符 34
2.8.1 基本的算术运算符 34
2.8.2 算术表达式和运算符的优先级与结合性 35
2.8.3 自加、自减运算符 36
2.8.4 类型转换运算符及类型转换 37
2.9 关系运算符和逻辑运算符 38
2.9.1 关系运算符 38
2.9.2 逻辑运算符 39
2.9.3 条件运算符 40
2.10 位运算符与长度运算符 41
2.10.1 原码、反码和补码 41
2.10.2 移位运算符 42
2.10.3 位逻辑运算符 43
2.10.4 求长度运算符 44
2.11 赋值运算符和赋值表达式 45
2.11.1 赋值运算符和赋值表达式 45
2.11.2 类型转换问题 45
2.11.3 算术复合赋值运算符 46
2.11.4 位复合赋值运算符 46
2.11.5 赋值运算符的优先级与结合性 46
2.12 逗号运算符和逗号表达式 47
2.13 运算符的优先级与表达式的分类 48
2.13.1 运算符的优先级 48
2.13.2 C 表达式的分类 48
习题 2 49

第 3 章 简单的 C 程序设计 54

3.1 C 语句概述 54
3.2 赋值语句和表达式语句 54
3.2.1 赋值语句 54
3.2.2 表达式语句 56
3.3 格式化输入/输出 56
3.3.1 printf()函数 56

3.3.2 scanf()函数 …… 60
3.4 字符数据的输入/输出 …… 63
3.4.1 putchar()函数 …… 63
3.4.2 getchar()函数和 getch()函数 …… 64
3.5 顺序结构程序举例 …… 65
习题 3 …… 66

第 4 章 控制结构程序设计 …… 71

4.1 if 语句 …… 71
4.1.1 if 语句的形式 …… 71
4.1.2 if 语句的嵌套 …… 73
4.2 switch-case 语句 …… 75
4.3 while 循环语句 …… 78
4.4 do…while 循环语句 …… 83
4.5 for 循环语句 …… 86
4.6 三种循环比较及循环嵌套 …… 90
4.6.1 三种循环比较 …… 90
4.6.2 循环嵌套 …… 91
4.7 标号语句与 goto 语句、break 语句和 continue 语句 …… 93
4.7.1 标号语句与无条件转移语句 goto …… 93
4.7.2 break 语句和 continue 语句 …… 96
习题 4 …… 97

第 5 章 数组 …… 105

5.1 一维数组 …… 105
5.1.1 一维数组的定义 …… 105
5.1.2 一维数组元素的引用 …… 106
5.1.3 一维数组的初始化 …… 107
5.1.4 应用举例 …… 107
5.2 二维数组和多维数组 …… 110
5.2.1 二维数组的定义 …… 110
5.2.2 二维数组变量的存储 …… 111
5.2.3 二维数组元素的引用 …… 112
5.2.4 二维数组的初始化 …… 113
5.2.5 多维数组 …… 113
5.2.6 应用举例 …… 114
5.3 字符数组与字符串 …… 117
5.3.1 字符数组的定义 …… 118

5.3.2 字符数组元素的引用……118
5.3.3 字符数组的初始化……118
5.3.4 字符串的输入/输出……118
5.3.5 字符串处理函数……120
5.3.6 应用举例……123
习题 5……126

第 6 章 函数和编译预处理……132

6.1 函数的定义和调用……132
6.1.1 函数定义的一般方式……132
6.1.2 函数调用的方式……133
6.1.3 形式参数与实际参数……134
6.2 函数返回值和函数类型说明……135
6.2.1 函数的返回值……135
6.2.2 函数的类型声明……136
6.3 数组或字符串作为函数参数……137
6.3.1 数组元素作为函数的实参……137
6.3.2 一维数组名作为函数参数……138
6.3.3 多维数组名作为函数参数……140
6.3.4 字符串作为函数参数……142
6.4 函数的嵌套调用和递归调用……143
6.4.1 函数的嵌套调用……143
6.4.2 递归调用的形式……145
6.4.3 递归函数的使用……145
6.4.4 消去递归……146
6.5 变量存储类型……147
6.5.1 局部变量与全局变量……147
6.5.2 自动变量……149
6.5.3 寄存器变量……149
6.5.4 外部变量……150
6.5.5 静态变量……151
6.6 内部函数与外部函数……154
6.6.1 内部函数……154
6.6.2 外部函数……154
6.7 编译预处理……155
6.7.1 宏定义……156
6.7.2 文件包含……161
6.7.3 条件编译……164
习题 6……166

第 7 章　指针……175

7.1　内存数据的指针与指针变量……175
7.2　指针变量的定义及指针运算……176
7.2.1　指针变量的定义……176
7.2.2　指针变量的运算……177
7.2.3　指针变量作为函数的参数……179
7.3　数组元素的指针与数组的指针……181
7.3.1　数组元素的指针……181
7.3.2　数组的指针……183
7.3.3　多维数组的指针……186
7.3.4　指向由 m 个元素组成的一维数组的指针变量……187
7.4　函数的指针和返回指针的函数……190
7.4.1　指向函数的指针变量……190
7.4.2　返回指针的函数……192
7.5　字符指针……193
7.5.1　字符串的指针……193
7.5.2　字符数组和字符指针变量的区别……195
7.6　指针数组与指向指针的指针……196
7.6.1　指针数组……196
7.6.2　指向指针的指针……197
7.6.3　命令行参数……200
7.7　指针类型小结及相关说明……202
7.7.1　指针类型小结……202
7.7.2　与指针相关的运算……202
7.7.3　使用指针的利与弊……203
习题 7……203

第 8 章　结构体与共用体……209

8.1　结构体类型与结构体类型的变量……209
8.1.1　结构体类型的定义……209
8.1.2　结构体类型变量的定义……211
8.1.3　结构体类型变量的引用……212
8.1.4　结构体类型变量的初始化……213
8.2　结构体数组……214
8.3　指向结构体类型数据的指针……217
8.3.1　指向结构体变量的指针变量……217
8.3.2　指向结构体数组的指针……219
8.3.3　用结构体变量（或数组）作为函数参数……221

8.4 内存的动态分配与单链表…………224
8.4.1 存储空间的动态分配…………224
8.4.2 单链表的存储…………225
8.4.3 单链表的基本操作…………226
8.4.4 单链表上的其他操作…………232
8.5 共用体…………234
8.5.1 共用体类型及共用体类型变量的定义…………234
8.5.2 共用体变量的引用…………235
8.5.3 使用共用体应注意的问题…………235
8.6 位段…………236
8.6.1 位段的概念…………236
8.6.2 使用位段应注意的问题…………237
8.7 枚举类型…………238
8.7.1 枚举类型的定义和枚举变量的定义…………238
8.7.2 枚举类型在使用中应注意的问题…………239
8.8 typedef 语句…………240
8.8.1 typedef 语句的一般形式及使用方法…………240
8.8.2 使用 typedef 语句应注意的问题…………241
习题 8…………243

第 9 章 文件…………247

9.1 C 语言文件概述…………247
9.2 文件类型指针…………249
9.3 文件的打开与关闭…………249
9.3.1 文件的打开…………249
9.3.2 文件的关闭…………251
9.4 文件的读写…………251
9.4.1 文件的字符读写函数…………251
9.4.2 文件的字符串读写函数…………253
9.4.3 文件的数据块读写函数…………255
9.4.4 文件的格式化读写函数…………257
9.4.5 文件的其他读写函数…………258
9.5 文件的定位…………259
9.5.1 rewind()函数…………259
9.5.2 ftell()函数…………260
9.5.3 fseek()函数…………260
9.6 文件操作中的错误检测…………264
9.6.1 ferror()函数…………264
9.6.2 clearerr()函数…………264

9.6.3 feof()函数……265
9.6.4 常用文件操作函数表……265
习题 9……265

第 10 章 C 语言上机实验……271

10.1 C 语言上机环境……271
10.1.1 Visual C++ 6.0 集成开发环境……271
10.1.2 利用 Turbo C 运行 C 语言程序……277
10.2 上机实验内容……280
实验一 顺序结构（数据类型、输入与输出）……280
实验二 选择结构……281
实验三 循环控制……282
实验四 数组……283
实验五 函数……283
实验六 编译预处理……284
实验七 指针……285
实验八 结构体与共用体……286
实验九 位运算及枚举类型……286
实验十 文件……287

附录 A C 语言的字符集……288

附录 B C 语言的关键字……289

附录 C ASCII 码表……290

附录 D C 语言的库函数……291

参考文献……297

第 1 章　C 语言程序设计概述

C 语言是一种目前比较流行的、过程式的程序设计语言，广泛用于系统与应用软件的开发。本章首先介绍算法和程序设计的基本概念，然后介绍 C 语言的发展历史和特点、C 语言程序的结构以及在 Turbo C 2.0 集成开发环境下的上机操作过程，最后介绍用流程图表示算法以及结构化程序设计的思想。学习本章的目的是使读者对 C 语言和程序设计有一个大概的了解，并掌握上机运行简单程序的操作步骤。

1.1　算法与程序设计

1.1.1　算法

1. 算法的概念

做任何事情都有一定的步骤。为解决一个问题而采取的方法和步骤，就称为算法。在计算机领域，算法就是用计算机解决数值计算或非数值计算问题的方法。

解决同一个问题有时可以采取不同的方法与步骤，即存在不同的算法，但要选择质量更高、更合理的算法。比如要从上海到北京，应先买火车票，然后到车站检票上车，火车到达后再坐公交车抵达目的地，这是一种算法。但不同的人还可以根据自己的情况选择更快速、更合理的交通工具，比如乘飞机、乘客车或自驾到达。再看下面两个例子。

【例 1-1】 计算 1+2+3+…+100。可采取以下两种算法中的一种。

算法 1

可以设两个变量（变量是指其值可以改变的量），一个变量代表和（s），一个变量代表加数（i），用循环算法表示如下：

第一步：0⇒s，1⇒i。

第二步：s+i⇒s。

第三步：i+1⇒i。

第四步：如果 i≤100，转第二步；否则，转第五步。

第五步：输出结果 s，结束。

在算法描述中，形如 e⇒v 表示计算 e 的值，存放到 v 所代表的变量中。例如，0⇒s 表示将数值 0 赋给变量 s；s+i⇒s 表示将变量 s 和变量 i 所代表的值相加，把结果赋给变量 s。算法中第二步到第四步组成一个循环，实现算法时多次执行该循环，只有当第四步经过判断不满足要求时才不返回第二步，而执行第五步输出结果。C 语言有实现循环功能的语句，加上计算机的高速运算，实现这一算法是轻而易举的。

算法 2

第一步：100×101/2⇒s。

第二步：输出 s，结束。

算法一更为灵活，若将题目改为计算 1+2+3+…+1000，只须将第四步改为 i≤1000；若将题目改为计算 1+3+5+…+101，只须将第三步改为 i+2 ⇒i，第四步改为 i≤101。

【例 1-2】 判断一个大于等于 3 的正整数是不是素数。

所谓素数是指除了 1 和该数本身之外，不能被其他任何整数整除的数。例如 23 是素数，因为它不能被 2、3、4、…、21、22 整除。

判断素数的方法很简单，例如判断 n（n≥3）是不是素数，只须将 n 作为被除数，将 2～n–1 各个整数轮流作除数，作除法运算，如果都不能被整除（余数不为 0），则 n 是素数。算法表示如下：

第一步：输入 n 的值。

第二步：i 作除数，2⇒i。

第三步：n 除以 i，得余数 r。

第四步：如果 r=0，表示 n 能被 i 整除，则打印 n 不是素数，转第七步；否则执行第五步。

第五步：i+1⇒i。

第六步：如果 i≤n–1，返回第三步；否则打印 n 是素数，转第七步。

第七步：结束。

实际上，除数只要为 2～$\sqrt{n}$之间的整数即可。把第六步的条件改变一下，程序执行时间会大大缩短。

2．算法的属性

从上述算法设计的例题中，不难体会算法具有以下属性：

（1）有穷性。有穷性是指一个算法的操作步骤必须是有限的、合理的，即在合理的范围之内结束算法。例如，求整数累加和的算法，由于整数本身是个无限集合，如果不限定其范围，会导致求解步骤是无限的。又例如，计算机执行某个算法需要几千年，虽然是有限的，但却是不合理的。当然，究竟什么算“合理”，并没有严格标准，由人们的常识和需要而定。

（2）确定性。算法中每个操作步骤都应当是明确的，而不应是含糊或模棱两可的。在计算机算法中最忌讳的是歧义性，所谓“歧义性”是指可以被理解为两种或多种可能的含义。因为计算机至今还没有主动思维的能力，如果给定的条件不确定，计算机就无法执行。例如，“计算 3 月 1 日是一年中的第几天”，这个问题是不确定的，因为没有指明是哪一年，不知道是不是闰年，闰年和平年 2 月份的天数不一样，所以无法执行。

（3）有零个或多个输入。执行算法时需要从外界获得必要信息的操作称为输入。输入的数据个数根据算法确定。例如，计算 1～100 累加和的算法不需要输入；计算 n! 的算法需要输入 n 的值；计算 m 和 n 的最大公约数和最小公倍数则需要输入 m 和 n 两个数的值。

（4）有一个或多个输出。执行算法得到的结果就是算法的输出，没有输出的算法是没有意义的。最常见的输出形式是屏幕显示或打印机输出，但并非唯一的形式。执行算法的目的就是为了求解，“解”就是输出。

（5）有效性。算法中的每一个步骤都应当有效地执行，并得到确定的结果。例如，当 b=0 时，a/b 是不能有效执行的。又例如，在 C 语言中，a%b 中的 a 和 b 都必须是整型数据，否则也不能有效执行。

算法有优劣之分，一般希望用简单和运算步骤少的算法。因此，为了有效地进行解题，不仅要保证算法正确，还要考虑算法的质量，选择合适的算法。

算法的描述方式没有统一的规定，同一个算法可采用不同的方式描述。常用的算法描述方式有自然语言方式、流程图方式（见1.5节）、计算机语言方式、伪代码方式（将某种计算机语言进行适当修改以描述算法）等。上述两例中算法的描述采取的是自然语言加数学公式的方式。

1.1.2 程序

用计算机语言描述的算法称为计算机程序，或简称程序。只有用计算机语言描述的算法才能在计算机上执行。换言之，只有计算机程序才能在计算机上执行。人们编写程序之前，为了直观或符合人类的思维方式，常常先用其他方式描述算法，然后再翻译成计算机程序。

算法的描述有粗细之分，如果用其他方式描述的算法太粗略，则可能难以直接翻译成计算机程序语言。

【例 1-3】 输入任意20个整数，求出其中最大者。可采用以下算法：

第一步：输入一个整数赋给big。

第二步：1⇒i。

第三步：如果i≤19，输入一个整数赋给x，转第四步；否则，转第六步。

第四步：如果x大于big，x⇒big，然后转第五步；否则，直接转第五步。

第五步：i+1⇒i，转第三步。

第六步：输出结果big，结束。

针对上述算法，用C语言可描述为：

```
#include<stdio.h>            /*#include 是预编译命令，它将 stdio.h 这个标准输入/输出
                             头文件包含，使之成为源程序的一部分*/
void main()                  /*main 是主函数。一个 C 程序必须有一个主函数，void 表示 main
                             的返回值类型为空类型*/
{ int i,x,big;               /*说明 i、x、big 是存放整数的变量*/
  scanf("%d",&big);          /*输入一个数给 big */
  for(i=1;i<=19;i++)         /*i 从 1～19（每次加 1）进行循环*/
    { scanf("%d",&x);        /*每循环 1 次，输入一个数给 x*/
      if(x>big) big=x;       /*如果 x 大于 big，将 x 的值赋给 big*/
    }
  printf("%d",big);          /*输出结果 big */
}
```

程序中“/*”和“*/”括起来的内容只起注释作用，程序运行时不起作用。

假如将例1-3求最大数的算法简化为：

第一步：输入20个数，求其中的最大值并赋给big。

第二步：输出big，结束。

则要直接翻译成 C 语言程序就很困难，因为算法中第一步太粗略，应该加以细化，应详细描述如何求 20 个数中的最大者。关于算法的粗细把握，可以先粗，再细。但细到什么程度，这与编程者采用的计算机语言有关。只有全面学习了一种编程语言，才能对这一点有比较深刻的体会。

1.1.3 程序设计语言

人类社会中有汉语、英语、法语、日语、俄语等语言交流工具，每种语言又都有它的语法规则。人和计算机通信要通过计算机语言。计算机语言是面向计算机的人造语言，是进行程序设计的工具，因此也称程序设计语言。程序设计语言可以分为机器语言、汇编语言、高级语言。高级语言种类繁多（据统计有上千种），曾经引起广泛关注和使用的高级语言有 FORTRAN、Basic、Pascal 和 C 等命令式语言（或称过程式语言）；有 LISP、PROLOG 等陈述式语言（两者又分别称为函数式语言和逻辑式语言）；还有面向对象的程序设计语言，如 C++、Java、Visual C++、Visual Basic、Delphi、PowerBuilder 等。

计算机硬件能直接执行的是机器语言程序。汇编语言也称符号语言，用汇编语言编写的程序称汇编语言程序。计算机硬件不能识别和直接运行汇编语言程序，必须由“汇编程序”将其翻译成机器语言程序后才能识别和运行。同样，高级语言程序也不能被计算机硬件直接识别和执行，必须把高级语言程序翻译成机器语言程序才能执行。语言处理程序就是完成这个翻译过程的。按照处理方式的不同，可以分为解释型程序和编译型程序两大类。C 语言采用编译型程序，即把用 C 语言写的“源程序”编译成“目标程序”，再通过连接程序的连接，生成“可执行程序”才能运行。具体过程将在 1.4 节中详细说明。

1.1.4 程序设计的一般过程

从实际问题的描述入手，经过对解题算法的分析，设计、编写程序并调试和运行等一系列过程，最终得到能够解决问题的计算机应用程序，此过程称为程序设计。下面介绍程序设计的一般步骤。

1. 建立数学模型

对于一个简单问题，编程者根据经验，也许能直接写出正确的计算机程序，如例 1-3 中所举的求 20 个数中最大者的例子。但就客观世界中的一般问题而言，在程序设计之初，首先应将实际问题用数学语言描述出来，形成一个抽象的、具有一般性的数学问题，从而给出问题的抽象数学模型。以计算个人收入所得税程序设计为例，问题描述为：当月收入超过 3500 元的，超过部分纳税款 20%。输入月收入 income，计算应交税款 tax。该问题可用数学方式描述为：

$$tax = \begin{cases} 0 & income \leqslant 3500 \\ (income - 3500) \times 0.2 & income > 3500 \end{cases}$$

对于任何一个人的月收入 income，由上述分段函数可计算出应交税款 tax。

数学模型是进一步确定计算机算法的基础。数学模型和算法的结合将给出问题的解决方案。当然，实际问题是各种各样的，数学模型也是千变万化的，这里只是举一个简单的例子。

2．算法描述

数学模型建立以后，需要采用一定的算法进行描述，也可以比较几种算法的优劣，选择较理想的算法。例如，上述计算个人所得税的算法可描述为：

第一步：输入月收入给 income。

第二步：若 income>3500，(income–3500)×0.2⇒tax；否则 0⇒tax。

第三步：输出 tax。

算法的初步描述可以采用自然语言方式，然后逐步将其转化为程序流程图或其他直观方式。对某些特殊问题，其数学模型本身可能已是一种算法描述，此时可省略由数学模型到算法描述这一步。

3．编写程序

使用计算机系统提供的某种程序设计语言，将已设计好的算法表达出来，使得用其他形式表达的算法转变为由程序设计语言表达的算法，这个过程称为程序编制（或编码）。程序的编写过程需要反复调试才能得到可以运行且结果正确的程序。

4．程序测试

程序编写完成后必须经过科学的、严格的测试，才能最大限度地保证程序的正确性。同时，通过测试可以对程序的性能作出评估。

对于非数值计算问题，如图书检索、人事管理、科研项目管理等，在描述算法之前往往先要考虑数据结构，即描述事物的数据元素和数据元素之间的关系的总称。例如，要设计将考生的成绩存入计算机并提供查询功能的程序，可以考虑以下形式的数据元素：考号、姓名、数学、语文、英语、综合、总分，每个考生对应一个数据元素。可以按考号从小到大对数据元素进行排序。这样，对于任意两个考生来说，考号小的必然在前，考号大的必然在后，这便是数据元素之间的关系。由于本教材不涉及复杂的数据结构，所以这里不详细讨论有关概念。有兴趣的读者可参阅《计算机软件基础》或《数据结构》等参考书。

对于大型的复杂问题，如何从问题描述入手构成解决问题的算法，如何快速合理地设计出结构和风格良好的高效程序，这些将涉及多方面的理论和技术，因此形成了计算机科学的一个重要分支——程序设计方法学。

如果问题规模大、功能复杂，则有必要将问题分解成功能相对单一的小模块分别实现。这时，程序组织结构和层次设计越来越显示出其重要性，程序设计方法将起到重要作用。程序设计过程实际上成为算法、数据结构以及程序设计方法学三个方面相统一的过程，这三个方面又称为程序设计三要素。常见的程序设计方法有：结构化方法、函数式方法、面向对象方法、事件驱动的程序设计方法、逻辑式程序设计方法。根据 C 语言的特点，本书在 1.6 节中将介绍结构化程序设计的思想。

1.2　C 语言发展历史和特点

1972～1973 年，美国贝尔实验室的 Dennis Ritchie 发明了 C 语言。C 语言是在一种称为 B 语言的基础上发展起来的，并首先在配备 UNIX 操作系统的 DEC PDP-11 计算机上实现。在很长的一段时期内，UNIX V 操作系统上配备的 C 语言一直被认为是 C 语言公认的标准。1978 年以后，随着微型机的普及，出现了一大批 C 语言系统。绝大多数 C 语言系统所接受的 C 语言源程序具有很高的兼容性。然而由于没有统一的标准，必然存在差异。1983 年，美国国家标准化协会（Americen National Standard Institute，ANSI）公布了一个标准，称为 ANSI C。随着 C 语言的发展，1987 年 ANSI 又公布了一个新的标准，称为 87 ANSI C。1990 年，国际标准化组织 ISO 接受 87 ANSI C 为 ISO C 的标准，目前流行的 C 编译系统虽然略有差异，但都是以它为基础的。

目前 C 语言编译系统有多种版本，在微机上常用的有 Microsoft C、Turbo C、Quick C、Borland C++ 5.0 和 Visual C++ 6.0。

1994 年 ANSI 又制定了 ANSI C++ 标准草案。C++在 ANSI C 的基础上，扩充了类的部分，因此 ANSI C 是 C++的子集。就是说，按照 ANSI C 标准编写的程序可以运行在 C++的语言环境中。

C 语言是一种高级语言，和其他高级语言相比，具有以下特点。

1．兼有低级语言的功能

C 语言虽然属于高级语言，但它兼有机器语言和汇编语言的某些功能。C 语言允许直接访问物理地址，能进行位（bit）操作，可以直接对硬件进行操作。它把高级语言的基本结构和语句与低级语言的实用性结合起来，是处于汇编语言和高级语言之间的一种程序设计语言，因此也可称其为“中级语言”。C 语言的这一特性使其既可以用来设计应用软件，也可以用来设计系统软件。

如果对 C 语言的地址操作这一功能使用不当，则容易造成极其隐蔽、难以排除的故障。所以必须一分为二地去看待 C 语言的这一特点。如果只是设计一般的应用程序，可以不使用 C 语言的这一功能。

2．可移植性好

可移植性表示可将为某种计算机编写的程序改编到另一种机器上去。举例来说，如果为苹果机写的一个程序 A 能够方便地改为可以在 IBM PC 上运行的程序 B，则称 A 为可移植的。与汇编语言相比，C 程序基本上不作修改就可以运行于各种型号的计算机和操作系统上。

3．结构化的程序设计语言

结构化程序是指整个程序可分解为不同功能的模块，每一个模块又由不同的子模块组成。最小的模块是一个最基本的结构(见 1.3 节)。C 语言程序采用函数结构，便于把整体程序分割成若干相对独立的功能模块，为程序模块间的相互调用以及数据传递提供了便利。C 语言还有多种选择、循环的控制语句以控制程序的流向，使程序完全结构化。

4．语言比较简洁、紧凑

C 语言一共只有 32 个关键字，而且关键字比较简洁。与 IBM Basic 相比，后者的关键字达 159 个之多。C 语言区分大小写，其关键字都是小写英文单词。例如 else 是关键字，ELSE 则不是。所有关键字构成 C 语言的命令。与其他语言相比，C 语言的控制语句和表达式也比较紧凑。控制语句中去掉了一些不必要的成分，表达式也采取了一些简略的书写方式。

5．运算符丰富

C 语言的运算符非常丰富，有 34 个。FORTRAN、Basic 等语言的运算符只有 20 个左右。这一特点使得 C 语言的功能强大，使用灵活，可以实现在其他高级语言中难以实现的运算。但运算符多又使得初学者难以区分和掌握。

6．数据结构丰富

高级语言通过数据类型实现简单的数据结构。C 语言的数据类型包括整型、实型、字符型、数组类型、指针类型、结构体类型、共用体类型、枚举类型等，基本上具有现代高级语言的各种数据结构，易于实现各种复杂的数据结构（例如链表、树、堆栈）的运算。

7．语法限制不太严格，书写格式比较自由

例如，C 语言编译系统对下标越界不作检查，由程序编写者自己保证程序的正确性。这一点对编程者来说有利也有弊。一方面程序编译容易通过；另一方面，初学者出错时难以检查。C 语言书写格式比较自由，书写程序时，几条语句可以写在一行，一条语句也可分几行来写。

8．目标代码质量高，程序执行效率高

经编译生成的目标代码质量高，程序执行效率高。C 语言生成的目标代码效率一般只比汇编语言低 10%～20%。

如果读者已经学习过其他高级语言，则对 C 语言的上述特点会有较深刻的体会。假如没有学过任何一种计算机语言，建议对本节内容只作简单的了解。

1.3　C 语言程序的结构

1.3.1　C 语言程序的一般形式

【例 1-4】 下面程序的功能是：首先在屏幕上输出英文提示信息“Please enter a number:”，然后等待用户输入一个数。当用户输入一个数并按【Enter】键后，计算机计算出以此数为半径的圆的面积，并在屏幕上输出“The area is ×××”（“×××”表示对应的圆面积值）。

```
#include<stdio.h>
#define PI 3.1416

void area(float r)                     /*求面积的函数开始*/
{  float a;                            /*定义实型变量 a*/
   a=PI*r*r;                           /*计算面积并赋给变量 a*/
   printf("The area is %f",a);         /*输出结果*/
}

void main()                            /*主函数开始*/
{ float r;                             /*定义实型变量 r*/
  printf("Please enter a number: "); /*输出提示信息*/
  scanf("%f",&r);                      /*等待输入数给 r*/
  area(r);                             /*调用函数 area()*/
}
```

上一节已提到，C 程序的主要结构成分是函数，函数是 C 语言程序的构件。上述程序有两个函数：用户定义的函数 area()和主函数 main()。前者的作用是根据半径 r 的值求出对应的圆面积并在屏幕上输出该面积值。后者的作用是提示并接收用户输入的数，然后调用函数 area()，在调用的同时，将半径 r 的值传递给函数 area()。

任何一个 C 程序都是由一个或多个函数构成的。一个 C 程序中必须有且只能有一个主函数 main()，它是程序运行开始时被调用的一个函数。C 语言程序的一般形式如图 1-1 所示。其中 f1 至 fN 代表用户定义的函数。

```
预处理命令和全局性的声明
main()
{  局部变量声明
   语句序列
}
f1()
{  局部变量声明
   语句序列
}
f2()
{  局部变量声明
   语句序列
}
⋮
fN()
{  局部变量声明
   语句序列
}
```

图 1-1　C 语言程序的一般形式

1.3.2　C 程序中的主要成分

1．预处理命令

预处理命令是程序中那些以符号 # 开头的命令。C 语言中常用的预处理命令有三类：文件包含、宏定义和条件编译。例 1-4 的程序中#define PI 3.1416 就是宏定义命令，它的作用是为字符串“3.1416”起一个名字 PI，后边凡是用到 3.1416 时都可以用 PI 去代替。

预处理命令不属于 C 语言的语句，这些命令是在源程序正式编译前进行处理的。

本书在第 6 章将详细介绍 C 语言的预处理命令。

2．函数

函数通常用于描述相对独立的功能，每个函数都具有严格定义的格式，可以有参数和返回值。一个程序中除了一个必须取名为 main 的主函数，其余函数可以取任何有意义的名字。一个函数在执行过程中可以调用其他函数，也可以调用自己（称为递归，详见 6.4 节）。

任何函数（包括主函数 main()）都由函数首部和函数体两部分组成。

（1）函数的首部，即函数的第一行，用于对函数进行说明，包括函数类型（可默认）、函数名、函数参数表（形参表）。

（2）函数体。函数首部之后的第一个大括号和与之配对的大括号之间的部分为函数体

（大括号必须配对使用，如果一个函数内有多对大括号，则最外面的一对大括号是函数体的范围）。

函数体一般由说明部分和可执行语句构成。

① 说明部分主要是定义变量和对有关函数的声明。例如，例 1-4 中主函数 main()函数体里的“float r;”定义了一个实型变量 r。

② 可执行语句部分一般由若干条可执行语句构成。例如，在例 1-4 的 main()函数体中，说明部分“float r;”后面的三条语句都是可执行语句。

注意：*函数体中的说明部分必须在所有可执行语句之前，即说明部分不能和可执行语句交织在一起。例 1-4 的 main()函数中如果将“float r;”一句移到中间或后边，则程序在编译时就会出现错误。*

可以被调用的函数除了用户编写的函数以外，还有一种库函数。编译程序的开发者编写了很多标准函数，将它们存储在扩展名为.lib 的文件中，与编译程序一起提供给用户，以便调用。这些函数被称为库函数或系统函数（详见 2.6 节）。当我们调用库函数时，编译程序“记忆”它的名字。随后，“连接程序”把我们编写的程序同标准函数库中找到的目标码结合起来，这个过程称为“连接”。

系统函数不同于用户编写的函数，前者对应的程序代码不出现在源程序中，而后者是源程序的组成部分。

复杂程序通常都有多个函数，为管理方便，通常将关系密切的函数组织在一起放在同一个文件中，因此大型程序通常由多个文件组成，每个文件均以.c 作为源文件的扩展名（后缀），例如 exam1.c、exam2.c 等。

3．输入与输出

输入/输出是指程序与用户进行的数据或信息的交换。程序离不开输入和输出功能，用户通过输入为程序提供初始数据，程序通过输出产生运行结果。C 语言中没有定义输入、输出方法，但在程序中可以调用实现输入/输出功能的库函数。例 1-3 中的 scanf()就是调用输入函数，等待用户从标准输入设备上输入数据赋给相应的变量。例 1-3 和例 1-4 中的 printf()都是调用输出函数，从标准输出设备（显示器）上输出运行结果。

当程序中有调用库函数的语句时，一般还需要在程序开始位置使用预处理命令“#include<文件名>”将说明对应库函数的文件包含进去。但对于 Turbo C 等编译系统来说，调用 scanf()和 printf()这两个函数时，程序前不需要用#include 命令包含说明它们的文件。因为这两个函数经常被使用，所以采取了默认的方式。

4．语句

语句由单词按照一定的语法规则构成。例 1-4 中函数内部的每一行都是一条语句。C 语言中有多种类型的语句，由这些语句构成函数，再由函数构成程序。

在 1.2 节讲到的 C 语言的特点中已提到，C 语言程序的书写格式比较自由，称为无格式语言，但要注意以下几点：

（1）程序中每个语句都必须以分号“;”结束，分号是语句的一部分。

（2）允许一行内写几条语句，也允许一条语句写在几行上。为了便于阅读程序，最好一条语句占一行。如果一条语句很长，可以写成几行。

5. 注释

一个高质量的程序，源程序中都应该加上必要的注释，以增强程序的可读性，这对程序员和用户都有很大的帮助。程序中提倡使用注释。

C 语言的注释格式为：/*……*/。

在例 1-3 和例 1-4 中凡是以“/*”和“*/”括起来的文字都是注释。使用注释时需要注意以下几点：

（1）注释可以单独占一行，也可以跟在语句后面。

（2）“/*”和“*/”必须成对使用，并且“/”和“*”以及“*”和“/”之间不能有空格，否则会出错。

（3）如果注释内容在一行写不下，可以另起一行继续写。

（4）注释中允许使用汉字。在非中文操作系统下，看到的是一串乱码，但不影响程序运行。

1.4 C 语言上机环境及操作步骤

如何在计算机上运行一个已编好的 C 语言程序呢？一般要经过以下几个步骤：首先上机输入或修改已有的源程序，称为编辑；第二步对源程序进行编译（包括预处理），因为计算机不能识别和执行 C 语言源程序，必须先用“编译程序”把源程序翻译成计算机能识别和执行的二进制指令形式的“目标程序”；第三步把目标程序与系统的函数库以及其他目标程序连接起来，形成可执行程序；最后运行可执行程序得到结果。结果是否正确需要经过验证，如果结果不正确则需要进行调试。调试程序往往比编写程序更困难、更费时间。图 1-2 表示了 C 程序编辑、编译、连接和运行的全过程。

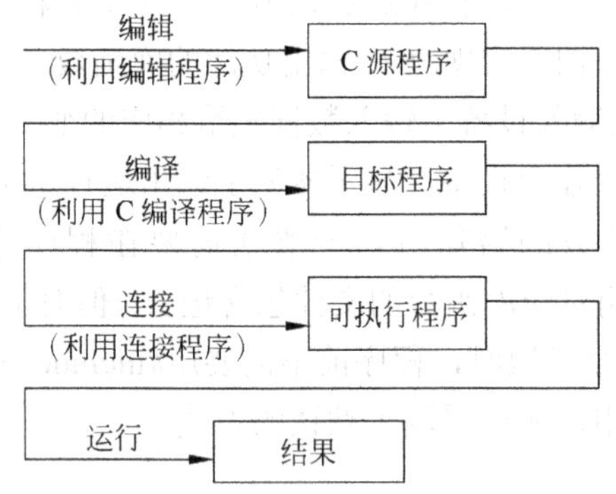

图 1-2　C 程序编辑、编译、连接、运行全过程

目前 C 语言编译系统有多种版本，不同的环境下具体操作方式略有不同。下面介绍 Turbo C 集成环境和上机操作步骤。详细情况及集成环境 Visual C++ 6.0 的介绍见本书第 10 章上机环境部分。

Turbo C 是在微型计算机上广泛使用的集成环境，它具有清晰、直观、简单易用、功能较强等特点，它把程序的编辑、编译、调试、连接和运行等操作全部集中在一个界面上进行，使用十分方便、灵活。

1. 启动 、退出 Turbo C

在 Turbo C 系统文件所在的 Windows 文件夹中，双击 Turbo C 文件图标，或在 MS-DOS 方式下进入 Turbo C 所在的子目录，例如 C 盘根目录下的 TC 子目录，在键盘上输入 tc 并按【Enter】键。即

```
C:\TC>tc
```

屏幕上出现 Turbo C 集成环境，如图 1-3 所示。

从图 1-3 可以看到集成环境的上部有一行主菜单，其中包括 8 个菜单项，分别为：File（文件操作）、Edit（编辑）、Run（运行）、Compile（编译）、Project（项目文件）、Options（选项）、Debug（调试）、Break/watch（中断/观察）等功能。

启动 Turbo C 后，主菜单被激活，其中 File 成为当前项。用键盘上的【→】和【←】键选择菜单中所需要的菜单项，从而使用 Turbo C 集成环境提供的各项功能。被选中的项以“反相”形式显示（例如主菜单中的各项原来以白底黑字显示，被选中时改为以黑底白字显示）。此时若按【Enter】键，就会在其下方出现一个下拉菜单。例如选中 File 菜单并按【Enter】键后，就会出现 File 的子菜单，提供多项选择，用键盘上的【↑】和【↓】键选择所需要的项。例如，移动到 New 处并按【Enter】键，表示要建立一个新的 C 源程序文件。

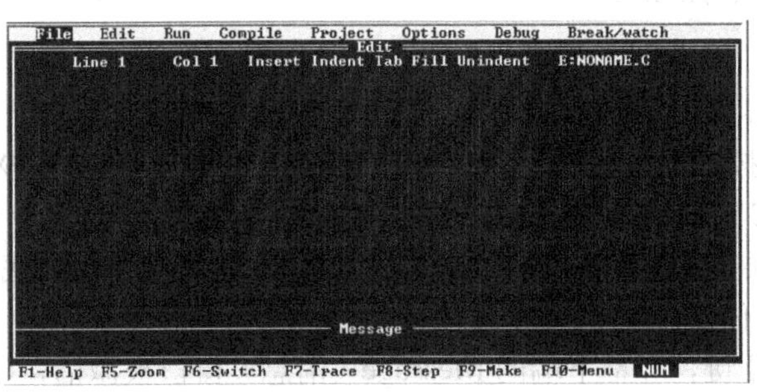

图 1-3　Turbo C 集成环境初始界面

主菜单的下面是 Edit（编辑）窗口和 Message（消息）窗口。两个窗口中，顶端横线为双线显示时，表示该窗口是活动窗口。

编辑窗口的顶端为状态行，其中：

Line 1　Col 1：显示光标所在的行号和列号，即光标位置。

Insert：表示编辑状态为“插入”。当处于“改写”状态时，此处为空白。

E:NONAME.C：显示当前正在编辑的文件名。显示“NONAME.C”时，表示用户尚未给文件命名。

屏幕底端是七个功能键的说明以及【Num Lock】键的状态（显示“NUM”时，表示处于“数字键”状态；空白表示“控制键”状态）。

按功能键【F10】，激活主菜单。菜单激活后如不使用，可再按功能键【F10】或【Esc】键关闭，返回原来状态。

退出 Turbo C 有两种方法：

（1）菜单法：先选择 File 菜单，再选择 Quit 命令并按【Enter】键。

（2）快捷键法：使用快捷键【Alt+X】（按住【Alt】键，再按【X】键，之后同时放开）。

2．编辑、编译、连接、运行的基本操作

有关 C 程序的编辑、编译、连接和运行的操作需要熟练掌握，因为编写的程序是否正确只能通过上机检验，这就要求多编程序、多上机，在编写和调试程序的实践中积累经验。这里仅就常用的基本操作进行简单介绍，更详细的内容可以在编辑窗口中通过在线帮助获得。

编辑 C 语言源程序包括建立新的源文件和编辑、修改已有文件。

（1）建立新的 C 源程序并运行

进入 Turbo C 环境时，File 为当前项（其他情况下可按功能键【F10】激活主菜单），选中 File 菜单。此时按【Enter】键打开下拉子菜单，选择 New 命令并按【Enter】键，自动转换为编辑（Edit）状态，便可输入源程序。例如：

```
#include<stdio.h>
void main()
{ int a,b;
  a=2;
  b=3;
  printf("%d\n",a+b);
}
```

输入完检查无误后进行编译、连接、运行，有两种方法：

① 分步完成。按功能键【F9】或选择 Compile 菜单中的 Make EXE File 命令。如果没有错误，则 Turbo C 自动完成当前编辑的源程序文件的编译、连接，生成可执行文件；如果源程序有语法错误，系统将在屏幕中央的 Compiling（编译）窗口底部提示“Error：Press any key”（错误：按任意键）。

按一下【Space】键，屏幕下端的 Message（消息）窗口被激活，显示错误或警告信息，光带停在第一条信息上。同时，Edit（编辑）窗口中也有一条光带，它总是停在源代码中有编译错误的相应位置。

在消息窗口中用上下键移动光带时，编辑窗口中的光带也随之移动，始终跟踪源代码中的错误位置。

要更正错误，只需在光带定位后按【Enter】键，光标出现在编辑窗口中错误产生之处。按照错误提示信息加以修改。

有时一个错误会引起多个错误信息，例如一个变量没有定义，则在源程序中出现这个变量的位置都会产生相关的错误信息。所以在调试程序时不要被一大串错误信息吓倒，要仔细分析错误原因，抓住主要矛盾逐一排除，问题不难解决。

错误全部更正之后，重新编译、连接，直到没有错误信息出现。

选择 Run（运行）菜单中的 Run 命令，运行正在编辑的源程序文件，程序运行结束后返回编辑窗口。

② 一次完成。编辑好源程序文件检查无误后，使用快捷键【Ctrl+F9】，便可一次完成编译、连接、运行。当然，如果源程序有错误，也会提示错误信息，等待修改。

程序能够运行并不一定是正确的，因为计算机对程序中的逻辑错误无法判断，例如把加号（+）写成减号（–），大于号（>）写成小于号（<），语法上没有错误，可以运行，但

结果不正确。如何查看结果呢？

选择 Run 菜单中的 User Screen 命令或按快捷键【Alt+F5】即可显示运行结果。按任意键返回编辑窗口。

如果结果与预期的不一样，则可能有逻辑错误，需要仔细分析、检查、修改，每次修改之后都要重新编译、连接、运行，直至结果正确为止。

需要保存源程序文件时，选择 File 菜单中的 Save 命令（或按功能键【F2】），出现对话框，如图 1-4 所示。

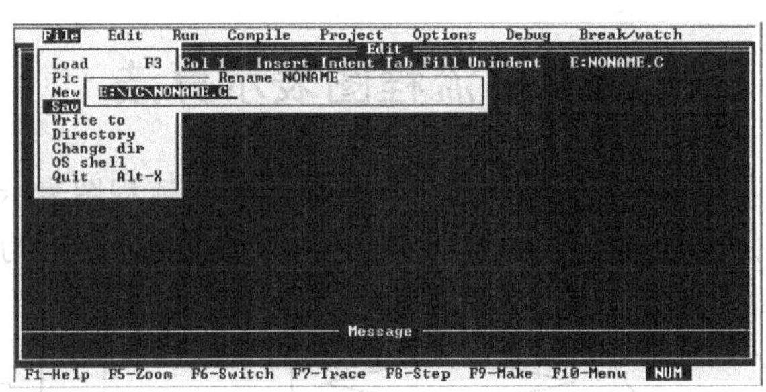

图 1-4 Turbo C 保存文件

直接在 NONAME.C 位置上输入源程序名即可。

在没有保存源程序文件的情况下，如果退出 Turbo C 环境（按【Alt+X】快捷键）或编辑另一个源程序（选择 File 菜单下的 New 命令）时，屏幕提示如图 1-5 所示信息。

如果不需要保存，输入 N，退出 Turbo C 或显示编辑窗口。需要保存，输入 Y，系统出现如图 1-6 所示的输入框。

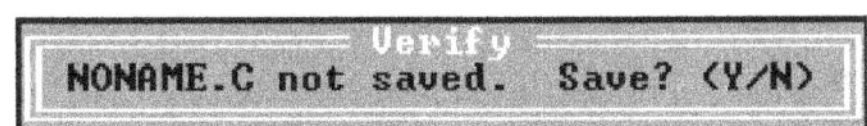

图 1-5 保存提示

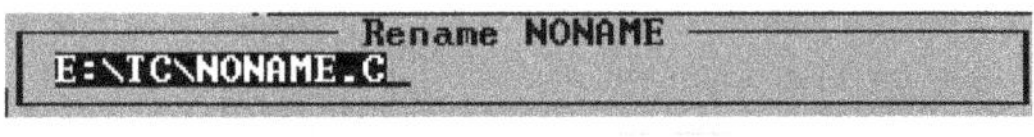

图 1-6 输入文件名

直接在 NONAME 位置输入文件名，即以该文件名保存文件。

（2）编辑、修改已有的 C 源程序

选择 File 菜单中的 Load 命令（或按【F3】键），屏幕上出现一个对话框，如图 1-7 所示。

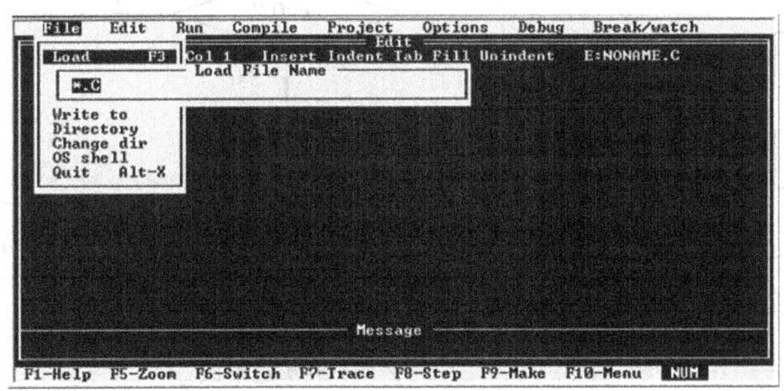

图 1-7 Turbo C 打开文件

如果知道文件名，直接输入文件名。若该文件存在，系统将其调入内存并显示在屏幕上，自动转为编辑状态，便可对其进行修改；如果指定的文件不存在，则给出一个空白编辑窗口，以供输入新的源程序。

如果忘记了已有程序的文件名，可以按【Enter】键，打开当前目录下扩展名为.c 的所有文件的文件名窗口，用方向键选定需要的文件名，按【Enter】键，则该文件被调入内存并显示在屏幕上，在编辑状态下对其进行修改、编译、连接和运行。

以上只对 Turbo C 环境下的操作做了简单介绍，要熟练掌握，必须通过大量的实践。顺便说一下，调试程序时不要怕有错误。没有错误信息的程序不一定是正确的程序；出现错误后，根据错误信息进行修改，日积月累就会逐步提高。

1.5 用流程图表示算法

流程图用一组框图符号表示各种操作，也称框图。用流程图表示算法直观形象，易于理解。美国国家标准化协会 ANSI 规定的一些常用流程图符号，已为各国程序工作者普遍采用，如图 1-8 所示。

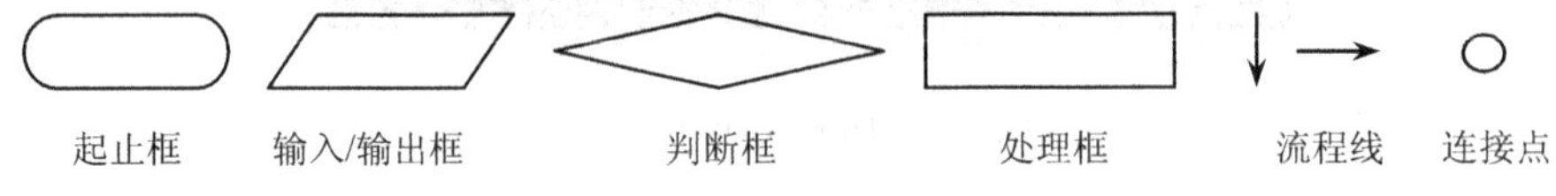

图 1-8 常用流程图符号

【例 1-5】 计算 1+2+3+4+…+100 的流程图如图 1-9 所示。

【例 1-6】 判断一个大于等于 3 的数是不是素数的流程图如图 1-10 所示。

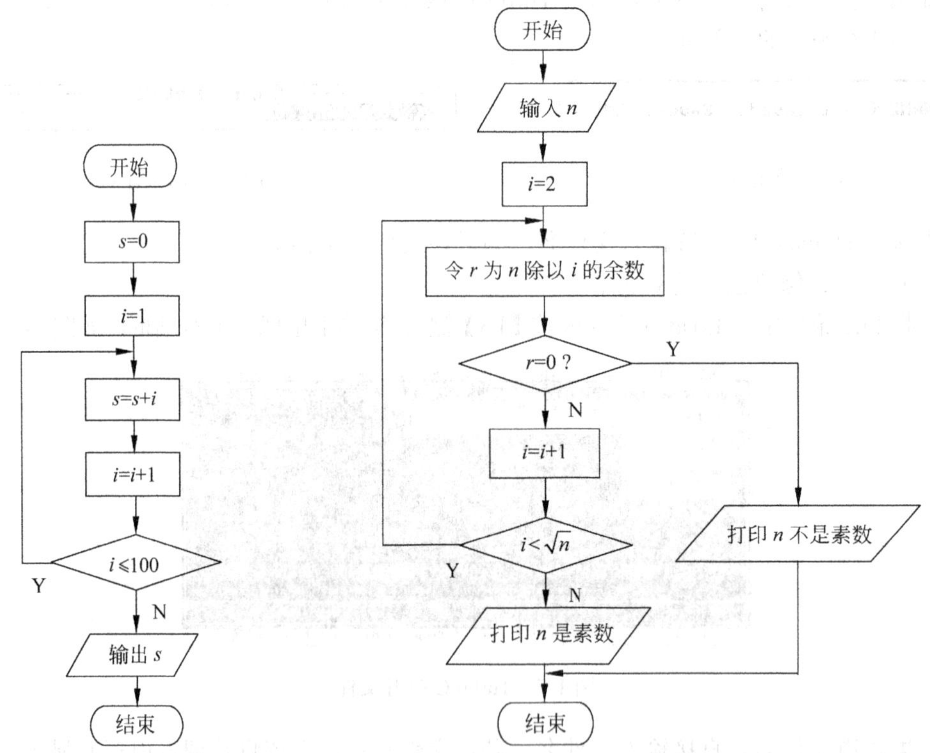

图 1-9 求 1～100 累加和的流程图　　图 1-10 判断素数的流程图

流程图是表示算法的好工具。一个流程图包括：①表示相应操作的框；②带箭头的流程线；③框内外必要的文字说明。

1.6 结构化程序设计简介

1.6.1 结构化程序

算法中有三种基本结构，即顺序结构、选择结构和循环结构（详见第3、4章）。每种基本结构都只有一个入口和一个出口。研究人员发现，无论多么复杂的算法，总可以使用三种基本结构以及一些附加的规定将算法的层次结构清晰地描述出来。如果一个算法由这三种基本结构所组成，则称其为结构化算法。用高级语言表示的结构化算法称为结构化程序。C语言提供了实现上述三种基本结构的语句。结构化程序便于编写、阅读、修改和维护，有利于提高程序的规范性。

一个结构化程序应符合以下标准：

（1）程序仅由顺序结构、选择结构和循环结构三种基本结构组成，基本结构可以嵌套。

（2）每种基本结构都只有一个入口和一个出口，即一端进，一端出。这样的结构置于其他结构之间时，程序的执行顺序必然是从前一结构的出口到本结构的入口，经本结构内部的操作，到达本结构的唯一出口。

（3）程序中没有死循环（不能结束的循环叫死循环）和死语句（程序中永远执行不到的语句叫死语句）。

1.6.2 结构化程序设计方法遵循的原则

一般可将一个大型的复杂问题，分为若干子问题，各子问题又可以细分，子问题之间可能又有各种联系。可以利用结构化程序设计方法，解决人脑思维能力的局限性和所处理问题的复杂性之间的矛盾。结构化程序设计方法遵循的原则是：自顶向下，逐步求精；模块化设计；结构化编程。下面分别说明。

1．自顶向下，逐步求精

抓住整个问题的本质特性，采用自顶向下逐层分解的方法，对问题进行抽象，划分出不同的模块，形成不同的层次概念。把一个较大的复杂问题分解成若干相对独立而又简单的小问题，只要解决了这些小问题，整个问题也就解决了。其中每一个小问题又可进一步分解成若干更小的问题，一直重复下去，直到每一个小问题都足够简单，便于编程为止，如图1-11所示。

这种方法便于检查算法的正确性。在上一层正确的情况下向下细分，如果每层都没有问题，整个算法就是正确的。由于每层细化时都相对比较简单，容易保证算法的正确性。检查时也是由上向下逐层进行，思路清晰，既严谨又方便。

2．模块化设计

模块化设计早在低级语言时期就已经出现，但却在结构化程序设计的发展中得到充实、提高和完善。因此，它也是结构化程序设计的组成部分。

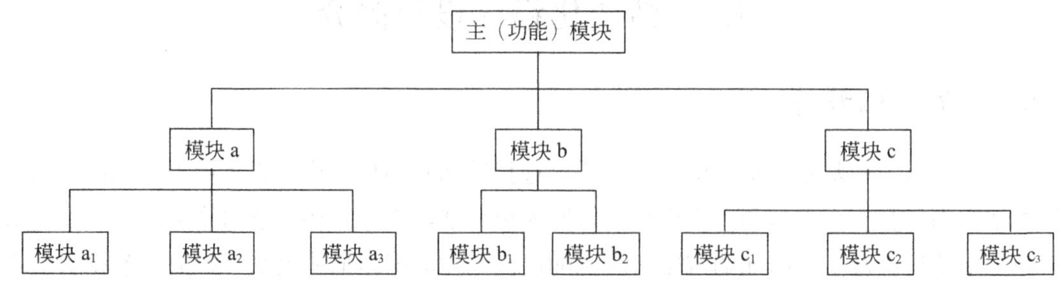

图 1-11　自顶向下逐步求精示例

模块化设计的基本思想是将一个大的程序按功能分割成一些小模块，各模块具有相对独立、功能单一、结构清晰、接口简单的特点。以功能模块为单位进行程序设计，实现其求解算法的方法称为模块化。模块化结构示意图如图 1-12 所示，图中各功能模块用矩形框表示，实线箭头表示模块之间的调用关系，虚线箭头表示返回，每个模块可以独立地进行分析、设计、编程、调试、修改和扩充，而不影响其他模块或整个程序的结构。模块化设计降低了程序复杂度，使程序设计、调试和维护等操作简单化。在 C 语言中，程序中的子模块通常用函数实现，每个函数完成一个特定的功能。

3．结构化编程

所谓结构化编程是指利用高级语言提供的相关语句实现三种基本结构，每个基本结构具有唯一的出口和入口，整个程序由三种基本结构组成，程序中不用 goto 之类的语句。goto 语句也称转移语句，用它可以改变程序中语句的执行次序。以 1.5 节中用流程图描述的“判别是否素数”的算法为例（如图 1-10 所示），如果直接用 C 语言去描述，则必须使用 goto 语句。因为这个算法不是由基本结构所组成，当循环体（反复执行的部分）中判定“r=0”时，流程线指向循环体的外面。这样在执行循环体的过程中就有两个出口，不符合结构化程序的要求。对这个算法进行适当改造，如图 1-13 所示，此时整个算法显然由三种基本结构组成，此时若用 C 语言去描述，就不再需要 goto 语句。

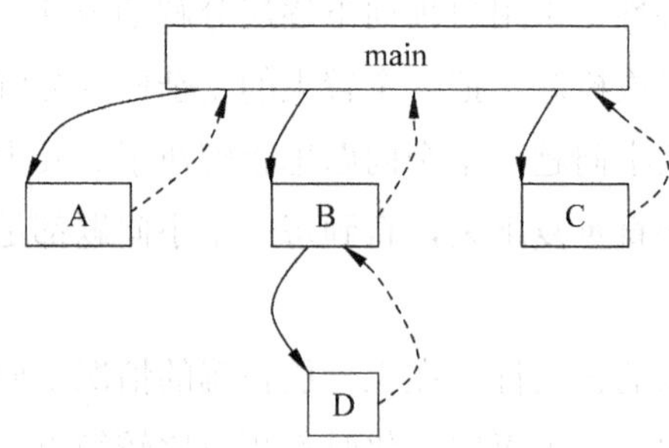

图 1-12　模块化结构示意图

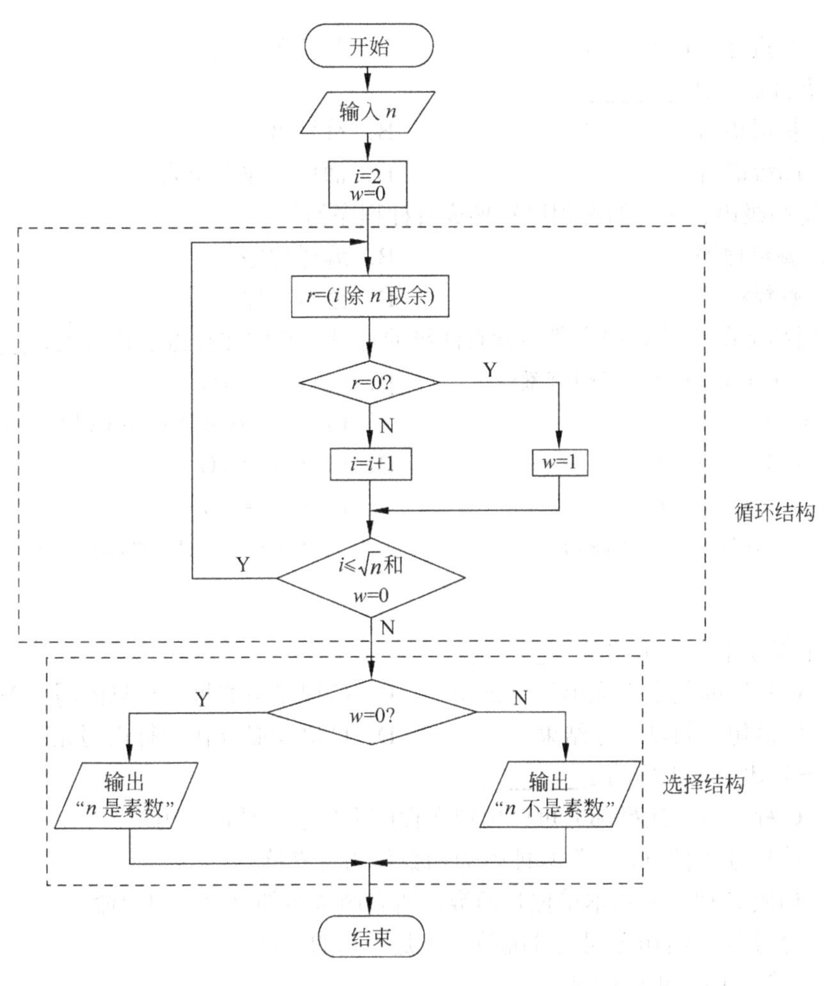

图 1-13　判断 n 是否素数的结构化算法

习　题　1

一、选择题

1．构成 C 程序的基本单位是________。

　A．函数　　B．文件　　C．语句　　D．字符

2．C 语言规定，在一个源程序中，main 函数的位置________。

　A．必须在最开始　　B．必须在系统调用的库函数后面

　C. 可以任意　　D. 必须在最后

3．C 程序中的变量________。

　A．不用说明　　B．先说明后引用

　C．先引用后说明　　D．引用和说明顺序无关

4．变量的说明________。

　A．在执行语句之后　　B．在执行语句之前

C．在执行语句当中　　D．与位置无关

5．C 语言是一种________。

A．机器语言　　B．符号语言

C．高级语言　　D．面向对象的语言

6．能将高级语言编写的源程序转换成目标程序的是________。

A．编辑程序　　B．编译程序

C．解释程序　　D．连接程序

7．下列都是在 C 语言程序段中含有注释的片段，其中注释方法错误的是________。

A．
```
void main()    /*主函数*/
{  }
```
B．
```
void main()
{pri/*remark*/ntf("student!");  }
```
C．
```
void main()
{  int x /*=10*/;
   printf("%d",x);
}
```
D．
```
void main()
{ int x=10;
  /* printf("%d",x); */
}
```

8．以下叙述中，正确的是________。

A．C 程序的基本组成单位是语句　　B．C 程序中的每一行只能写一条语句

C．C 语句必须以分号结束　　D．C 语句必须在一行内写完

9．以下叙述中，正确的是________。

A．C 程序中，注释部分可以出现在程序中任意合适的地方

B．花括号“{”和“}”只能作为函数体的定界符

C．构成 C 程序的基本单位是函数，所有函数名都可以由用户命名

D．分号是 C 语句之间的分隔符，不是语句的一部分

10．以下叙述中，正确的是________。

A．C 语言比其他语言高级

B．C 语言可以不用编译就能被计算机识别执行

C．C 语言的表达形式接近英语国家的自然语言和数学语言

D．C 语言出现得最晚，具有其他语言的一切优点

二、填空题

1．一个 C 程序总是从________开始执行。

2．结构化程序由________、________、________三种基本结构构成。

3．一个 C 程序只有一个名为________的主函数。

4．C 程序中的每个语句以________结束。

5．C 程序中，函数由________和________组成。

6．每个基本结构有________入口和________出口，没有________和________。

7．算法是________。

8．C 语言中常用的预处理命令有三类，分别是________、________和________。

9．C 语言源程序文件的扩展名是______，经过编译后，所生成文件的扩展名是_______，经过连接后，所生成的文件扩展名是________。

10. C 语言中，输入操作是由库函数________完成的，输出操作是由库函数________完成的。

三、算法设计

1．设计求 2+4+6+…+100 的算法。

2．设计求 n!的算法。

3．设计求三个数中最小数的算法。

4．输入两个整数 x 和 y，求其最大公约数。

5．设计判断 2000 年至 2500 年间闰年的算法。

提示：① 能被 4 整除，但不能被 100 整除的年份是闰年；

② 能被 400 整除的年份是闰年。

第 2 章 数据类型与表达式

计算机算法处理的对象是数据，而数据是以某种特定形式存在的。例如整数、实数、字符等，不同的形式对应不同的数据类型。本章首先介绍 C 语言的数据类型、常量和变量的概念及分类，着重介绍整型数据、实型数据和字符型数据；其次介绍 C 语言的运算符，着重介绍算术运算符、关系运算符、逻辑运算符、位运算符、赋值运算符和逗号运算符；最后介绍运算符的优先级和表达式的分类。

本章介绍的常数、变量，可以比作日常语言中的单字，表达式可以比作词汇或短语，而运算符可比作连词或介词等辅助词汇。学习本章的目的是要掌握C 语言的常用词汇要素，为学习 C 语言的各种语句做好必要的准备。

2.1 C 语言的数据类型

数据类型明确或隐含地规定了在程序执行期间变量或表达式所有可能的取值范围，以及在这些值上允许进行的操作。因此，一种数据类型是一个值的集合和定义在这个值集上的一组操作的总称。例如，C 语言中的整型变量，其值集是某个区间上的整数（区间大小依赖于不同的计算机），定义在其上的操作为：加、减、乘、除、取模等算术运算。不同类型的数据在计算机内存中的表示方式不同，而且一般来讲，所占内存空间的位数也不同。

按值的不同特性，C 语言中的数据类型可分为基本类型、构造类型、指针类型和空类型。基本类型包括字符型、整型、实型和双精度实型，基本类型的数据是不可分解的。构造类型的值一般是由若干成分按某种方式组成的，它的成分可能是基本类型的，也可能是其他类型的。例如，结构体是一种构造类型，结构体的值由若干分量组成，其分量可以是整数，也可以是结构体或其他类型的数据。C 语言中的构造类型有数组、结构体、共用体、枚举等。枚举类型的值虽然是不可分解的，但这种类型又不同于基本类型。用户也可以为已存在的类型另起一个名字，称为自定义类型。指针是表示数据在内存中地址的一种特殊的数据类型，将在第 7 章详细介绍。

C 语言的各种数据类型可用图 2-1 表示。

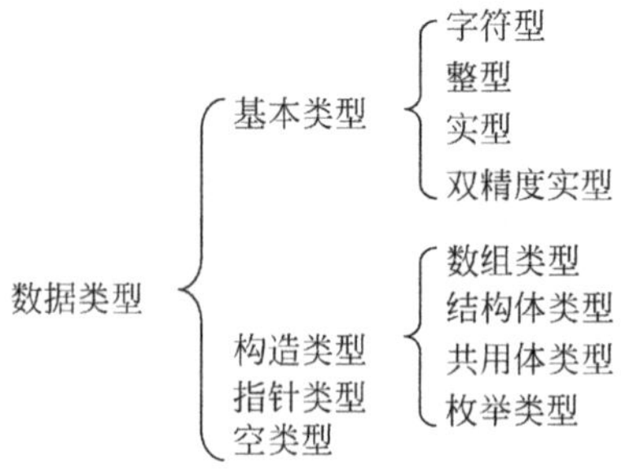

图 2-1 C 语言的数据类型

2.2 常量和变量

2.2.1 常量和符号常量

1．常量

在程序运行过程中，其值不能被改变的量称为常量，常量又叫常数。常量区分为不同的类型，如 100，0，–8 为整型常量，25.32，0.142 为实型常量，'A'，'B'是字符型常量。从常量的字面形式即可判别其值，因此也称这种常量为字面常量或直接常量。

常量不需要事先定义，只在程序中需要的地方直接写出该常量即可。常量的类型也不需要事先说明，它们的类型是由书写方式自动默认的。

2．符号常量

也可以用一个符号（标识符）代表一个常量，例如：

```
#define MAXNUM  1000
#define TRUE  1
#define FALSE 0
```

以上三个命令行定义了三个符号常量 MAXNUM、TRUE 和 FALSE，此后凡在本程序中出现的 MAXNUM 都代表 1000，TRUE 都代表 1，FALSE 都代表 0，它们可以和常量一样进行运算。

符号常量的定义格式如下：

```
#define 符号常量名 常量
```

其中“符号常量名”与“常量”之间必须用一个或多个空格隔开。这里的常量可以是任何类型的常量。

通常是在程序的开头先定义所有的符号常量，程序中用到某个常量时直接写上相应的符号常量名即可。

使用符号常量的最大好处是在需要改变一个常量时能做到“一改全改”。例如，在程序中多处用到“最大数”时，如果最大数用直接常数表示，则在最大数调整时，就需要在程序中逐个修改，而若用符号常量 MAXNUM 代表最大数，只需改动一处即可。

#define 属于宏命令，C 语言中可以使用宏命令，但严格说来宏命令不是 C 语言的语句，有关宏命令的详细用法可参见第 6 章。

2.2.2 标识符与变量

1．标识符

在 C 语言中，标识符是对变量、符号常量、函数、数组、文件等用户定义对象的命名。标识符的长度可以是一个或多个字符。绝大多数情况下，标识符的第一个字符必须是英文字母或下划线，随后的字符必须是字母、数字或下划线。不能以数字开头，也不能使用其他符号。下面是一些正确或错误标识符命名的示例。

正确标识符	错误标识符
weight	2x

length　　　　　　　　　　　　　　a|#b

color2　　　　　　　　　　　　　　red!color

save　　　　　　　　　　　　　　　_$123

ANSI 标准规定，标识符长度可以任意，但是外部名必须能由前 6 个字符唯一地区分。这里外部名指的是在连接过程中所涉及的标识符，其中包括文件间共享的函数名和全局变量名。这是因为对某些仅识别前 6 个字符的编译系统而言，下面的外部名将被当作同一个标识符处理。

number1　　　　　　number2　　　　　　number3

ANSI 标准还规定内部名必须至少能由前 31 个字符唯一地区分。内部名指的是仅出现在定义该标识符的文件中的那些标识符。

各个 C 编译系统都有自己的规定。这样，在实际工作中应查阅编译程序的用户手册，以确定实际使用的 C 语言编译程序究竟识别标识符的前多少位字符。例如，Turbo C 允许标识符为 32 个字符；MS C 则取 8 个字符，假如程序中出现的变量名长度大于 8 个字符，则只有前面 8 个字符有效，后面的不被识别。为了程序的可移植性以及阅读程序的方便，建议变量名的长度不要超过 8 个字符。

C 语言中的字母是有大小写区别的，因此 true 、True 和 TRUE 是三个不同的标识符。

标识符不能和C语言的关键字相同，也不能和用户已编制的函数或C语言库函数同名。

关于 C 语言的关键字和 C 语言库函数，读者可参阅附录 B 和附录 C。

2. 变量

在程序运行过程中，其值可以改变的量称为变量。一个变量应该有一个名字，在内存中占据一定的存储单元，在该存储单元中存放变量的值。请注意区分变量名和变量值这两个不同的概念。变量名实际上是一个符号地址，在对程序编译连接时由系统给每一个变量名分配一个内存地址。程序从变量中取值，实际上是通过变量名找到相应的内存地址，从其存储单元中读取数据。

变量和符号常量的命名都遵循标识符的命名规则。习惯上人们将变量名中的字母用小写表示，符号常量中的字母用大写表示。

C 语言系统本身也使用变量名，一般都是以下划线开头的，为了区别，用户程序中的变量名一般都不以下划线开头。

请注意符号常量不同于变量，在程序运行过程中符号常量的值不能改变，而变量的值可根据需要随时改变。

在选择变量名和其他标识符时，应注意做到“见名知意”，即选有含意的英文单词或汉语拼音作标识符。对于不能出现在标识符中的希腊字母，如 α、β、γ、π，可用容易识别的字符串表示，如分别用 alpha、bita、gama、pi 表示。

在 C 语言中，要求对所有用到的变量都作强制定义，也就是“先定义，后使用”。例如，下面两句分别定义了两个整型变量 a、b 和三个实型变量 x、y、z。

```
int  a,b;
float  x,y,z;
```

以上两句中，int 和 float 称为类型说明符，属于 C 语言的关键字，分别表示整型和实型（或称浮点型）。

C 语言有五种基本数据类型：字符型、整型、实型、双精度实型和空类型。定义这五种类型的变量时须使用的类型说明符分别为 char、int、float、double 和 void。这几种类型数据的长度和范围随处理器的类型和 C 语言编译程序的实现而异。以二进制位为例，整数在内存中的长度与 CPU 字长相等，一个字符通常为一个字节，float 和 double 类型的取值范围通常以数字精度给出。void 类型有两种用法：第一种是确定函数无值返回；第二种是用来设置指针。这两种用法将在第 6 章和第 7 章讨论。

表 2-1 给出了五种基本数据类型的长度和范围。

表 2-1　基本类型的长度和范围

类型	长度（位）	范围	备注
char	8	0～255	
int	16	–32 768～32 767	
float	32	大约精确到 6 位数	数值大小由具体机型和编译系统而定
double	64	大约精确到 12 位数	数值大小由具体机型和编译系统而定
void	0	无值	

C 语言还提供了几种聚合类型，包括结构体、共用体、位域和枚举类型。这些复杂类型将在后续章节中讨论。

3．类型修饰符

除 void 类型外，基本类型说明符的前面可以有各种修饰符。修饰符用来改变基本类型的意义，以便更准确地适应各种情况的需求。

类型修饰符 signed、unsigned、short 和 long 是 C 语言的关键字，signed、unsigned、short 和 long 适用于字符和整数两种基本类型，而 long 还可用于 double 型（注意：由于 long float 与 double 意思相同，所以 ANSI 标准删除了多余的 long float）。

整数的默认定义是有符号数，所以 signed 这一用法是多余的，但仍允许使用。

某些 C 编译系统允许将 unsigned 用于浮点型，如 unsigned float，但这一用法降低了程序的可移植性，故建议一般不要采用。

有符号和无符号整数的区别是对整数最高位的解释不同。若指定一个有符号整数，那么 C 编译程序生成代码时，将整数最高位作为符号标志。若符号标志是 0，则数值为正；若为 1，则数值为负。例如：

127 的二进制数为　0000000011111111

–127 的二进制数为 1000000011111111

注意：这里是用“原码”形式来说明问题，而大多数计算机采用“补码”形式，所以实际上（–127）的表示与上述的不同，不过，关于符号标志的用法还是相同的。

2.3　整 型 数 据

2.3.1　整型常量

1．不同进制数的使用

在 C 语言中，整型常数既可以用十进制数表示，也可以用八进制数和十六进制数表示。

十进制整数的表示与通常在算术中的表示一样，例如：321，+321，–47，0 等。

八进制整数必须以数字 0 开头，例如 0123 表示八进制数 123，即$(123)_8$，等于十进制数 83。–011 表示八进制数–11，即十进制数–9。

十六进制整数必须以 0x(数字 0 加小写字母 x)开头，例如 0x123，代表 16 进制数$(123)_{16}$，等于十进制数 291。–0x20A 表示十六进制数–20A，等于十进制数–522。

2．不同类型的整型常量

整型变量可细分为 int、short int、long int、unsigned int、unsigned short、unsigned long 等类别。那么常量是否也有这些类别？在将一个整型常量赋值给上述几种类别的整型变量时如何做到类型匹配？在多数计算机系统中，请注意以下几点：

（1）一个整型常数，如果其不超出两个字节表示的有符号数的范围，即其值在–32 768～+32 767 范围内，系统认为它是 int 型，程序中可将它赋值给 int 型和 long int 型变量。

（2）一个整型常数，如果其超出了上述范围，但不超出四个字节表示的有符号数的范围，即其值在–214 748 364 8～+214 748 364 7 范围内，则认为它是长整型，可以将它赋值给一个 long int 型变量。

（3）在 Turbo C 等编译系统中，short int 型与 int 型数据在内存中占据的长度相同，所以这两种类型的数值范围也相同。一个 int 型的常量也同时是一个 short int 型常量，可以赋给 int 型或 short int 型变量。所以，在这些系统中，无须使用 short int 型变量。

（4）常量无 unsigned 型。但一个非负值的整数可以赋值给 unsigned int 型变量，只要它的范围不超过变量的取值范围即可。例如，将 60 000 赋给一个 unsigned int 型变量是可以的，而将 70 000 赋给该变量是不行的（溢出）。

（5）在一个整常数后面加一个小写字母 l 或大写字母 L，则认为是 long 型常量。例如，–123l、123L、0L、0775L、0x9EL 等。往往在函数调用中，如果函数的形参为 long 型，则要求实参也为 long 型，此时用 456 作实参不行，必须用 456L 作实参。

2.3.2 整型变量

1．整型数据在内存中的存放形式

在计算机中，数是用二进制表示的。把一个数连同其符号在计算机中加以数值化，这样的数称为机器数。机器数可以用不同的码制（原码、补码）表示。采用原码时真值与机器数之间的转换直观简便，采用补码时转换烦琐但运算规则简单。多数计算机采用补码表示法。

2．整型变量的分类

可以根据数值的范围将整型变量分为基本整型、短整型或长整型。

基本整型，类型说明符为 int。

短整型，类型说明符为 short int 或 short。

长整型，类型说明符为 long int 或 long。

在实际应用中，有些数据的值只取正整数，例如身份证号、学号、库存量、汽车牌号、存款额等。为了充分利用整型变量的表数范围，此时可以将表示这种数据的变量定义为“无符号”类型。对以上三类，都可以加上修饰符 unsigned，用来定义无符号变量。归纳起来，可以有以下六种整型变量，即：

（1）有符号基本整型：signed int。

（2）有符号短整型：signed short int。

（3）有符号长整型：signed long int。

（4）无符号基本整型：unsigned int。

（5）无符号短整型：unsigned short int。

（6）无符号长整型：unsigned long int。

C 语言标准没有具体规定以上各类数据所占内存字节数，只要求 int 型数据长度不短于 short 型，同时 int 型不长于 long 型。具体如何实现，由各计算机系统自行决定。对于微型计算机上的 Turbo C 而言，int 型和 short 型的长度都是 2B，而 long 型是 4B。

表 2-2 列出 ANSI 标准定义的整数类型和对应的数值范围。

表 2-2　ANSI 标准定义的整数类型

类型	占字节数/B	取值范围
int	2	–32 768～32 767
short	2	–32 768～32 767
long	4	–2 147 483 648～2 147 483 647
unsigned int	2	0～65 535
unsigned short	2	0～65 535
unsigned long	4	0～4 294 967 295

3．整型变量的定义

C 语言规定所有用到的变量都必须在程序中定义。这和 Basic、FORTRAN 不同，而和 Pascal 相类似。例如：

```
int a,b;
long c,d;
unsigned e,f,g;
```

以上三条定义语句，分别定义了两个整型变量，两个长整型变量，三个无符号整型变量。

对变量的定义，一般是放在一个函数的开头的声明部分。

【例 2-1】 在以下程序中，定义了一个整型变量 a、一个无符号整型变量 b、一个长整型变量 c 和一个无符号长整型变量 d，使用赋值语句将相应的常数分别赋给它们，并输出这些变量的值。

```
#include<stdio.h>
void main()
{ int a;
  unsigned int b;
  long c;
  unsigned long d;
  a=-100;
  b=60000;
```

```
    c=-2123456789;
    d=4123456789;
    printf("a=%d,b=%u,c=%ld,d=%lu",a,b,c,d);
}
```

运行结果为

```
a=-100,b=60000,c=-2123456789,d=4123456789
```

该例中没有使用短整型，因为在微型计算机上，短整型一般与基本整型相同。程序中的 printf()是输出函数，函数参数中使用的%d、%u、%ld、%lu 表示格式控制符，分别控制双引号后边的数据 a、b、c、d 以整数、无符号整数、长整数、无符号长整数格式输出，双引号中的其他字符会照原样输出。有关输出函数的详细内容将在第 3 章介绍。

请修改以上程序，使 a、b、c、d 的值超出相应类型的范围，上机观察运行结果。

一个整型变量的最大允许值为 32 767，如果再加 1，会出现什么情况？请看下面的例子。

【例 2-2】 下列程序运行时发生整型数据的溢出。

```
#include<stdio.h>
void main()
{ int x,y;
      x=32767;
      y=x+1;
      printf("%d,%d",x,y);
}
```

运行结果

```
32767,-32768
```

注意： 一个整型变量只能容纳–32 768 ~ 32 767 范围内的数，无法表示大于 32 767 的数，超出这个范围就会发生“溢出”，但运行时并不报错。它好像钟表一样，达到最大值 12 点以后，又从最小值开始计数。所以，32 767 加 1 得不到 32 768，而得到–32 768。这种结果一般不是程序员所需要的。为了避免此类现象的发生，了解不同类型变量的取值范围是必要的。

2.4 实 型 数 据

2.4.1 实型常量的表示方法

实型数也称为浮点数，在 C 语言中实型常数只使用十进制数表示，它的书写方式有两种：

（1）小数形式。它由整数、小数点、小数三部分组成，最多只能省略其中的整数或小数部分，但不能二者都省略，也不能省略小数点。例如：123.，–.123，1.23，–1.23，12.0，0.，.0，0.0 都是合法的十进制小数形式。

（2）指数形式。它由尾数、字母 e 或 E、指数三部分组成。尾数可以是一个十进制小数形式，也可以是一个整数形式，如 123e–3 或 123E–3 都代表 123×10^{-3} 的值。

注意：字母 e（或 E）之前必须有数字，且后面指数必须为整数，如–0.32E–2，2E4，–.23E–2，.0E3，0.E–5，0E0 等都是合法的指数形式，而 E–5，.E2，12.3E5.4 都是非法的指数形式。

一个实数可以有多种指数表示形式。例如，123.456 可以表示为 123 456e–3，0.123 456e3，1.234 56e2 等。其中的 1.234 56e2 称为"规范化的指数形式"，即在字母 e（或 E）之前的小数部分中，小数点左边应有且只能有一位非零的数字。一个实数在用指数形式输出时，是按规范化的指数形式输出的。例如，将实数 654.321 按指数形式输出，必然输出 6.543 21E+002，而不会是 0.654 321E+003 或 654.321E+000。

2.4.2 实型变量

1. 实型数据在内存中的存放形式

与整型数据的存储方式不同，实型数据是按指数形式存储的。系统把一个实型数据分成尾数部分和指数部分分别存放。实型数据在内存中小数点位置不是固定的，或者说是浮动的，故这种表示法称为浮点表示法。

2. 实型变量的定义

对每一个实型变量都应在使用前加以定义。如

```
float x,y;
```

上述语句定义了两个实型变量 x 和 y，每个变量的值在内存中一般占四个字节。

3. 实型数据的舍入误差

由于实型变量是由有限的存储单元存储的，因此能提供的有效数字总是有限的，在有效范围以外的数字将被舍去，由此可能会产生一些误差。请分析下面的程序。

【例 2-3】 分析实型数据的舍入误差。

```
#include<stdio.h>
void main()
{ float a;
  a=12345.6789;
  printf("\n%f",a);
  printf("\n%e",a);
}
```

在 Turbo C 中程序运行结果为：

```
12345.678711
1.234568e+004
```

程序内 printf()函数中的"%f"是输出一个实数时的格式符，这种情况下默认小数点后保留 6 位数字。变量 a 的理论值应是 12 345.678 9，而一个实型变量只能保证 7 位有效数字，即从第一个非零数字算起，前 7 位有效，后面的数字无意义。运行程序得到的值是

12 345.678 711，可以看到，前 8 位是正确的，后几位不正确。printf()函数中的“%e”是用指数形式输出一个实数时的格式符，这种情况下默认 e 前面部分小数点后保留 6 位小数，保证 7 位有效数字。输出结果 1.234568e+004 中的 8 是四舍五入得来的。

2.4.3 双精度型数据

实型也称为单精度实型或单精度浮点型，双精度型也称为双精度实型或双精度浮点型。

1．双精度常数

双精度常数的书写方式与实型常数的书写方式完全相同，有十进制小数形式和指数形式两种。

双精度数据比实型数据的范围广、精度高。多数 C 编译系统（例如 Turbo C、MS C）将单精度实型常量作为双精度来处理。

将一个实型常数赋给一个双精度变量不会有什么问题，反之，将一个超出实数范围或精度的双精度常数赋给一个实型变量，系统会截取该常数的一部分赋值给变量，这样得到的结果会与原值不符。

2．双精度数据在内存中的表示形式

ANSI 并未具体规定每种类型数据的长度、精度和数值范围。在微机上，双精度变量的值在内存中的长度一般比单精度实型的大一倍，即占 8 个字节。表 2-3 列出微机上常用的 C 编译系统（如 Turbo C、MS C、Borland C）中实型数据的情况。

表 2-3　实型和双精度型数据

类型	二进制位数	有效数字	绝对值范围
float	32	6～7	10^{-37}～10^{38}
double	64	15～16	10^{-307}～10^{308}
long double	128	18～19	10^{-4931}～10^{4932}

3．双精度变量的定义

双精度类型标识符 double 前还可加修饰符 long，long double 比 double 型的精度更高，表示的数值范围更大。

2.5 字符型数据

2.5.1 字符常量

C 语言的字符常量是用单引号（'）括起来的单个字符。例如'A'、'!'、'#'、'a'、'*' 等都是字符常量。

除字符常量外，在 C 语言中，将“\”开头的特定字符串称为“转义字符”，意思是将反斜杠后面的字符串转换成另外的意义。例如，'\n'代表的“换行”符，在程序中无法用一个一般形式的字符表示，类似的还有'\r'、'\b'、'\t'等。常用的转义字符及其作用如表 2-4

所示。

表 2-4　转义字符及其作用

转义字符	含义	ASCII 代码（十进制）
\n	换行，将当前位置移到下一行开头	10
\t	水平制表（跳到下一个 Tab 位置）	9
\b	退格，将当前位置移到前一格	8
\r	回车，将当前位置移到本行开头	13
\\	反斜杠字符“\”	92
\'	单引号字符	39
\"	双引号字符	34
\ddd	一到三位八进制数 ddd 代表的字符	ddd （八进制）
\xhh	一到两位十六进制数 hh 代表的字符	hh（十六进制）

字符“\”后边跟随一到三位八进制数时表示该八进制数对应的 ASCII 码字符，而“\x”后边跟随一到两位十六进制数时表示该十六进制数对应的 ASCII 码字符。例如，字符常数'A'有三种等价的表示形式：即'A'、'\101'和'\x41'。

试看下面的例子：

```
#include<stdio.h>
void main()
{ printf("A,\101,\x41");
}
```

程序运行结果为：

```
A, A, A
```

在 C 语言中有些不能显示的控制符也有三种等价的形式，例如回车控制符可写为'\n'、'\12'或'\xA'。但有些控制符只有两种等价的形式，例如，ASCII 码为 0 的控制字符（即“空操作”字符），可写为'\0'或'\x0'。

【例 2-4】 下面的程序中使用了几种转义字符。

```
#include<stdio.h>
void main()
{ printf("abx\bcd\tefgh\tijkl\n");
  printf("xxxxxxxx\rmnop\tqrst␣␣␣␣uvwx\n");
}
```

程序中的“␣”表示空格。该程序的作用是用函数 printf()直接输出双引号内的各个字符。请注意其中的转义字符。第一个 printf()函数在第一行左端开始输出“abx”，然后遇到“\b”，它的作用是“退格”，即退到前一位置“x”处，接着输出“cd”。然后遇到“\t”，跳格到下一个制表区。在 Turbo C 系统中一个“制表区”占 8 列，“下一制表位置”从第 9 列开始，故在第 9～12 列上输出“efgh”。下面又遇到“\t”，跳到下一个制表区，即从第 17 位开始，输出“ijkl”。然后遇到“\n”，它代表“换行”，作用是将当前位置移到下一行的开头。第二个 printf()函数先是从第二行第一列输出字符“xxxxxxxx”，遇到“\r”，表示回车（不换行），即退回到第 1 列输出“mnop”。后面的“\t”使当前位置跳到第 9 列，输出字母“qrst”和四个空格，接着输出“uvwx”。最后“\n”将当前位置移到下一行的第 1 列。

程序运行时在显示屏上得到以下结果：

```
abcd    efgh    ijkl
mnop    qrst    uvwx
```

注意：在打印机上最后看到的结果与上述显示结果会有不同，这是由于使当前位置回到本行开头，自此输出的字符将会和“回车”之前打印的字符重叠，退格时也有类似的现象。而在屏幕上，在旧的字符位置上输出字符（包括空格）时，新的会代替旧的，最后看到的只是新的字符。

2.5.2 字符变量

字符变量用来存放字符常量，一个字符变量只能放一个字符。字符变量的定义形式如下：

```
char 变量名表列;
```

例如：

```
char c1,c2;
```

定义了两个字符型变量 c1 和 c2，各放一个字符，例如将字符常量'A'和'B'分别赋给它们，可用下面语句：

```
c1='A';
c2='B';
```

C 语言编译系统规定以一个字节来存放一个字符。将一个字符常量放到一个变量中，实际上并不是把该字符本身放到内存单元中去，而是将该字符的相应的 ASCII 代码放到存储单元中，它的存储形式与整数的存储形式相类似，只是存储的整数的范围比基本整型的范围小。在 C 语言中，可将字符型数据看作一个整数，一个字符数据既可以以字符形式输出，也可以以整数形式输出，请看下面例子。

【例 2-5】 将字符数据以不同的方式输出。

```
#include<stdio.h>
void main()
{  char c1,c2;
   c1='A';
   c2='B';
   printf("%c,%c\n",c1,c2);
   printf("%d,%d",c1,c2);
}
```

程序中 printf()函数中“%c”是字符格式符，用来规定后边对应的输出项以字符形式输出，而“%d”用来规定后边对应的输出项以整数形式输出。程序运行结果为：

```
A,B
65,66
```

可以直接向字符变量赋以整数。例如，将程序中的 c1='A'和 c2='B'改为 c1=65 和 c2=66，其结果是一样的。

同样，一个整型变量，如果其值在 0～127 之间，也可以以字符格式输出与之相对应的字符。

Turbo C 和某些编译系统，将字符数据当作有符号整数对待。在这种方式下，当字符的 ASCII 码在 0～127 之间，以整数形式输出时，直接将 ASCII 码作为整数输出。当字符变量的值超过 127 时，编译系统将其看作负数。例如，若字符变量的值是 128；则会输出–128；若字符变量的值是 129，则会输出–127，等等。也可以对字符数据进行算术运算，此时相当于对它们的 ASCII 码值进行算术运算。

【例 2-6】 大小写字母的转换。

```
#include<stdio.h>
void main()
{ char c1,c2,c3,c4;
  c1='A';
  c2='B';
  c3=c1+32;
  c4=c2+32;
  printf("%c,%c",c3,c4);
}
```

运行结果为：

```
a,b
```

程序的作用是将两个大写字母 A 和 B 转换成小写字母 a 和 b。从 ASCII 代码表中可以看到，每一个小写字母的 ASCII 码值比它的大写字母的码值大 32。C 语言允许字符数据与整数直接进行算术运算。如'A'+32 会得到整数 97，'a'–32 会得到整数 65。

2.5.3 字符串常量

字符串常量简称为“字符串”。在 C 语言中，字符串就是用两个双引号（"）括起来的若干个字符。例如，"China"、"88383872"、"AJ200"都是字符串。要特别注意双引号是作为字符串的标记，所以要在字符串中使用双引号必须用转义字符。例如，"\"ABCD\""是表示“"ABCD"”这一串字符的。

一个字符串中所有字符的个数称为该字符串的长度，其中每个转义字符只能当作一个字符。例如，字符串"China"、"0618"、"\\"ABCD\"\"、"\101\102\x43\x44"的长度分别为 5、4、6、4。

虽然在内存中每个字符占一个字节，但 C 语言规定，每个字符串在内存中占用的字节数等于字符串的长度+1。其中最后一个字节存放的字符称为“空字符”，其 ASCII 码为 0。

书写时常用转义字符“\0”来表示，在 C 语言中称为字符串结束标志。“\0”是一个 ASCII 码为 0 的字符，从 ASCII 代码表中可以看到 ASCII 码为 0 的字符是“空操作字符”，即它不引起任何控制动作，也不显示字符。例如，字符串"A"和"AB"的长度分别为 1 和 2，它们在内存中分别占两个和三个字节。

注意："A"和'A'是不同的，前者是字符串常量，是用双引号括住的，在内存中占用两个字节；后者是字符常量，是用单引号括住的，在内存中只占一个字节。不能把一个字符串赋给一个字符变量。

在 C 语言中没有专门的字符串变量。如果想将一个字符串存放在变量中以便保存，必须使用字符数组，即用一个字符型数组来存放一个字符串，数组中每一个元素存放一个字符。这将在第 5 章介绍。

2.6 系统函数

2.6.1 简例

【例 2-7】 假设根据自变量 x 不同的值求下式的值：

$x^7+\sin x-\lg(x+3)$

在 C 语言中可使用以下程序：

```
#include<stdio.h>
#include<math.h>
void main()
{ float x,y;
  scanf("%f",&x);
  y=pow(x,7)+sin(x)-log10(x+3);
  printf("%f",y);
}
```

程序中“scanf();”一句是调用系统的输入函数，等待用户从键盘输入一个浮点数赋给变量 x。接着一句中的 pow()、sin()、log10()是另外三个系统函数，pow()是幂函数，sin()是正弦函数，log10()是常用对数函数。最后一句中的 printf()则是系统输出函数。执行上述程序时若用户输入一个数给 x，系统会调用相应的函数求出表达式的值赋给变量 y，最后输出 y 的值。

函数是可以被调用的一段程序。由于 C 语言的运算符不能满足程序设计的需要，因此软件开发商编写了很多标准函数，作为运算符的补充，供用户调用，称之为库函数或系统函数，它们存储在扩展名为.lib 的文件中。这些函数按类划分为数学函数、字符函数、字符串函数、输入/输出函数和动态存储分配函数等。关于它们的声明分别包含在 math.h、ctype.h、string.h、stdio.h 和 stdlib.h 等文件中。如果程序需要调用它们，那么就要使用文件包含命令，将包含这些库函数声明的文件嵌入到源程序文件中。因为嵌入的位置一般在源程序文件的头部，所以称之为标题文件或头文件。文件扩展名为.h 就是这个意思。文件包含命令的格式为：

```
#include<文件名>
```

或

```
#include"文件名"
```

文件包含命令不是C语句，独占一行，且后边不用分号“;”。

例2-7中使用#include<math.h>，就是因为程序中调用了数学函数pow()、sin()和log10()的缘故。

输入/输出函数scanf()和printf()也是库函数，称为标准输入/输出函数，它们的声明包含在文件stdio.h中。由于Turbo C允许使用标准输入/输出函数的时候省略头文件，所以例2-7中可以省略#include<stdio.h>。

有些函数名会返回一个值，有的不返回值。对于后一种，调用时只能采用函数语句，即

```
函数名(参数);
```

例如，对scanf()函数和printf()函数的调用就是这种形式。

对于有返回值的函数，除上述调用方式以外，还可以直接以“函数名(参数)”的形式出现在一个表达式中，这种调用使函数返回值直接参与运算。如例2-7的程序中，对几种数学函数的调用就属于这种方式。

2.6.2 常用数学函数

表2-5给出库函数中一些常用的数学函数。调用库函数须注意以下几点：

（1）若自变量的类型与规定类型不一致时，系统自动进行转换，转换规则与本章2.11节的赋值转换规则相同。例如，若自变量要求int型，调用时自变量为8.7，则系统会自动转为8来使用。详细情况可参阅2.11节。

（2）自变量必须在规定的范围内，例如开方函数sqrt()的自变量不能为负，反正弦函数asin()的自变量必须在区间[−1,1]内。

（3）三角函数自变量的单位必须为弧度。如自变量x的单位为度，则可用x*3.1416/180作为自变量。

（4）自变量必须用圆括号括起来，例如sin 1.1必须写成sin(1.1)。

其他数学函数可参阅附录C。

关于库函数中的非数学函数，将在其他章节中陆续介绍。

表2-5　常用数学函数

函数名	调用形式	自变量类型	函数值类型	功能说明
abs	abs(x)	int	int	求x的绝对值
acos	acos(x)	double	double	求x的反余弦，$-1\leqslant x\leqslant 1$
asin	asin(x)	double	double	求x的反正弦，$-1\leqslant x\leqslant 1$
atan	atan(x)	double	double	求x的反正切
cos	cos(x)	double	double	求$\cos x$的值，x的单位为弧度
exp	exp(x)	double	double	求e^x的值
log	log(x)	double	double	求$\ln x$的值，$x>0$

续表

函数名	调用形式	自变量类型	函数值类型	功能说明
log10	log10(x)	double	double	求 lg x 的值，x>0
pow	pow(x,y)	x,y 均为 double	double	求 x^y 的值
rand	rand()		int	产生一个 90～32 767 的随机整数
sin	sin(x)	double	double	求 sin x 的值
sqrt	sqrt(x)	double	double	求 x 的平方根，x≥0
tan	tan(x)	double	double	求 tg x 的值

2.7 C 运算符概述

用来表示各种运算的符号称为运算符。例如，数值运算中经常用到的加、减、乘、除符号就是运算符。C 的运算符有以下几种：

（1）算术运算符：基本算术运算符（+、–、*、/、%），自加自减运算符（++、– –）。

（2）类型转换运算符（(类型符)）。

（3）关系运算符（<、<=、>、>=、==、!=）。

（4）逻辑运算符（!、&&、||）。

（5）条件运算符（?　:）。

（6）位运算符：移位运算符（<<、>>），位逻辑运算符（～、&、|、^）。

（7）求字节数运算符（sizeof）。

（8）赋值运算符：基本赋值运算符（=），算术复合赋值运算符（+=、–=、*=、/=、%=），位复合赋值运算符（<<=、>>=、&=、|=、^=）。

（9）逗号运算符（,）。

（10）指针运算符（*、&）。

（11）下标运算符（[ ]）。

（12）分量运算符（.、–>）。

C 语言中的运算符都是键盘上的符号或若干符号的组合（如++、– –、&&、||、+=、*=等），少数运算符有双重含义。如“+”号既表示单目的取正运算，又表示双目的加法运算；“–”号既表示单目的取负运算，又表示双目的减法运算；“*”号既表示单目的指针运算（取变量运算），又表示双目的乘法运算；“&”号既表示单目的指针运算（取地址运算），又表示双目的“与”运算；“%”号既表示整数的“取余”运算，又作为格式输入/输出中的格式符先导字符。

对上述列举的各种运算符，除指针运算符、下标运算符和分量运算符外，其他运算符在本章都将详细介绍。

2.8 算术运算符

2.8.1 基本的算术运算符

两个单目运算符（+和–）。单目正（+）运算不改变运算对象的值，很少使用。单目负

(–) 运算是取运算对象的相反数。例如，+8 的结果是正整数 8，–8 的结果是负整数 8。

双目加（+）、减（–）、乘（*）、除（/）运算和普通算术运算中的加法、减法、乘法和除法相同。例如，1.2+1.3 的结果为 2.5，（10–5）/2 的结果为 2。

对于双目运算符来说，当参与运算的两个对象是同一数据类型时，其结果也是相应的类型。例如，5/2 不是 2.5，而是整数 2，因为结果是整数而自动舍去了小数部分。但是如果除数或被除数中有一个为负值，则舍入的方向是不固定的。例如，–5/3 在有的计算机上得到结果–1，有的计算机则给出结果–2。多数机器采取"向零取整"方法，即 5/3=1，–5/3=–1，取整后向零靠拢。

C 语言允许不同类型的数据参与运算。如果一个运算符两侧的数据类型不同，则会按"先转换，后运算"的原则自动转换为同一种类型，然后进行运算。例如，若参与运算的数一个是整型，另一个是实型，则运算结果是实型。事实上编译系统首先将其中的整型先转化为实型，然后参加运算。

"%"称为模运算符或求余运算符，"%"两侧必须均为整型数据。例如，15%6 是合法的表达式，其值为 3，而 15.3%3 是不合法的表达式。

2.8.2 算术表达式和运算符的优先级与结合性

用算术运算符和括号将运算对象（操作数）连接起来、符合 C 语言规则的式子，称为 C 算术表达式。运算对象包括常量、变量、函数等。例如，下面是一个合法的算术表达式：

```
a+b*(y/(-3)+x*x-pow(c,3))+15%6
```

其中 a、b、c、x、y 是五个变量，pow()是 C 语言的内部函数，其功能是求幂的值。以下是三个不合法的算术表达式：

```
a*/5+3
x(y+4)
a/b%3.5
```

其中，第一个表达式中两个二元运算符相邻，这是不允许的；第二个表达式中 x 与"("之间缺少乘号"*"，第三个表达式中"%"号右侧的 3.5 不是整数。

以后在不特别说明时，我们将常数、变量看作表达式的特殊情况。

C 语言规定了运算符的优先级和结合性。在表达式求值时，先按运算符的优先级别高低次序执行，例如先乘除后加减。如果在一个运算对象两侧的运算符的优先级别相同（如"*"和"/"，"+"和"–"等），则按规定的"结合方向"处理。

C 规定了各种运算符的结合方向（结合性），算术运算符中的二元运算的结合方向为"自左至右"。因此，9/2*3%7 中先执行"/"运算，再执行"*"运算，最后执行"%"运算。"自左至右的结合方向"又称"左结合性"，即运算对象先与左面的运算符结合。

算术运算符中，单目运算符求正（+）和求负（–）的优先级别高于双目运算符。如果有多个级别相同的单目运算符同时作用于一个操作数，C 语言规定它们的结合方向为"自右至左"，即右结合性。例如，–+–5 等价于–(+(–5))。

可以适当使用小括号"()"来改变表达式的优先级和结合性。注意，不能使用中括号

“[ ]”和大括号“{}”，这是与普通代数公式的不同之处。

2.8.3 自加、自减运算符

在 C 语言中由两个“+”组成的运算符“++”称为自加运算符，由两个“–”组成的运算符“– –”称为自减运算符。自加自减运算符是一种特殊的算术运算符，其作用是使变量的值增 1 或减 1。i++、++i 单独使用时相同，均使变量 i 的值增加 1，参与表达式运算时则不同。

++i 为前缀运算，i++为后缀运算。++i 是先执行 i=i+1 后，再使用 i 的值（先增后用）；而 i++是先使用 i 的值，再执行 i=i+1（先用后增）。这里“使用 i 的值”是指在++i（或 i++）所在的语句中使用 i 的值。例如，执行下面程序段的第二个语句时：

```
i=3;
k=++i+5;
```

先使 i 的值增 1，变为 4，最后得到 k 的值为 9，i 的值为 4。如果将上述语句中的++i 改为 i++，则执行该语句时先使用 i 的原值 3，得到 k 的值为 8，最后再使 i 增 1，即 i 的值为 4。

再看一个例子，假设 i 的原值等于 3，然后执行下面的赋值语句：

```
i=2+i++;
```

右边的 i++，先用 i 的原值 3，加 2 后赋给左边的 i，使 i 的值变成 5，执行完该语句之后，再使 i 的值增 1，所以 i 的值最后为 6。

注意：当 i 的原值相同时，表达式 i+1 与++i 的值虽然相同，但对于前者来说，变量 i 的值未发生改变，而对于后者，i 的值比原值增 1。

自加、自减运算符只能用于整型变量，不能用于常量或表达式。例如，5++或(–x)++都是不合法的。自加自减运算符和单目基本算术运算符“+”、“–”同级别，结合性是自右向左的。它们的级别比算术运算符优先。例如，设整型变量 a 的值为 5，则表达式(++a+1)的值为 7，而计算该表达式后 a 的值为 6。又如，设变量 b 的值为 3，则表达式(–b– –+3)的值为 0，而计算该表达式后 b 的值为 2。

当出现难以区分的多个“+”或“–”组成的运算符串时，C 语言规定，自左向右取尽可能多的符号组成运算符。例如，下面表达式

```
a+++b
```

应理解成(a++)+b，不能理解为 a+(++b)。

表达式中使用自加、自减运算符，还有两点值得说明：

（1）如果在一个表达式中，多次对一个变量进行自加自减运算，就会出现一些令人容易搞混的问题，因此务必小心谨慎。

例如，设 i 的原值为 3，有以下表达式：

```
(i++)+(i++)+(i--)
```

表达式的值是多少呢？有的系统按照自左而右的顺序求解括弧内的运算，结果为 3+4+5 即

12，而 i 的值为 4。而另一些系统（如 Turbo C 和 MS C）对表达式中所有 i++或 i– –都使用 i 的原值 3，因此 3 个 3 相加得 9，然后再实现 i 自加 2 次，自减 1 次，i 的值变为 4。

所以，在编程时应避免在一个表达式中对同一个变量多次使用自加自减运算符。

（2）C 语言中与上述问题相类似的还有一些。例如，在调用函数时，参数的求值顺序，C 标准并无统一规定。如 i 的初值为 3，调用下面的函数：

```
printf("%d,%d",i,i++);
```

有的系统从左至右求值，输出“3,3”。在 Turbo C 及多数系统中对函数参数的求值顺序是自右而左，先求出第二个表达式 i++的值 3（未自加时的值），然后求第一个表达式的值。由于在求解第二个表达式后，执行 i++，使 i 变为 4，因此上面函数输出的是“4，3”。

在 Turbo C 中，若变量 n 的值是 3，表达式 n+n++的值为 6，但若以此表达式为函数 printf()的输出参数，输出结果是 7。

```
printf("%d",n+n++);
```

在编程时，若函数参数中出现某变量的自加或自减运算符，则应避免在函数参数中再次出现该变量。

2.8.4 类型转换运算符及类型转换

可以利用强制类型转换运算符将一个表达式转换成所需类型。其一般形式为：

(类型名) (表达式)

注意：类型名和表达式都应该用括号括起来。如果类型名不括起来，则不表示类型转换符。如果表达式不括起来，则只转换表达式的一部分。

例如：假设变量 x、y 均为实型，下式

```
(int)x*y
```

只将 x 的值转换成整型，然后与 y 相乘，最后结果是 double 型。而(int)(x*y)是将 x*y 的结果转换为整型。

要将一个常数转换类型，有两种常用的方法：一是直接改写常数的值，例如将 100 转换为实型，可写为 100.0 或 100.，若要将 3.7 转换为整型，可将其写为 3；二是利用类型转换运算符，例如(float)100 将 100 转换为实型。

要将一个变量的值转换类型，一般用类型转换运算符。例如，x 原定义为实型，用(int)x 将 x 的值转换为整型；原定义 a 为整型，用(float)a 将 a 的值转换为实型。对于后一个例子来说，还可以用 1.0*a 将整型变量 a 的值转换为实型。

需要说明的是，在强制类型转换时，得到的是一个所需类型的中间变量，原来变量的类型并未发生变化。

当表达式中出现不同类型的操作数时，要按一定的规则将其转换为相同的类型。

各种数值型数据可以在表达式中混合使用，表达式中每个 char 型数据自动地转换成 int 型；float 型会自动转换成 double 型，即 C 语言中全部浮点运算都按照双精度进行。对于二元运算符，当两个操作数的类型不一致时，在操作之前，“较低类型”的操作数会自动转换为“较高类型”。数据类型的高低次序为：

```
char<int<long<float<double
```

具体说，对于不含赋值号的表达式，遵循以下转换规则：

（1）表达式中的 char 型和 short 型自动转换成 int 型，float 型自动转换为 double 型，二元运算时则服从由低向高转换的规则。

（2）如果两个操作数之一是 double 型，则另一个自动转换为 double 型，其结果也是 double 型。

（3）如果两个操作数中没有 double 型，但其中之一是 long 型，则另一个自动转换为 long 型，其结果也是 long 型。

（4）若不属于上述情况，但两个操作数之一是无符号的，则另一个也自动转换为无符号的，其结果也是无符号的。

【例 2-8】 设 a 是整型变量，其值为 2，c 是字符变量，其值为'A'，x 是实型变量，其值为 1.5，则表达式

```
x+c*a/10+3/2
```

的计算过程为：首先，将变量 c 的值'A'看作 ASCII 码值 65，与整型变量 a 的值 2 相乘，得 130，再除以 10 得 13；其次，将 x 化为 double 型数据 1.500000000000000，将 13 的值化为 double 型数据 13.00000000000000，二者相加得 double 型数据 14.50000000000000；再次，用整型数据 3 除以 2，得整数 1；最后，将 1 化为 double 型数据 1.000000000000000，与 14.50000000000000 相加得 double 型数据 15.50000000000000。

对于含赋值运算符的表达式的转换问题，可参阅 2.11 节。

2.9　关系运算符和逻辑运算符

2.9.1　关系运算符

关系运算符是双目运算，作用是将两个操作数进行大小比较，若关系成立，则结果为 1，否则结果为 0。操作数可以是数值型，也可以是字符型，但不能直接对两个字符串比较大小。表 2-6 列出了 C 中的关系运算符。

表 2-6　关系运算符

运算符	含义	实例	结果
<	小于	15<20	1
<=	小于等于	7*2<=5	0
>	大于	'a'>'b'	0
>=	大于等于	'W'>='K'	1
==	等于	'A'=='C'	0
!=	不等于	15+4!=20–2	1

在比较时注意以下规则：

（1）如果两个操作数是数值型，则按其大小比较。

（2）如果两个操作数是字符型，则按字符的 ASCII 码值进行比较，即 ASCII 码值大的字符大。

（3）表中前四种运算符优先级相同，后两种优先级相同。前四种的优先级高于后两种。关系运算符具有自左至右的结合性。

（4）关系运算符的优先级低于算术运算符。

由关系运算符把常量、变量、表达式连接起来且有意义的式子，称为关系表达式。例如，a<b、(x=8)<=y+1、3>sqrt(22.5)等都是合法的关系表达式。

当 a 的值为 2 时，一个表达式的运算次序及结果如图 2-2 所示。其中同一行中大括号括起的运算中，先进行左边的运算。

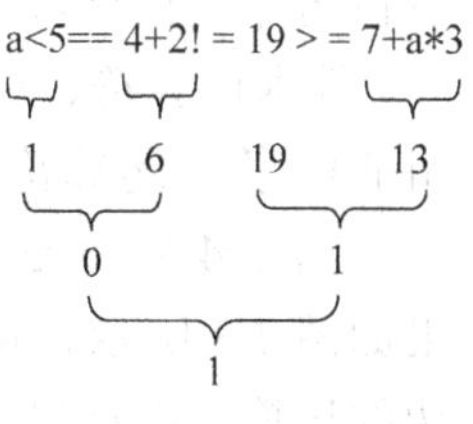

图 2-2　运算次序

关系表达式的值是一个逻辑值，非“真”即“假”。因为，C 语言用整数“1”和“0”表示“逻辑真”和“逻辑假”，所以关系表达式的值还可以参与其他种类的运算，例如算术运算、逻辑运算等。

2.9.2　逻辑运算符

C 语言中提供了三种逻辑运算符：

（1）单目逻辑运算符：!（逻辑“非”）。

（2）双目逻辑运算符：&&（逻辑“与”）。

（3）双目逻辑运算符：||（逻辑“或”）。

逻辑运算符的运算对象可以是 C 语言中任意合法的表达式。由逻辑运算符和运算对象构成的表达式称为逻辑表达式。

逻辑表达式的结果为逻辑值“真”或“假”。在给出逻辑运算结果时，以数值 1 代表“真”，以 0 代表“假”。但在判断一个量的真假时，以非 0 代表“真”，以 0 代表“假”。

表达式 a 和表达式 b 进行逻辑运算时，其运算规则如表 2-7 所示。

表 2-7　逻辑运算的真值表

a	b	! a	! b	a && b	a || b
非 0	非 0	0	0	1	1
非 0	0	0	1	0	1
0	非 0	1	0	0	1
0	0	1	1	0	0

例如，设 a=7，b=0，则：

!a 的值为 0。

a&&b 的值为 0。

a||b 的值为 1。

注意：如果要求条件①3<x 和条件②x<4 同时成立，可以将总的条件写成

```
3<x&&x<4
```

但不可写为

```
3<x<4
```

例如，当 x 的值为 2 时条件①和②均不成立，3<x&&x<4 的值为 0，与要求条件一致；而式子 3<x<4 中先计算 3<2 得 0，再计算 0<4 得 1，与要求条件相矛盾。

逻辑非“!”的优先级高于逻辑与“&&”，逻辑与“&&”的优先级高于逻辑或“||”。逻辑运算符具有自左至右的结合性。

算术运算符、关系运算符、逻辑运算符之间优先级的次序为：!(逻辑非)、算术运算符、关系运算符、&&(逻辑与)、||(逻辑或)。

当 a=4.5，b=5.0，c=2.5，d=3.0 时，一个表达式的运算次序及结果如图 2-3 所示。其中同一行中“花括弧”括起的运算中，先进行左边的运算。在计算逻辑表达式时需要注意：&&和 || 运算符称为“短路运算符”。C 语言规定：只对能够确定整个表达式值所需要的最少数目的子表达式进行计算。当计算出一个子表达式的值之后便可确定整个逻辑表达式的值时，后面的子表达式就不再计算，整个表达式的值就是该子表达式的值。例如：

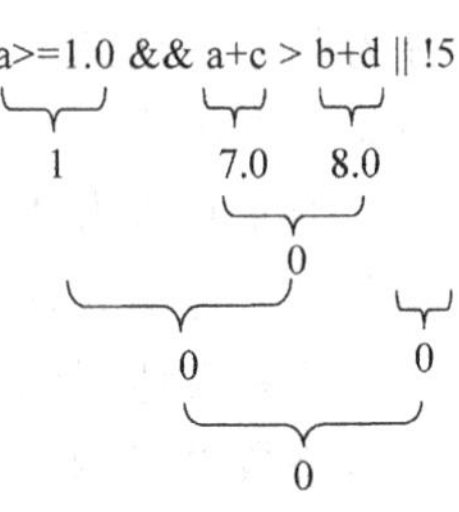

图 2-3　运算次序

e1 && e2，若 e1 为 0，则可确定表达式的值为 0，不再计算 e2。

e1 || e2，若 e1 为 1，则可确定表达式的值为 1，不再计算 e2。

这样，在 n!=0 && m/n<2 中，如果第一个比较结果为假，就不必向下进行。这样也就不会产生以 0 做除数的危险。

值得一提的是，参与关系运算和逻辑运算的操作数可以是任何数值，但运算的结果只有 0 和 1 两种可能；而参与算术运算的操作数以及运算结果可以是任何数值。这是关系运算、逻辑运算与算术运算的一个显著的区别。

2.9.3　条件运算符

条件运算符是 C 语言中唯一的三目运算符，一般格式为

表达式 1? 表达式 2:表达式 3

执行过程是：先求解表达式 1，当值为非 0（真）时，表达式 2 的值就是整个条件表达式的值；否则，表达式 3 的值是整个条件表达式的值。

例如，若 x=3,y=4 则下式

```
x>y?x:y
```

的值为 4。

条件运算符的优先级低于算术运算符、关系运算符和逻辑运算符。条件运算符的结合性为自右至左。例如：

```
a>b?a:c>d?c:d
```

相当于

```
a>b?a:(c>d?c:d)
```

【例 2-9】 将大写字母转换为小写字母，可编如下程序实现。

```
#include<stdio.h>
void main()
{    char ch;
     scanf("%c",&ch);                       /* 输入一个字符，赋给变量 ch*/
     ch=(ch>='A'&&ch<='Z')?(ch+'a'-'A'):ch;
     /*当字符为大写时，变为小写*/
     /*或写成:ch=(ch>='A'&&ch<='Z')?(ch+32):ch;*/
     printf("%c",ch);
}
```

2.10 位运算符与长度运算符

所谓位运算，是指进行二进制位的运算。在系统软件中，常要处理二进制位的问题。例如，将一个存储单元中的各二进制位左移或右移一位，两个数按位相加等。学习位运算前应该对整数的补码存储方式有一定的了解，因为现在的微型计算机都是采用补码表示数的。

2.10.1 原码、反码和补码

对于学过计算机文化基础的读者，这部分内容可以略过。

计算机的字长确定了表示二进制数的位数。假设一种计算机的字长为 n 位，它可以表示的真值 $x=\pm x_{n-2}x_{n-3}\ldots x_0$，其中 x_i=0 或 1，则有

（1）当真值 $x=+x_{n-2}x_{n-3}\ldots x_0$ 时，它的原码、反码和补码完全相同，即

$$[x]_{原}=[x]_{反}=[x]_{补}=\underbrace{0x_{n-2}x_{n-3}\ldots x_0}_{n位}$$

（2）当真值 $x=-x_{n-2}x_{n-3}\ldots x_0$ 时，它的原码、反码和补码与 x 的关系如下：

$[x]_{原}=1x_{n-2}x_{n-3}\ldots x_0$

$[x]_{反}=1\bar{x}_{n-2}\bar{x}_{n-1}\ldots\bar{x}_0$

$[x]_{补}=1\bar{x}_{n-2}\bar{x}_{n-1}\ldots\bar{x}_0+1$

其中 $\bar{x}_i$ 表示对 x_i 取反，即 $\bar{x}_i=\begin{cases}1 & x_i=0\\0 & x_i=1\end{cases}$

从原码和补码的表示容易看出

$$[x]_{原}+[x]_{补}=\underbrace{1\ 0\ 0\ \ldots\ 0}_{n位}=2^n$$

【例 2-10】假设某计算机的字长为 16 位，试写出二进制数+100010 和–100010 的原码、反码和补码。

解：两个二进制数的真值记为（注意：数字部分不够 15 位时在符号和数字之间补 0）

x=+000000000100010

y=–000000000100010

写出真值 x 对应的机器数如下：

$[x]_{原}=[x]_{反}=[x]_{补}=0000000000100010$

真值 y 为负，则有

$[y]_{原}=1000000000100010$

$[y]_{反}=1111111111011101$

$[y]_{补}=1111111111011110$

【例 2-11】 已知$[x]_{补}=1111111111110010$，求真值 x。

解：由$[x]_{补}$求出$[x]_{反}$，则得

$[x]_{反}=1111111111110010-1=1111111111110001$

$[x]_{原}=1000000000001110$

$[x]_{原}$对应的符号位为 1，故其对应的真值为负，且数值位与原码各位相同，即有

$x=(-000000000001110)_2=14$

在计算机中参与运算的是机器数，采用原码时真值与机器数之间的转换直观、简便，而采用补码时转换烦琐但运算规则简单。多数计算机采用补码表示法。

采用补码时+0 与–0 的表示法是唯一的，但采用原码或反码时+0 和–0 的机内表示却不同。若采用补码表示数，当字长为 16 位时，规定用二进制数 1000000000000000 表示十进制数–32 768 的补码。

对于微型计算机上使用的 Turbo C 编译系统，每一个整型变量在内存中占 2 个字节，即 16 位。

2.10.2 移位运算符

移位运算符“<<”和“>>”都是双目运算符，参加运算的操作数必须是整数。

1．左移位运算符<<

<<是左移位运算符，其一般形式为

```
e1<<n
```

其中 e1 代表一个值为整数的表达式，n 代表一个大于等于 0 的整数。上述操作的结果是将 e1 的二进制值向左移动 n 位所得到的数。当某位从左端移出时，右端移入 0。

以 e1 的值是 int 型为例，如果用手工计算的话，首先求出数值的补码，然后将补码左边移去一位，右边补一个 0，如此移出移进 n 次，将得到的二进制作为补码，再去求原码，该原码对应的真值便是要求的结果。例如，$x=-32\ 767$，手工计算 $x<<2$ 的步骤如下：

第一步：$[x]_{原}=1111111111111111$

第二步：$[x]_{反}=1000000000000000$

第三步：$[x]_{补}=1000000000000001$

第四步：将$[x]_{补}$左移位两次得

```
0000000000000100
```

第五步：将上式看作结果数所对应的补码，求原码。由于符号位为 0，其原码还等于补码。

第六步：由原码得到真值为 4，这正是 x<<2 的运算结果。

一般来说，一个整数左移一位，其结果相当于这个整数乘以 2（数值溢出时例外）。例如，下式

```
-2<<1
```

的值为–4。

2．右移位运算符>>

>>是右移位运算符，其一般形式为

```
e1>>n
```

其中 e1 代表一个值为整数的表达式，*n* 代表一个大于等于 0 的整数。上述操作的结果是将 e1 的二进制值向右移动 *n* 位所得到的数。

在右移位时，需要注意符号位问题。对无符号数，右移时，左边高位移入 0。对于有符号的值，如果原来符号位为 0（该数为正），则左边也是移入 0；如果符号位原来为 1（该数为负），则左边移入 0 还是 1，要取决于所用的编译系统。有的系统移入 0，有的系统移入 1。Turbo C 及多数 C 编译系统是移入 1，即保持数的正负性不变。

对于 Turbo C 编译系统，e1 的值以 int 型为例，如果用手工计算的话，首先求出数值的补码，然后将补码右边移去 1 位，左边补 1 或 0，如此移出移进 *n* 次，将得到的二进制作为补码，再去求原码，该原码对应的真值便是要求的结果。

一般来说，一个整数右移 1 位，其结果相当于这个整数除以 2。例如，下式

```
14>>2
```

相当于 14 连续两次除以 2 并取整，即其值为 3。

移位运算符的优先级低于算术运算符，高于关系运算符。同级运算符的结合性是自左向右的。

2.10.3 位逻辑运算符

位逻辑运算符有四个，除～是单目运算符外，其他三个都是双目运算符，参与运算的对象都必须是整数。

1．按位取反运算符～

按位取反运算符～是单目运算符，例如（～*a*）的作用是将运算对象 *a* 按位取反，即 0 变 1，1 变 0。以 int 型数据为例，若 *a* 的值为 2，则

$[a]_{补}$=0000000000000010

按位取反得

```
1111111111111101
```

对应的原码为

```
1000000000000011
```

从而知(～*a*)的值为–3。

2．按位与运算符&

按位与运算符&的作用是对两个操作数按位求逻辑与。例如，设 *a*=11，*b*=10，由于 11 和 10 的补码分别为 0000000000001011 和 0000000000001010，其对应的按位与过程如下式所示：

```
      0000000000001011
(&)   0000000000001010
----------------------
      0000000000001010
```

求真值得 *a*&*b* 的值为 10。

3．按位或运算符 |

按位或运算符|的作用是对两个操作数按位求逻辑或。例如设 *a*=11，*b*=10，其对应的按位或过程如下式所示：

```
      0000000000001011
(|)   0000000000001010
----------------------
      0000000000001011
```

求真值得 *a*|*b* 的值为 11。

4．按位异或运算符∧

按位异或运算符的作用是对两个操作数按位求异或，即当两个二进制位相异则结果为 1，相同则结果为 0。例如，设 *a*=11，*b*=10，其对应的按位异或过程如下式所示：

```
      0000000000001011
(∧)   0000000000001010
----------------------
      0000000000000001
```

求真值得 *a*∧*b* 的值为 1。

以上举例只限于正整数，而对于负整数，求补码和原码要稍微麻烦一些。

逻辑运算与位逻辑运算的最大区别是前者得到的运算结果是 0 或 1，而后者的运算结果可以是任何整数。

单目位逻辑运算符的优先级与单目算术运算符、单目逻辑运算符、自加自减运算符同级别。同级运算符的结合性是自右向左的。

双目位逻辑运算符的优先级低于关系运算符，高于双目逻辑运算符。同级运算符的结合性是自左向右的。

2.10.4 求长度运算符

求长度运算符 sizeof 是单目运算符，这是唯一的一个由若干英文字母所组成的运算符，参与运算的操作数可以是任何数据类型的变量或类型符。一般形式为

```
sizeof(类型符或变量名)
```

运算结果为操作数对应的类型在内存中所占用的字节数。例如，在微机上，int 型的长度为 2，float 型的长度为 4，所以 sizeof(int)的值为 2，sizeof(float)的值为 4。假设 n 为 int 型变量，x 为 float 型变量，则 sizeof(n)的值为 2，sizeof(x)的值为 4。

注意：运算对象必须用圆括号括住。

长度运算符的优先级和单目算术运算符、单目逻辑运算符、自加自减运算符同级别。同级运算符的结合性是自右向左的。

2.11 赋值运算符和赋值表达式

赋值运算符可分为三种：基本赋值运算符（简称赋值运算符）、算术复合赋值运算符、位复合赋值运算符。

2.11.1 赋值运算符和赋值表达式

“=”是赋值运算符，它的作用是将一个数据赋给一个变量。例如，x=5 的作用是执行一次赋值操作（或称赋值运算），把常量 5 赋给变量 x。也可以将一个表达式的值赋给一个变量。假设 x 的值是 5，则 a=x+2 的结果是将 5 与 2 相加所得的和 7 赋给变量 a。

任何运算符与运算对象组成的式子都是表达式，由赋值运算符将一个变量和一个表达式连接起来的式子称为“赋值表达式”。它的一般形式为

<变量>=<表达式>

如“a=2+5”是一个赋值表达式。对赋值表达式求解的过程是：将赋值运算符右侧的“表达式”的值赋给左侧的变量。赋值表达式的值也是被赋值的变量的值。例如，“a=2+5”这个赋值表达式的值为 7（变量 a 的值也是 7）。

注意：赋值运算符左侧一般必须是变量，不能是表达式或常量。例如，x+y=5 或 5=x+y 都是错误的。只有指针运算符“*”与指针变量结合的表达式例外，这将在第 7 章介绍。

2.11.2 类型转换问题

如果赋值运算符两侧的类型不一致，但都是数值型或字符型时，在赋值时会自动进行类型转换。可分成以下几种情况讨论：

（1）将 float 型或 double 型数据赋给整型（包括 int、short、long）变量时，舍弃实数的小数部分。但应注意数值不能超过整型数据允许范围，否则得不到正确的结果。

（2）将整型数据赋给单、双精度实型变量时，数值不变，以浮点数形式存储到变量中。

（3）将一个 double 型数据赋给 float 变量时，一般截取前面 7 位有效数字，存放到变量的存储单元中。但应注意数值范围不能溢出，即不能超出 float 型数据的规定范围。将一个 float 型数据赋给 double 变量时，数值不变，有效位数一般扩展到 16 位，在内存中以 64 位存储。

（4）将字符型数据赋给整型变量时，由于字符只占一个字节，而整型变量为两个字节，因此有的编译系统将字符数据（8 位）放到整型变量低 8 位中。但对于 Turbo C 等编译系统，由于将 char 型处理为带符号的，当 char 型数据的 ASCII 码超出 0～127 的范围时（扩展 ASCII 码）作为负数对待。此时若将 char 型数据赋给 int 型变量，系统会将 char 型数据作为一个负数赋给 int 型变量，位数虽然由 8 位变为 16 位，但作为这个负数的值是不变的。

（5）将一个 int、short、long 型数据赋给一个 char 型变量时，只将其低 8 位原封不动地送到 char 型变量（即截断）。在这种情况下，当 int 型数据超出 0～255 的范围时，得出的结果常常不是编程者需要的。

（6）将带符号的整型数据（int 型）赋给 long 型变量时，虽然存放位置由 16 位变为 32 位，但整数的数值是不变的。反之，若将一个 long 型数据赋给一个 int 型变量，则只将 long

型数据中低 16 位原封不动地送给整型变量。编程者应尽量避免这种赋值方式。

（7）将较短的无符号数赋给较长的有符号变量时，存放方式虽然改变了，但数值不会改变。编程者应尽量避免将无符号数赋给较短的或长度相同的有符号变量。

（8）将有符号数据赋给长度相同的或较长的无符号变量时，系统将数据照原样赋给变量的低位（连原有的符号位也作为数值一起传送）。所以，将负数赋给变量时会改变数值。编程者应尽量避免将有符号数据赋给长度较短的无符号变量。

2.11.3 算术复合赋值运算符

在赋值符“=”之前加上二元算术运算符+、–、*、/、%，可以构成算术复合赋值运算符。例如，a+=3 相当于 a=a+3。

其他二元算术运算符–、*、/、%与“=”结合也有类似的结论。

注意：复合赋值运算符右边的表达式是由 C 语言编译系统自动加括号的。例如，“c%=a–3”不能理解为“c=c%a–3”，应该理解为“c=c%(a–3)”。

【例 2-12】 算术复合赋值运算符的应用。假设整型变量 n1、n2、n3、m1、m2 的值均为 10，则：

n1+=2 运算后，n1 的值为 12，表达式的值也为 12。

n2–=2 运算后，n2 的值为 8，表达式的值也为 8。

n3*=2 运算后，n3 的值为 20，表达式的值也为 20。

m1/=2 运算后，m1 的值为 5，表达式的值也为 5。

m2%=2 运算后，m2 的值为 0，表达式的值也为 0。

2.11.4 位复合赋值运算符

除单目运算符～外，每一个位运算符与赋值运算符一起也可构成位复合赋值运算符。共有六种位复合赋值运算符，它们是<<=、>>=、&=、|=、∧=。

每一个位复合赋值运算符都是二目运算符，它们是复合赋值运算符。和赋值运算符一样，要求左边的运算对象必须是一个变量或数组元素（数组元素参见第 5 章）。例如，假设 int 型变量 a 的值为 3，则下式

```
a<<=2
```

相当于 a=a<<2，即上式的值为 12，a 的值也为 12。

又如，假设 a 的值为 11，b 的值为 5，则下式

```
a|=b+5
```

相当于 a=a|(b+5)，所以计算上式后 a 的值为 11，表达式的值也为 11。

2.11.5 赋值运算符的优先级与结合性

赋值运算符的优先级低于前面讲的任一种运算符，复合的赋值运算符和赋值运算符是同级别的，结合性是自右向左的。

赋值运算符（或复合的赋值运算符）右边的“表达式”，又可以是一个赋值表达式（或

复合的赋值运算符）组成的表达式。如

```
a=(b=5)
```

括号内的"b=5"是一个赋值表达式，它的值等于 5。将(b=5)的值赋给 a，a 和整个表达式的值都是 5。考虑赋值运算符的结合性可知，上式中去掉括号()时的效果是一样的。

再如，假设整型变量 a 的值为 5，则运算

```
a/=a*=a+=3
```

先由(a+=3)得 a 的值为 8，再由 a*=(a+=3)得 a 的值为 64，最后由(a/=(a*=(a+=3)))得 a 的值为 1。

2.12 逗号运算符和逗号表达式

C 语言提供一种特殊的运算符——逗号运算符（,）。用","将两个表达式连接起来的式子称为逗号表达式。如：

```
5 + 6,7*8
```

逗号表达式的一般形式为

```
表达式 1,表达式 2
```

其求解过程是：先求表达式 1，再求表达式 2，整个逗号表达式的值是表达式 2 的值。例如，上面的逗号表达式"5+6，7*8"的值为 56。

用逗号连接的表达式 1 和表达式 2 都可以包含逗号运算符。逗号运算符的优先级低于其他任何运算符，逗号运算符的结合性是自左向右的。例如，假设变量 a 的值是 5，请看下面的表达式

```
a=a+2,a+5
```

对此表达式求解，由于逗号运算符的运算优先级低于赋值运算符，所以先计算(a=a+2)，得 a 的值为 7，再计算(a+5)，得 12，整个表达式的值也为 12。如果将上式写成

```
a=(a+2,a+5)
```

则这是一个赋值表达式，a 的值和赋值表达式的值均等于 10。

再如，设变量 b 的值是 5，则表达式

```
b=b+2,b++,b++
```

相当于

```
(b=b+2,b++),b++
```

对此表达式求解，其值等于 8，而变量 b 的值为 9。

第 4 章还将学习到，逗号运算符可以用在循环语句中。例如：

```
for(i=1,j=10;i>=j;i++,j--)
```

注意：并不是任何地方出现的逗号都是作为逗号运算符的。例如，函数参数也是用逗号来间隔的，如

```
printf("%d%d",2+3,4+5);
```

一行中的“,”并不是逗号运算符，括号中的内容也不是逗号表达式，它是函数的三个参数，参数间用逗号间隔。有关函数参数的详细叙述见第 6 章。

2.13 运算符的优先级与表达式的分类

2.13.1 运算符的优先级

C 语言中运算符比较丰富，到目前为止有些运算符还未详细讨论。表 2-8 列出了全部运算符的优先级和结合性规则。表中的优先级自上而下递减，同一行中各运算符具有相同的优先级。

表 2-8 运算符的优先级及结合性

优先级	运算符	运算对象数目	结合性
1	( ) [ ] -> .		自左至右
2	! ~ ++ -- - (类型) * & sizeof +	单目	自右至左
3	* / %	双目	自左至右
4	+ -	双目	自左至右
5	<< >>	双目	自左至右
6	< <= > >=	双目	自左至右
7	== !=	双目	自左至右
8	&	双目	自左至右
9	^	双目	自左至右
10	|	双目	自左至右
11	&&	双目	自左至右
12	||	双目	自左至右
13	? :	三目	自右至左
14	= += -= *= /= %= >>= <<= &= ^= |=	双目	自右至左
15	,	双目	自左至右

在组成表达式时，要注意运算符的优先级，必要时使用圆括号来改变计算顺序。例如，(a+5)*(b-4)与 a+5*b-4 是不同的；(a!=3)+(a>4)与 a!=3+a>4 也是不同的。

2.13.2 C 表达式的分类

1．按运算符分类

所谓表达式是指用运算符将若干常数、变量和函数连接起来的有意义的式子。前面各节是根据运算符的不同来划分表达式类型的，例如算术表达式、赋值表达式、逗号表达式等。如果表达式中有多种不同的运算符，则要按照运算次序，依据最后一次进行运算的运

算符来决定是什么类型的表达式。例如：

```
(x>y)+(4||5)
```

是算术表达式，而

```
x>y+4||5
```

是逻辑表达式。

2．按值分类

表达式还可以按值进行分类。每个表达式都可以按照其中运算符的优先级别和运算规则依次对运算对象进行运算，最终获得一个数据，该数据称为表达式的值。表达式值的数据类型就称为表达式的数据类型。由于表达式的计算结果可能是整型、实型和逻辑型，所以表达式的数据类型也分为整型、实型和逻辑型。在 C 语言中逻辑型数据都是用整数来表示的，所以 C 语言的表达式类型实际上只分为整型和实型。

习　题　2

一、选择题

1．下列数据中属于字符串常量的是________。

A．ABC　　B．"ABC"　　C．'abc'　　D．'A'

2．在计算机内存中，'\n'占用的字节数是________。

A．4　　B．3　　C．1　　D．2

3．字符串"ABC"在内存中占用的字节数是________。

A．6　　B．8　　C．3　　D．4

4．在 C 语言中，合法的长整型常数是________。

A．568 701 400 0　　B．0L　　C．0.035 462 87　　D．2.654e11

5．char 型常量在内存中存放的是________。

A．ASCII 代码值　　B．BCD 代码值

C．十进制代码值　　D．内码值

6．下列各项中正确的标识符是________。

A．?bb　　B．a=8　　C．b.β　　D．b_4

7．下列选项中，合法的 C 语言关键字是________。

A．VAR　　B．cher　　C．integer　　D．default

8．下列不正确的转义字符是________。

A．\\　　B．\ 0　　C．\"　　D．0x4

9．在 C 语言中，要求运算对象必须是整型的运算符是________。

A．/　　B．&&　　C．!=　　D. %

10．若有声明语句 char c=256; int a=c;，则执行该语句后 a 的值为________。

A．256　　B．65 536　　C．0　　D．–1

11．设整型变量 a、b 的值均为 5，则表达式(m=n=a++)/(n=b–2)的值为________。

A．0　　B．1　　C．2　　D．3

12．设 a、b 均为整型变量，a 的值为 5，执行下列语句后，b 的值不为 2 的是________。

A．b=a/2　　B．b=6–(– –a)　　C．b=a%2　　D．b=(float)a/2

13．执行语句 x=(a=3,b=a– –);后，x、a、b 的值依次是________。

A．3，3，2　　B．3，2，2　　C．3，2，3　　D．2，3，2

14．设有语句 int a=3;，则执行了语句 a+=a–=a+a;后，变量 a 的值是________。

A．3　　B．0　　C．9　　D．–12

15．在下列运算符中，优先级最高的是________。

A．&&　　B．%　　C．=　　D．>=

16．设整型变量 a 的值为 3，则计算表达式 a–(– –a)后，表达式的值为________。

A．1　　B．0　　C．2　　D．表达式出错

17．设整型变量 a、b、c 的值均为 2，表达式(a– –) –(b++)+(c++)的结果是________。

A．6　　B．9　　C．2　　D．表达式出错

18．若已定义 x 和 y 为 double 类型，则表达式 x=1，y=x+3/2 的值是________。

A．1　　B．2.5　　C．2　　D．2.0

19．下列表达式中符合 C 语言语法的赋值表达式是________。

A．a=4+b++c=a+8　　B．a=4+b++=a+8

C．a=(4+b,b++,a+8)　　D．a=4+b,c=a+8

20．若有以下定义：char a;int b;float c;double d;，则表达式 a*b+d–c 的值的类型为________。

A．int　　B．float　　C．char　　D．double

二、填空题

1．在内存中存储"A"要占________个字节，存储'A'要占________个字节。

2．符号常量的定义方法是________。

3．无符号基本整型的数据类型符为________，双精度实型数据类型符为________，字符型数据类型符为________。

4．十进制数 673 的二进制、八进制和十六进值数分别为________、________和________。

5．在 C 语言中，书写八进制数时必须加前缀________；书写十六进制数时必须加前缀________。

6．在微型计算机上，int 型、short 型、long 型、float 型和 double 型数据一般在内存中分别占________字节、________字节、________字节、________字节和________字节。

7．设有下列运算符：<<、+、++、&&、>=，其中优先级最高的是________，优先级最低的是________。

8．设 x、y 为 int 型变量，且 x=1，y=2，则表达式 1.0+x/y 的值为________。

9．设整型变量 x、y、z 均为 5，则：

（1）执行 x– =y–z 后，x 的值为________。

（2）执行 x%=y+z 后，x 的值为________。

10．数学式 $\frac{a}{b \times c}$ 的 C 语言表达式为________。

11．设 x 是 int 型变量，判断 x 为偶数的关系表达式为__________。

12. 已知字母 a 的 ASCII 码为十进制数 97，且设 ch 为字符型变量，则表达式 ch='a'+'8'–'3' 的值为________。

13．0≤a≤10 的 C 语言表达式为________________。

14．若已有声明 int x=4,y=3;，则表达式 x<y?x++:y++的值是________。

15．有声明 float y=3.14619;int x;，则计算表达式 x=y*100+0.5,y=x/100.0;后 y 的值是________。

三、程序阅读题

1．若从键盘输入 3,7<回车>，写出下面程序的运行结果。

```
#include<stdio.h>
void main()
{    int a,b,c;
     scanf("%d,%d",&a,&b);
     c=a;
     if(a&&b)  printf("c=%d\n",c);
     else  printf("c=%d\n",c--);
}
```

2．写出下面程序的运行结果。

```
#include<stdio.h>
void main()
{    int a=12,a1,a2,a3;
     a1=(a*=2+5);
     a2=(a/=a+a);
     a3=(a+=a-=a*=a);
     printf("a1=%d\na2=%d\na3=%d\n",a1,a2,a3);
}
```

3．若从键盘输入 2,3,4.5,1.6<回车>，写出下面程序的运行结果。

```
#include<stdio.h>
void main()
{   int a,b;
    float x,y;
    scanf("%d,%d,%f,%f",&a,&b,&x,&y);
    printf("表达式的值为: %f\n",(float)(a+b)/2+(int)x%(int)y);
}
```

4．若从键盘输入 3.5,5,6.7<回车>，写出下面程序的运行结果。

```
#include<stdio.h>
void main()
```

```
{    int a;
    float x,y;
    scanf("%f,%d,%f",&x,&a,&y);
    printf("表达式的值为: %f\n",x+a%3*(int)(x+y)%2/4);
}
```

5. 若从键盘输入 7<回车>8<回车>，写出下面程序的运行结果。

```
#include<stdio.h>
void main()
{    int a,b,c;
     printf("enter first integer: ");
     scanf("%d",&a);
     printf("enter second integer: ");
     scanf("%d",&b);
     c=a+b;
     printf("\na+b=%d\n",c);
}
```

6. 先心算出下面程序的输出，然后再执行程序，对照自己的计算结果，看看是否一致？为什么？

```
#include<stdio.h>
void main()
{    int a=0,b=1,c=2,d=3;
     b=a++&&c++;
     d=a++||++c;
     printf("a=%d,b=%d,c=%d,d=%d\n",a,b,c,d);
}
```

7. 写出下面程序的运行结果。

```
#include<stdio.h>
void main()
{    char ch='*';
     printf("%3c\n",ch);
     printf("%2c%c%c\n",ch,ch,ch);
     printf("%c%c%c%c%c\n",ch,ch,ch,ch,ch);
}
```

8. 写出下列程序的运行结果。

```
#include<stdio.h>
void main()
{  char c1='A',c2='B',c3='C',c4='\101',c5='\x42';
       printf("A%cb%c\t%c\tabc\n",c1,c2,c3);
       printf("\t\b%c%c",c4,c5);
```

```
}
```

9. 写出下面程序的运行结果。

```
#include<stdio.h>
void main()
{ int i,j,m,n;
      i=5;
      j=6;
      m=++i;
      n=--j;
      printf("%d,%d,%d,%d",i,j,m,n);
}
```

10. 写出下面程序的运行结果。

```
#include<stdio.h>
void main()
{  int a,b,c;
   float x,y;
   x=3.6;
   y=4.2;
   a=(int)x;
   b=(int)(x+y);
   c=a%b;
   x=x+y;
   printf("a=%d,b=%d,c=%d,x=%f\n",a,b,c,x);
}
```

第 3 章　简单的 C 程序设计

第 1 章已提到顺序结构、选择结构和循环结构。这三种基本结构可以组成所有的复杂程序。本章只涉及顺序结构，介绍与顺序结构有关的简单语句，格式化输入/输出函数 scanf()和 printf()以及字符的输入/输出函数 getchar()和 putchar()。

3.1　C 语句概述

在第 1 章已经讲过，一个 C 语言程序应包括数据描述和操作描述，这些描述都是通过语句来实现的。在第 2 章，我们介绍了 C 语言程序中用到的基本要素：常量、变量、运算符、表达式等，这些都是构成 C 语句的基本成分。C 语言的语句可分为五类，即声明语句、表达式语句、复合语句、空语句和控制语句。图 3-1 中列出了 C 语言设置的基本语句。

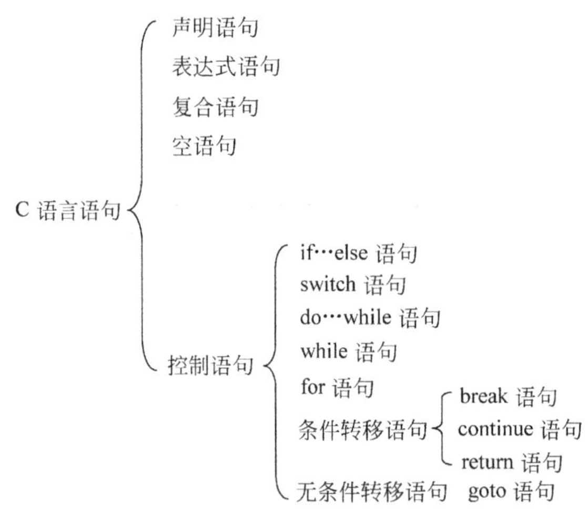

图 3-1　C 语言设置的基本语句

本章介绍最简单的顺序结构程序设计，它由一组顺序执行的程序块组成。最简单的程序块由赋值语句、输入/输出语句构成。

3.2　赋值语句和表达式语句

3.2.1　赋值语句

赋值语句是由赋值表达式加上分号构成的表达式语句，它的功能和特点都与赋值表达式相同，它是程序中使用最多的语句之一。赋值语句比较简单，它的一般形式为：

变量=表达式;

例如:

```
Student_number = 35;
```

在赋值语句的使用中需要注意以下几点:

(1)由于在赋值符“=”右边的表达式可以是一个赋值表达式。因此,下述形式:

变量=(变量=表达式);

是成立的,从而形成嵌套的情形。按照赋值运算符的右结合性,展开之后的一般形式为:

变量=变量=…=表达式;

例如:

```
a=b=c=5;
```

等效于:

```
c=5;
b=c;
a=b;
```

(2)赋值表达式和赋值语句是有区别的。赋值表达式可以出现在任何允许表达式出现的地方,而赋值语句是一条语句,不等同于表达式。给变量赋初值是变量说明的一部分,赋初值后的变量与其后的其他同类变量之间仍必须用逗号分隔,而赋值语句则必须用分号结尾。例如:

```
int a=5,b=6,c=7;
```

这是定义(说明)变量 a,b,c 为整型,并初始化。例如:

```
int a,b,c;
a=5;b=6;c=7;
```

先定义 a、b、c 三个整型变量,再用三个赋值语句对它们赋值。

赋值表达式可以包括在其他表达式中,但是赋值语句不能出现在表达式中。例如:

```
if((a=b)<70) c=4.5;
```

if 语句的判断条件是表达式,这是正确的。如果写成:

```
if((a=b;)<70) c=4.5;
```

是错误的,因为在 if 的条件中只能是表达式,不能出现语句。

(3)在变量说明中,不允许连续给多个变量赋初值。如下述声明是错误的:

```
int a=b=c=5;
```

必须写为:

```
int a=5,b=5,c=5;
```

赋值语句允许连续赋值:

```
int a,b,c;
a=b=c=5;
```

（4）“=”和“==”不同。“=”是赋值运算符，“==”是关系运算符。例如：

```
if(a==b) x=5;
```

如果 a 等于 b（结果为真），x 赋值为 5。

```
if(a=b)  x=5;
```

是将 b 的值赋给 a ，如果 a 为非 0（结果为真），才将 x 赋值为 5。

（5）赋值语句的执行过程是：首先计算赋值运算符右边的表达式，然后根据赋值运算符左侧变量的类型进行类型转换，最后赋值。

3.2.2 表达式语句

表达式是计算值的方法的描述。在表达式后加上分号，就构成了 C 语言的表达式语句。

```
表达式;
```

如将表达式“j++”写成“j++;”就构成了一个语句。最典型的表达式语句是由赋值表达式构成的语句。由于赋值表达式构成的语句被经常使用，习惯称这种表达式语句为赋值语句。

3.3 格式化输入/输出

所谓输入/输出是以内存为主体而言的。大部分程序需要与用户进行交互，以便进行数据交流。每一种语言都有完备的输入、输出功能，C 语言没有提供专门的输入/输出语句，所有的输入/输出都是由调用库函数完成的，因此都是函数调用语句。

不同的 C 编译系统以及 C 编译系统不同版本提供的 C 函数库不完全相同，因此其提供的输入/输出函数也不完全相同（包括函数名和函数的调用参数）。不过一般都提供像 printf()和 scanf()等标准函数，使用方法大体相同。

在使用 C 语言库函数中的输入、输出函数时，要用编译预处理的文件包含命令

```
#include "stdio.h" 或 #include <stdio.h>
```

将有关的“头文件”stdio.h 包含到用户源程序中。

由于 printf()和 scanf()这两个函数使用比较频繁，所以使用时可以不用“# include”命令。

3.3.1 printf()函数

运行任何程序都应该有结果，结果一般用输出语句（函数调用）实现。

printf()函数称为格式化输出函数，其功能是按用户指定的格式，把指定的数据输出到系统默认的输出设备上。

1．printf()函数的一般格式

printf()函数的一般格式为：

```
printf("格式字符串",输出项1,输出项2,…);
```

在 printf()函数调用之后加上分号，就构成了输出语句。其中，输出项可以是常量、变量、表达式或函数。格式字符串由普通字符、转义字符或输出格式说明构成，需要将格式字符串用双引号括起来。格式说明必须由“%”开头，后面跟一个类型字符。

【例 3-1】 格式输出示例。

```
#include<stdio.h>
void main()
{
  int a=88,b=89;
  printf("%d %d\n",a,b);
  printf("%d,%d\n",a,b);
  printf("%c,%c\n",a,b);
  printf("a=%d,b=%d",a,b);
}
```

程序运行结果：

```
88 89
88,89
X,Y
a=88,b=89
```

本例中四次输出 a、b 的值，由于格式字符串不同，输出结果的形式也不相同。第五行的输出语句格式字符串中，格式说明%d 之间加了一个空格（非格式字符），所以输出的 a、b 值之间有一个空格，第六行的 printf 语句格式字符串中加入的是非格式字符逗号“,”作为普通字符，因此输出的 a、b 值之间加了一个逗号，第七行的格式串要求按字符型输出 a、b 值，第八行为了提示输出结果又增加了非格式字符串“a=”和“b=”。

2．printf()函数中的格式说明

每个格式说明必须用“%”开头，以格式字符结束。

（1）格式字符。常用的格式字符和它们的功能如表 3-1 所示。使用时要注意区分大小写。

表 3-1　printf()函数的格式字符

格式字符	意　义
d,i	以十进制形式输出带符号整数（正数不输出符号）
o	以八进制形式输出无符号整数（不输出前缀 0）
x,X	以十六进制形式输出无符号整数（不输出前缀 0x）
u	以十进制形式输出无符号整数
f	以小数形式输出单、双精度实数
e,E	以指数形式输出单、双精度实数
g,G	以%f 或%e 中较短的输出宽度输出单、双精度实数
c	输出单个字符
s	输出字符串

（2）附加格式说明字符。为了使程序的输出结果更加整齐美观，可以在格式字符的前面加上附加格式说明字符，也叫标志字符，如表 3-2 所示。

表 3-2　printf()函数的常用标志字符

标志	意义
–	左对齐，右边填空格。缺省时为右对齐，左端补空格
+	输出数值的正号或负号
空格	输出值为正时冠以空格，为负时冠以负号
#	对 c\s\d\u 类无影响；对 o 类（八进制数），加前缀 0 对 x 类（十六进制数），加前缀 0x 对 e\g\f 类当结果有小数时才给出小数点
M（正整数）	数据最小宽度。若超长，则按实际宽度输出；若不足，则补空格
n	对于浮点数，表示输出 n 位小数；对于字符串，表示截取的字符个数；对于整数，指定必须输出的数字个数，若输出的数字少于指定的个数，则前面补 0，否则按原样输出

格式控制串用于指定输出格式。格式控制串可由格式字符串和非格式字符串两种组成。格式字符串是以%开头的字符串，在%后面跟有各种格式字符，以说明输出数据的类型、形式、长度、小数位数等。例如：

“%d”表示按十进制整型输出。

“%ld”表示按十进制长整型输出。

“%c”表示按字符型输出。

非格式字符串在输出时按原样输出，在结果中起提示作用。

输出表列中给出输出项，要求格式字符串和输出项在数量和类型上从左到右，按顺序一一对应。

【例 3-2】 输出函数 printf()示例。

```
#include <stdio.h>
void main()
{
  int  x,y;
  x=21;
  y=10;
  printf("%d\t",123);
  printf("\"x=%d,y=%d\"",x,y);
  printf("\n");
  printf("x%%y=%d",x%y);
}
```

运行结果：

```
123   "x=21,y=10"
x%y=1
```

其中，123 可以直接输出，双引号中的字符按原样输出。“\t”和“\n”是转义字符。x 和 y

为变量，x%y 为表达式。“%” 后面的 d 为格式控制符，为了在结果中输出 “%”，必须使用 “%%”。为了输出双引号，必须用转义字符的形式 “\"”。

格式%ld 用来输出长整型数据。当输出数据的绝对值大于 32 767 时，如果用%d 输出，就会发生错误，这时应该用长整型格式%ld 输出，例如：

```
printf("a=%ld",123456);
```

输出为：

```
a=123456
```

对长整型数据也可以指定输出字段的宽度，如将上面 printf 函数中的"%ld"改为"%8ld"，则输出结果为（其中的␣表示空格）：

```
a=␣␣123456
```

一个 int 型数据可以用"%d"或"%ld"格式输出。

【例 3-3】 各种数制及无符号整数的输出。

```
#include<stdio.h>
void main()
{
  unsigned int num=65535;
  printf("num=%d,%o,%x,%u\n",num,num,num,num);
}
```

程序的运行结果是：

```
num=-1,177777,ffff,65535
```

由于 o、x、u 表示的都是无符号数，16 位都作为有效数据位，而 d 表示十进制整数，数据的第一位作为符号位，为 “0” 则是正数，为 “1” 则为负数，所以有上面的结果。

【例 3-4】 格式字符 f 的使用（注意数据的有效位）。

```
#include<stdio.h>
void main()
{
  float a=123.456;
  double d1,d2;
  d1=1111111111111.111111111;
  d2=2222222222222.222222222;
  printf("%f,%12f,%12.2f,%-12.2f,%.2f\n",a,a,a,a,a);
  printf("d1+d2=%f\n",d1+d2);
}
```

运行结果：

```
123.456001, 123.456001,      123.46,123.46     ,123.46
d1+d2=3333333333333.333000
```


其中 d1+d2 的结果超过 16 位，小数的最后三位是无意义的。

【例 3-5】 c 格式符的使用。格式%c 用来输出一个字符。只要字符的 ASCII 编码对应的整数值在 0～255 范围内，可以用字符形式输出，并可以为其指定长度。例如：

```
#include<stdio.h>
void main()
{ char c='a';
  int i=97;
  printf("%c,%d\n",c,c);
  printf("%c,%d\n",i,i);
  printf("%5c,%-4c",c,i);
}
```

输出结果：

```
a,97
a,97
␣␣␣␣a,a␣␣␣
```

【例 3-6】 格式字符 s 的使用。

```
#include<stdio.h>
void main()
{
  printf("%s,%5s,%-10s,","Internet","Internet","Internet");
  printf("%10.5s,%-10.5s,%4.5s\n","Internet","Internet", "Internet");
}
```

运行结果：

```
Internet,Internet,Internet␣␣,␣␣␣␣␣Inter,Inter␣␣␣␣␣,Inter
```

注意：系统输出字符和字符串时，不输出单引号和双引号。

3.3.2 scanf()函数

scanf()函数是一个标准库函数，用来从外部设备(如键盘)向计算机系统输入数据。

1．scanf()函数的一般格式

scanf()函数的一般形式为：

```
scanf("格式字符串",地址 1,地址 2,…);
```

2．scanf()函数的格式说明

（1）格式控制字符和标志字符的含义如表 3-3 和表 3-4 所示。

（2）“地址 n”是变量的地址，表示从键盘输入的数据存放在相应变量的存储单元中。它既可以是简单变量的地址也可以是数组的地址。简单变量的地址用变量名前面加取地址运算符&表示，如变量 a 的地址为&a；数组的地址用数组名表示，不能加&运算符。

表 3-3　scanf()函数的格式字符

格式字符	意　义
d,i	用来输入有符号的十进制数
u	用来输入无符号的十进制数
o	用来输入无符号的八进制数
x,X	用来输入无符号的十六进制整数（大小写作用相同）
c	用来输入单个字符
s	用来输入字符串。将字符串送到一个字符数组中，在输入时以非空白字符开始，以第一个空白字符结束，系统自动将字符串以串结束标志'\0'作为其最后一个字符
f	用来输入实数，可以用小数形式或指数形式输入
e,E,g,G	与 f 作用相同，e 与 f、g 可以互相替换（大小写作用相同）

表 3-4　scanf()函数的常用标志字符

标志	意　义
l	用于输入长整型数据（可用%ld、%lo、%lx、%lu）以及 double 型数据（用%lf 或%le）
h	用于输入短整型数据（可用%hd，%ho，%hx）
域宽 n	指定输入数据所占宽度（列数），域宽 n 应为正整数
*	表示本输入项在读入后不赋给相应的变量

例如，有如下声明变量语句：

```
int  day, year;
char  month[10];
```

如果需要给变量 day 赋值为 25，month 赋值为 Dec，year 赋值为 1996，可以用下面的语句表示：

```
scanf("%d%s%d",&day,month,&year);
```

数据输入时，应用空格隔开，即

```
25  Dec  1996
```

数值型数据与字符型数据中间的空格可以省略，即

```
25Dec  1996
```

但字符型数据与数值型数据之间的空格不能省略，例如输入

```
25  Dec1996
```

是错误的（month 得到了 Dec1996）。

（3）输入数据时，遇到以下情况，系统认为该数据结束：

① 遇到按空格键、【Tab】键或【Enter】键。

② 按指定宽度结束，如“%3d”只取 3 位。

③ 遇非法输入。例如，输入数值数据时，遇到字母等非数值符号。

（4）输入字符时不加单引号，输入字符串时不加双引号。

（5）当 scanf()的格式字符串包含普通字符时，在输入流中相应位置必须有相同的字符与之匹配。格式串中的一个空字符可以与输入流中 0 个或多个连续的空字符匹配。例如：

```
#include<stdio.h>
void main()
{ int x,y;
  printf("please input x and y: ");
  scanf("%d,%d",&x,&y);
}
```

数据的输入形式应为：

```
23,42
```

而不能用空格或其他符号分隔。若相邻两个格式字符没有指定数据分隔符，输入时可用空格符（【Space】键）、制表符（【Tab】键）或回车符（【Enter】键）分开。

（6）使用“%c”输入单个字符时，空格和转义字符均作为有效字符被接收。例如：

```
scanf("%c%c%c",&c1,&c2,&c3);
```

若执行时输入：a bc，则 c1 接收了'a'，c2 接收了空格，而'b'被赋值给 c3。

（7）在 Turbo C 环境下输入 long 型整数时，在“%”和“d”之间必须加“l”；输入 double 型数值时，在“%”和“f”或“e”之间必须加“l”，否则得不到正确的数据。

在 scanf()函数中的格式字符前可以用一个整数指定输入数据所占宽度，但不可对实型数指定小数位的宽度。例如：

```
int i,j;
scanf("%3d%d",&i,&j);
```

若执行时输入：

```
1234  5678
```

则变量 i 的值为 123，变量 j 的值为 4。

（8）赋值抑制字符“*”。如果某一项%后有一个“*”，表示本项对应的数据读入后，不赋给相应的变量（该变量由下一格式指示符输入），即跳过它指定的列数。例如：

```
scanf("%3d %*2d %3d",&num1,&num2,&num3);
```

若执行时输入：

```
123456789
```

则变量 num1 的值为 123，num2 为 678， num3 仍为原来存储单元中的值。

（9）格式控制时，格式说明的个数应该与输入项的个数相同。若格式说明的个数少于输入项的个数，scanf()函数按格式说明个数结束输入，多余的数据项不被接收；若格式说明的个数多于输入项的个数时，scanf()函数等待输入说明项要求的输入个数。

例如，有下面的程序：

```
#include<stdio.h>
void main()
{ int i,j;
  float x,y;
  scanf("%d%d",&i,&j,&x);
  scanf("%f",&y);
  printf("i=%d,j=%d,x=%f,y=%f\n",i,j,x,y);
}
```

执行时输入：

```
12  34  56.7  89
```

运行结果：

```
i=12,j=34, x=0.000000,y=56.700001
```

其中 x 的值是一个随机数。

再看另一个程序：

```
#include<stdio.h>
void main()
{ int a,b;
  scanf("%d%d",&a);
  printf("a=%d,b=%d\n",a,b);
}
```

运行时如果只输入一个数，程序并不执行，必须再输入一个数才能输出。但输出的 b 值是一个随机数。

3.4 字符数据的输入/输出

3.4.1 putchar()函数

putchar()函数是字符输出函数，它的作用是向终端输出一个字符，对控制字符则执行控制功能，不在屏幕上显示。其一般形式为：

```
putchar(ch);
```

其中，ch 可以是字符型常量、变量、转义字符或整型变量。其功能等价于：

```
printf("%c",ch)
```

例如：

```
putchar('A');        /*输出大写字母 A*/
```

```
putchar(x);          /*输出字符变量 x 的值*/
putchar('\101');     /*转义字符，输出字符 A*/
putchar('\n');       /*换行*/
```


【例 3-7】 输出单个字符。

```
#include<stdio.h>
void main()
{
   char a='B',b='o',c='k';
   putchar(a);putchar(b);putchar(b);
   putchar(c);putchar('\t');
   putchar(a);putchar(b);
   putchar('\n');
   putchar(b);putchar(c);
}
```

输出结果：

```
Book    Bo
Ok
```

注意：如果在一个函数中（现为 main()函数）调用 putchar()函数，应该在该函数的前面（或文件开头）加上文件包含命令：

```
#include <stdio.h>
```

或者

```
#include "stdio.h"
```

3.4.2 getchar()函数和 getch()函数

getchar()函数的功能是从键盘上输入一个字符。其一般形式为：

```
getchar();
```

通常把输入的字符赋予一个字符变量，构成赋值语句，如：

```
char c;
c=getchar();
```

当执行此函数调用语句时，从标准输入设备中获得的一个字符被存放到指定变量中。

【例 3-8】 输入单个字符。

```
#include<stdio.h>
void main()
{
   char c;
   printf("Input a character:\n");
   c=getchar();
   putchar(c);
}
```

使用 getchar()函数应注意以下几个问题：

（1）getchar()函数只能接受单个字符，输入数字也按字符处理。输入多于一个字符时，只接收第一个字符。

（2）使用本函数前必须包含文件“stdio.h”。

（3）在 Turbo C（TC）屏幕下运行含本函数的程序时，将退出 TC 屏幕进入用户屏幕等待用户输入，输入完毕再返回 TC 屏幕。

（4）程序最后两行可用下面的任意一行代替：

```
putchar(getchar());
printf("%c",getchar());
```

（5）当程序执行到 getchar()函数调用语句时，将等待输入，只有当用户输入字符，并按【Enter】键后，才接收输入的第 1 个字符，并在屏幕上回显该字符，同时送到内存的缓冲区，准备赋给指定的变量，并且空格符（【Space】键）、制表符（【Tab】键）和回车符（【Enter】键）都被当作有效字符读入。getch()函数可立即接收用户来自键盘的输入，但不把字符回显到屏幕上。

3.5 顺序结构程序举例

【例 3-9】 输入一个大写字母，将它改成小写字母，输出大小写字母及其对应的 ASCII 码。

```
#include<stdio.h>
void main()
{
  char c1,c2;
  c1=getchar();
  printf("%c,%d\n",c1,c1);
  c2=c1+32;              /*将大写字母转换成对应的小写字母*/
  printf("%c,%d\n",c2,c2);
}
```

【例 3-10】 输入三角形的三边长，求三角形面积。

已知三角形的三边长 a、b、c，则计算三角形的面积公式为：

$$\text{area}=\sqrt{s(s-a)(s-b)(s-c)}$$

其中 $s=(a+b+c)/2$。

源程序如下：

```
#include<stdio.h>
#include<math.h>
void main()
{
  float a,b,c,s,area;
  scanf("%f,%f,%f",&a,&b,&c);
```

```
  s=1.0/2*(a+b+c);
  area=sqrt(s*(s-a)*(s-b)*(s-c));        /*面积计算结果为实数*/
  printf("a=%7.2f,b=%7.2f,c=%7.2f,s=%7.2f\n",a,b,c,s);
  printf("area=%7.2f\n",area);
}
```

【例 3-11】 求 $ax^2+bx+c=0$ 方程的根，a、b、c 由键盘输入，设 $b^2-4ac>0$。

求根公式为：

$$x_1=\frac{-b+\sqrt{b^2-4ac}}{2a},x_2=\frac{-b-\sqrt{b^2-4ac}}{2a}$$

令 $p=\frac{-b}{2a},q=\frac{\sqrt{b^2-4ac}}{2a}$，

则 $x_1=p+q$，$x_2=p-q$

源程序如下：

```
#include<stdio.h>
#include<math.h>
void main()
{
  float a,b,c,disc,x1,x2,p,q;
  scanf("%f,%f,%f",&a,&b,&c);
  disc=b*b-4*a*c;
  p=-b/(2*a);
  q=sqrt(disc)/(2*a);
  x1=p+q;x2=p-q;
  printf("\nx1=%5.2f\nx2=%5.2f\n",x1,x2);
}
```

习　题　3

一、选择题

1．printf()函数输出实数时，使用的格式字符是________。

A．%d　　B．%c　　C．%f　　D．%o

2．下面变量说明中________是正确的。

A．char:a ,b ,c;　　B．char a;b;c;

C．char a , b , c;　　D．char a,b ,c

3．putchar()函数可以向终端输出一个________。

A．整型变量表达式值　　B．实型变量值

C．字符串　　D．字符或字符型变量值

4．以下能正确地定义整型变量 a、b 和 c 并为其赋初值 5 的语句是________。

A．int a=b=c=5;　　B．int a,b,c=5;

C．int a=5,b=5,c=5;　　D．a=b=c=5;

5．若变量 a 是 int 类型并执行了语句 a='A'+1.6;，则正确的叙述是________。

A．a 的值是字符 C　　B．a 的值是浮点型

C．不允许字符型和浮点型相加　　D．a 的值是字符'A'的 ASCII 码值加上 1

6．已知 ch 是字符型变量，下面正确的赋值语句是________。

A．ch='a+b';　　B．ch='\x7f';　　C．ch='\08';　　D．ch="\";

7．设 x、y 均为 float 型变量，则以下不合法的赋值语句是________。

A．++x;　　B．y=((int)x%2)/10;　　C．x*=y+8;　　D．x=y=0;

8．以下格式符中，不能用来输入实型数的是________。

A．f　　B．e(E)　　C．g(G)　　D．x

9. 若 float num=123.456，以%+10.4f 的格式输出，结果正确的是________。

A．123.456000　　B．␣123.4560　　C．123.4560　　D．␣+123.4560

10．以下说法正确的是________。

A．输入项可以是一个实型常量

B．只有格式控制，没有输入项也能进行正确输入，如 scanf("a=%d,b=%d");

C．当输入一个实型数据时，格式控制部分应规定小数点后的位数，如 scanf("%4.2f",&f);

D．当输入数据时，必须指明变量的地址，如 scanf("%f",&f);

11．阅读以下程序，

```
#include<stdio.h>
void main()
{  int x,y,z;
   scanf("%d,%d,%d",&x,&y,&z);
   printf("x+y+z=%d\n", x+y+z);
}
```

当输入数据的形式为：25,13,10〈回车〉，正确的输出结果为________。

A．x+y+z=48　　B．x+y+z=35　　C．x+z=35　　D．不确定值

12．若变量已正确说明为 float 类型，要通过语句 scanf("%f%f%f",&a,&b,&c);给 a 赋值 10.0，b 赋值 22.0，c 赋值 33.0，不正确的输入形式是________。

A．10<回车>
22<回车>
33<回车>

B．10.0<回车>
22.0 33.0<回车>

C．10.0,22.0,33.0<回车>

D．10 22<回车>
33<回车>

13．已知 i、j、k 为 int 型变量，若从键盘输入"1,2,3<回车>"，使 i 的值为 1，j 的值为 2，k 的值为 3，以下选项中正确的输入语句是________。

A．scanf("%2d%2d%2d",&i,&j,&k);　　B．scanf("%d%d%d",&i,&j,&k);

C．scanf("%d,%d,%d",&i,&j,&k);　　D．scanf("i=%d,j=%d,k=%d",&i,&j,&k);

14．若有以下程序段（n 所赋的是八进制数）

```
int m=32767,n=032767;
printf("%d,%o\n",m,n);
```

执行后的输出结果是________。

A．32767,32767　　B．32767,032767

C．32767,77777　　D．32767,077777

15．下列程序段

```
int a=1234;
printf("%2d\n",a);
```

的输出结果是________。

A．12　　B．34　　C．1234　　D．提示出错，无结果

16．设定义：long x= –123456L，则下列能够正确输出变量 x 值的语句是________。

A．printf("x=%d\n",x);　　B．printf("x=%ld\n",x);

C．printf("x=%8dL\n",x);　　D．printf("x=%LD\n",x);

17．下列程序

```
#include<stdio.h>
void main()
{  printf("%d\n",NULL); }
```

运行后的输出结果是________。

A．0　　B．1　　C．–1　　D．NULL 没定义，出错

18．下列程序

```
#include<stdio.h>
void main()
{  char x=0xFFFF;printf("%d\n",x--); }
```

执行后的输出结果是________。

A．–32767　　B．FFFE　　C．–1　　D．–32768

19．设有如下程序段

```
int x=2002,y=2003;
pcrintf("%d\n",(x,y));
```

则以下叙述中正确的是________。

A．输出语句中格式说明符的个数少于输出项的个数，不能正确输出

B．运行时产生出错信息

C．输出值为 2002

D．输出值为 2003

20．有以下程序段

```
int m=0,n=0;char c='a';
scanf("%d%c%d",&m,&c,&n);
printf("%d,%c,%d\n",m,c,n);
```

若从键盘上输入：10A10<回车>，则输出结果是________。

A．10,A,10　　B．10,a,10　　C．10,a,0　　D．10,A,0

二、填空题

1．以下程序的输出结果是____________________。

```
#include<stdio.h>
void main()
{ int x=1,y=2;
  printf("x=%d y=%d *sum*=%d\n",x,y,x+y);
  printf("10 squared is :%d\n",10*10);
}
```

2．以下程序的输出结果是____________________。

```
#include<stdio.h>
void main()
{ int a=325;double x=3.1415926;
  printf("a=%2d x=%7.2f\n",a,x);
}
```

3．假设变量 a 和 b 均为整型，以下语句可以不借助任何变量把 a、b 中的值进行交换。请填空：a+=________; b=a–________; a– =________;

4．若 x 为 int 型变量，则执行以下语句后 x 的值是________。

```
x=7;
x+=x-=x+x;
```

5．C 语句可以分为五类，含________种控制语句、________语句、________语句、空语句和复合语句。

6．赋值语句是由__________加上一个分号构成。

7．a=12,n=5，表达式 a%=(n%=2)的值是________。

8．输入函数 scanf("%d",k);不能使 float 类型变量 k 得到正确数值的原因是_________和___________________。

9．putchar()函数可以向终端输出一个________。

10．已有定义 int i,j;float x;，为将–10 赋给 i，12 赋给 j，410.34 赋给 x，则对应以下 scanf()函数调用语句的数据输入形式是________________。

```
scanf("%o%x%e",&i,&j,&x);
```

11．printf()函数中用到格式符%5s，其中数字 5 表示输出的字符串占 5 列，如果字符串长度大于 5，则_______________。

12．使用 getchar()和 putchar()函数必须在源程序中加________________。

13．下面程序的功能为：输入三角形的三边长，输出三角形的面积。请将程序填写完整。

```
#include______________
void main()
{ float a,b,c,s,area;
```

```
    scanf("%f,%f,%f",__________);
    s=1.0/2*(a+b+c);
    area=____________;
    printf("area=%7.2f\n",area);
}
```

14. 请写出下列程序的输出结果____________。

```
#include<stdio.h>
void main()
{  int a=2,b=1,c=3,t;
   if(a>b)   {t=a;a=b;b=t;}
   if(a>c)   {t=a;a=c;c=t;}
   if(b>c)   {t=b;b=c;c=t;}
   printf("%d,%d,%d",a,b,c);
}
```

15. 若执行以下程序时，从键盘上输入了 5 和 6，则输出的结果是____________。

```
#include<stdio.h>
void main()
{  int a,b,c;
   scanf("%d%d",&a,&b);
   c=a;
   printf("c=%d\n",c);
   printf("%d\n",a&&b);
}
```

三、程序设计题

1. 输入一个整数，分别用无符号方式、八进制方式、十六进制方式输出。

2. 输入圆柱体的底面半径 r（实数）和高 h，计算圆柱体的表面积并输出到屏幕上，保留 2 位小数。

3. 编写程序，读入三个双精度数，求它们的平均值，并保留此平均值小数点后的一位，对小数点后第二位进行四舍五入，输出结果。

4. 输入华氏温度 f，输出对应的摄氏温度 c，保留 1 位小数。提示：$c=\dfrac{5\times(f-32)}{9}$。

5. 编写一个程序，从键盘上输入一个球的半径（实数），求此球的表面积和体积，保留两位小数。

6. 从键盘输入一个小写字母，将其转换成大写字母并输出。

7. 输入任意两个整数，求出它们的商和余数并输出。

8. 用条件运算符编程实现，输入 3 个整数，输出其最大值。

9. 编写程序，读入三个整数 a、b、c，然后交换它们中的数：把 a 中的值给 b，把 b 中的值给 c，把 c 中的值给 a。

10. 输入平面上两点的坐标(x_1,y_1)和(x_2,y_2)，求出两点的距离，保留两位小数。【提示：平面上两点距离 distance=sqrt($(x_1-x_2)^2+(y_1-y_2)^2$)】。

第 4 章　控制结构程序设计

计算机具有逻辑判断能力，指的是它可以根据程序运行的具体条件决定下一步要进行的操作，即计算机具有选择、控制程序流程的功能。本章主要介绍 C 语言中结构化程序设计的选择、循环控制语句。对于选择结构程序设计，讨论两种控制语句及使用；对于循环结构程序设计，分别讨论 3 种循环控制语句的功能及应用、循环嵌套及多重循环程序设计；最后介绍循环辅助语句 goto、break 和 continue 的功能及应用。

4.1　if 语句

4.1.1　if 语句的形式

if 语句根据给定的条件决定执行的操作，是“二选一”的分支结构。if 语句有三种形式：

1．第一种形式

```
if(条件表达式)  语句
```

if 语句流程图如图 4-1（a）所示。

例如：

```
if(x>y) printf("%d",x);
```

2．第二种形式

```
if (条件表达式)  语句 1  else  语句 2
```

if 语句流程图如图 4-1（b）所示。

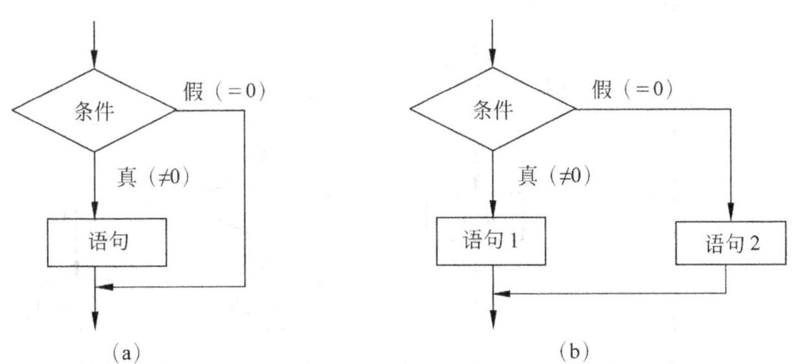

图 4-1　if 语句的流程图

例如：

```
if  (x>y)  printf("%d",x);
```

```
else  printf("%d",y);
```

3. 第三种形式

```
if(条件表达式 1)  语句 1
else if(条件表达式 2)   语句 2
      ⋮                  ⋮
else if(条件表达式 n)   语句 n
else  语句 n+1
```

if 语句分支流程图如图 4-2 所示。例如：

```
if(num>500)  cost=0.15;
else if(num>300) cost=0.10;
else if(num>100) cost=0.075;
else if(num>50)  cost=0.05;
else cost=0;
```

在使用 if 语句时，应注意以下几点：

（1）无论什么形式的 if…else 语句，在 if 后面都有“表达式”，且要用圆括号括起来。

（2）if…else 后边的内嵌语句可以是单语句，也可以是复合语句。当为复合语句时，要用大括号“{}”将其括起来。

（3）在使用多层 if…else 嵌套形式时，else 总是与它上面的、最近的、同一复合语句中未配对的 if 语句配对。

（4）C 语言对 if 后面的“表达式”（条件）没有什么限制，可以是常量、变量、函数、指针或任何类型的表达式。实际应用时，一般采用关系表达式或逻辑表达式。无论其表达式是什么形式，if 语句总是首先计算表达式的值，然后根据其值是零还是非零决定下面的选择操作。

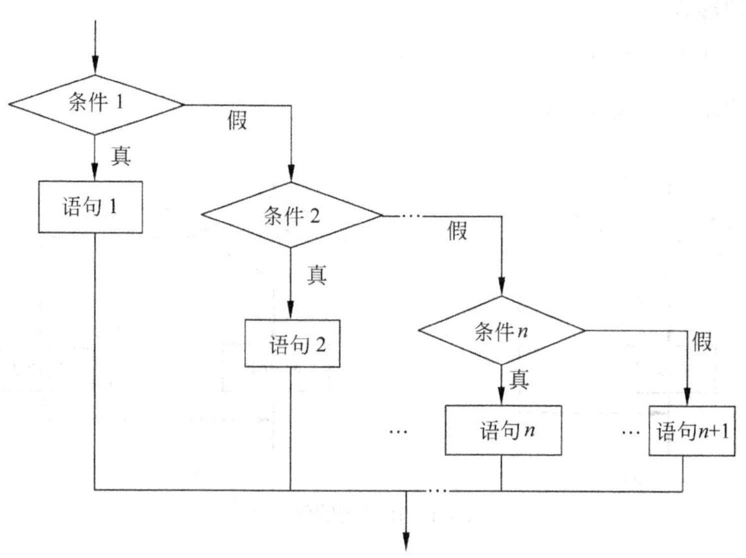

图 4-2　if 语句实现多分支流程图

【例 4-1】 输入两个整数，输出其中的大数。

```
#include<stdio.h>
void main()
{ int  x,y;
  scanf("%d%d",&x,&y);
  if(x>y)  printf("%d",x);
  else  printf("%d",y);
}
```

【例 4-2】 输入三个数 a，b，c，要求按由小到大的顺序输出。

先画出流程图，如图 4-3 所示。

对应的 C 程序如下：

```
#include<stdio.h>
void main()
{  float a,b,c,t;
   scanf("%f%f%f",&a,&b,&c);
   /*如果 a>b，则交换 a 和 b*/
   if(a>b) {t=a;a=b;b=t;}
   /*如果 a>c，则交换 a 和 c*/
   if(a>c) {t=a;a=c;c=t;}
   /*如果 b>c，则交换 b 和 c*/
   if(b>c) {t=b;b=c;c=t;}
   printf("%5.3f,%5.3f,%5.3f",a,b,c);
}
```

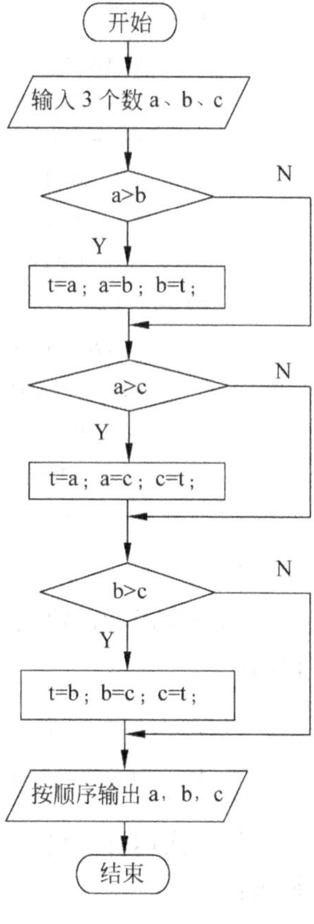

图 4-3　三个数排序流程图

4.1.2　if 语句的嵌套

C 语言中，if 的内嵌语句可以是另一个 if 语句，这就构成了 if 语句的嵌套。内嵌的 if 语句既可以嵌套在 if 子句中，也可以嵌套在 else 子句中，完整的嵌套格式为

```
if(条件表达式 1)
   if(条件表达式 2)  语句 1  }内嵌 if
   else    语句 2
else
   if(条件表达式 3)  语句 3  }内嵌 if
   else    语句 4
```

可以根据实际情况使用上面格式中的一部分，还可以进行 if 语句的多重嵌套。

【例 4-3】 在三个不相等的整数 a、b、c 中，找出大小处于中间的一个。

```
#include<stdio.h>
void main()
{
   int  a,b,c;
   scanf("%d  %d  %d",&a,&b,&c);
```

```
    printf("a=%d  b=%d  c=%d\n",a,b,c);
    if(a>b)
        if(a<c)
        printf("a  is  the  middle.\n");
        else  if(b>c)
            printf("b  is  the  middle.\n");
            else
            printf("c  is  the  middle.\n");
    else  if(a>c)
        printf("a  is  the  middle.\n");
        else  if(b>c)
            printf("c  is  the  middle.\n");
            else
            printf("b  is  the  middle.\n");
}
```

第一次运行，输入：12　5　7

输出：

```
a=12  b=5  c=7
c  is  the  middle.
```

第二次运行，输入：12　7　5

输出：

```
a=12  b=7  c=5
b  is  the  middle.
```

第三次运行，输入：7　12　5

输出：

```
a=7  b=12  c=5
a  is  the  middle.
```

【例 4-4】 设有分段函数：

$$y=\begin{cases} x^2+1 & (x>0) \\ 0 & (x=0) \\ x & (x<0) \end{cases}$$

输入一个 x 值，计算相应的 y 值。

```
#include<stdio.h>
void main()
{ int x,y;
  scanf("%d",&x);
  if(x<0)  y=x;                    /*当 x<0 时，将 x 赋给变量 y*/
```

```
    else
      if(x==0)  y=0;              /*当 x=0 时，将 0 赋给变量 y*/
      else  y=x*x+1;              /*当 x>0 时，将 x²+1 赋给变量 y*/
    printf("y=%d\n",y);
}
```

也可以将上面程序的 if 语句（程序第 5～8 行）改为：

```
if(x>=0)
  if(x>0)  y=x*x+1;
  else  y=0;
else  y=x;
```

但是不能将上述 if 语句改为：

```
y=x;
if(x!=0)
  if(x>0)  y=x*x+1;
  else y=0;                    /*else 与上面最近的 if 配对，x<0 时，y=0*/
```

也不能将上述 if 语句改为：

```
y=0;
if(x>=0)
  if(x>0)  y=x*x+1;
else  y=x;
```

这是因为 else 应与最近的 if 配对，不会与最上面的 if 配对。

4.2　switch-case 语句

由于 if 语句只提供两路选择，在解决多路选择时要用 if 嵌套，很不方便。C 语言提供了 switch 语句。图 4-4 是 switch 语句的流程图。

switch 语句的一般格式为：

```
switch(表达式)
{
    case  常量表达式 1:语句组 1  [break;]
    case  常量表达式 2:语句组 2  [break;]
                ⋮
    case  常量表达式 n:语句组 n  [break;]
    default:语句组 n+1  [break;]
}
```

说明：

（1）switch 后面圆括弧内的表达式的值一般为整型、字符型或枚举型，而且每个 case 后的“常量表达式”的类型应该与 switch 后括弧内的表达式的类型一致。

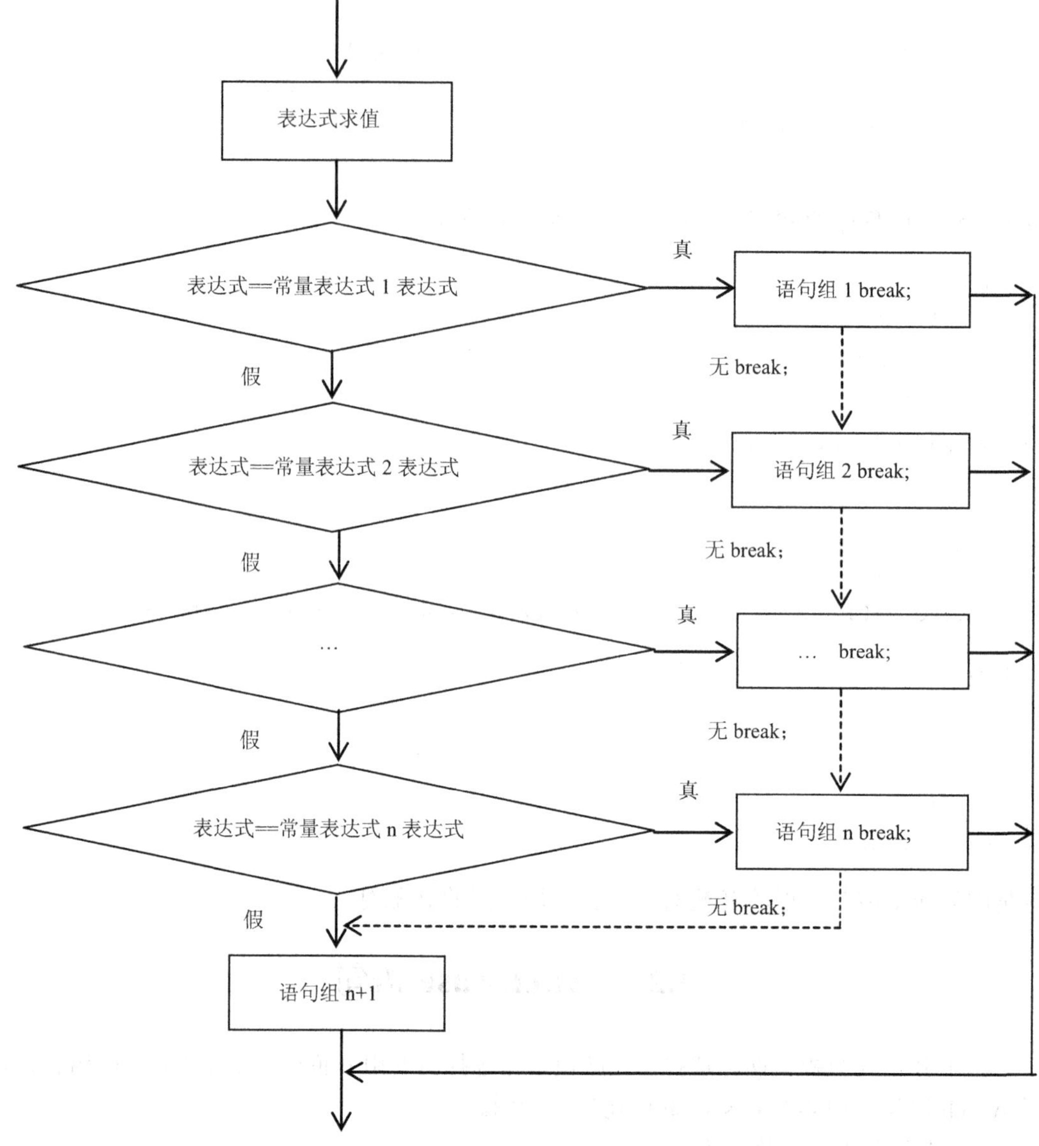

图 4-4　switch 语句流程图

（2）当表达式的值与某一个 case 后面的常量表达式的值相等时，就执行此 case 后面的语句；如果没有匹配的常量表达式的值，就执行 default 后面的语句。

（3）每一个常量表达式的值都是唯一的，即常量表达式不能重复出现。case 和 default 的次序是任意的。

（4）case 后面的语句结束时，继续考察下一个 case。要跳到 switch 语句外面，必须借助 break 语句。例如：

```
switch(表达式 C)
{
case  'a':x++;
```

```
case  'b':x++;
default:total++;
}
```

在此 switch 语句中，如果表达式 C 的取值为'a'，则 3 个分支都执行；如果表达式 C 的取值是'b'，则只执行后面的两个分支；如果表达式 C 的取值既不是'a'也不是'b'，则只执行最后的一个分支 total++。

（5）尽管最后一个分支之后的 break 语句可以省略，但是在最后一个分支之后有 break 语句是程序设计的一个良好习惯，建议保留它。例如，如果原来最后一个分支后没有 break 语句，要在它之后增加 case 分支，就会受新增分支的干扰而失效。

（6）default 是可选项，即当未找到匹配的 case 常量表达式时，会跳到 switch 外。也就是说，如果没有 default 部分，则当表达式的值与各 case 的判断值都不一致时，则程序不执行该结构中的任何部分。例如：

```
switch(表达式 C)
{
   case  0:x+=2;break;
   case  1:y+=2;break;
   case  2:z+=2;break;
}
```

当表达式 C 的值既不是 0，也不是 1 或 2 时，则程序不执行该开关分支中的任何语句。为了使程序能进行错误检查或逻辑检查，应该使用 default 分支。例如：

```
switch(ch)
{
   case 'x':printf("OK!\n");break;
   case 'y':printf("NO!\n");break;
   default :printf("error\n");
}
```

当 ch 的值是'x'时，输出 OK!，ch 的值为'y'时，输出 NO!，ch 的值为其他字符时，输出 error。如果加上 default 分支，且在 default 分支中输出一定的提示信息，那么当遇到 default 分支时，就可输出提示信息。增加 default 分支会给逻辑检查带来很多方便。

（7）case 后面的语句块可以不要花括号。

（8）在 swtich 分支结构中，如果对表达式的多个取值都执行相同的语句组时，则对应的多个 case 语句可以共用同一个语句组。例如，下面的程序段中，“case 'a'”、“case 'b'”、“case 'c'” 均共用 “case 'c'” 的语句：

```
switch(grade)
{  case 'a':
   case 'b':
   case 'c':printf("pass!\n");break;
   /*前 3 个 case 共用一个 printf 语句*/
```

```
  case 'd':printf("no pass!\n");break;
  default:printf("error! \n");break;
 }
```


【例 4-7】 为某运输公司编制计算运费的程序。运行程序时，由用户输入运输距离 *s* 和货物重量 *w*，程序输出单价 *p* 和总金额 *t*。运费标准为：

当 *s*<500km 时，没有优惠，单价为 5 元/(吨·公里)；

当 500km≤*s*<1000km 时，优惠 2%；

当 1000km≤*s*<2000km 时，优惠 5%；

当 2000km≤*s*<3000km 时，优惠 8%；

当 *s*≥3000km 时，优惠 10%。

使用开关语句 swtich…case 编写程序如下：

```
#include<stdio.h>
void main()
{ int  s,w,g;
  float  p,t;
  printf("input  the  distance  and  weight:");
  scanf("%d%d",&s,&w);
  g=s/500;
  switch(g)
  {    case  0:p=5; break;
       case  1:p=5*0.98; break;
       case  2:
       case  3:p=5*0.95;break;
       case  4:
       case  5:p=5*0.92;break;
       default:p=5*0.9;break;
  }
  t=p*w*s;
  printf("the unit price is %.3f\n the total price is %.3f\n",p,t);
}
```

4.3 while 循环语句

程序设计中常常需要重复执行同一组操作，如果多次书写同样的程序代码，必然会影响程序的简洁性。为解决这一问题，C 语言提供了 while、do…while 和 for 三种循环控制语句。

while 循环语句用来描述 while 型重复控制结构，它的一般形式为：

```
while(表达式)
语句;
```

其中“表达式”称为控制表达式，是C语言允许的任何表达式，语句（循环体）可以是任何单个语句、空语句或复合语句。

该语句的功能是：计算表达式的值，值为非0时，执行语句一次；再重复上述过程，直至表达式的值为0时，退出while语句。

该语句的特点是：在每次循环开始之前，要首先判断“表达式”是否为0，若为0，则不执行语句（循环体）。即先判断后执行。所以循环体可能一次也不被执行。图4-5给出了while语句的控制流程图。

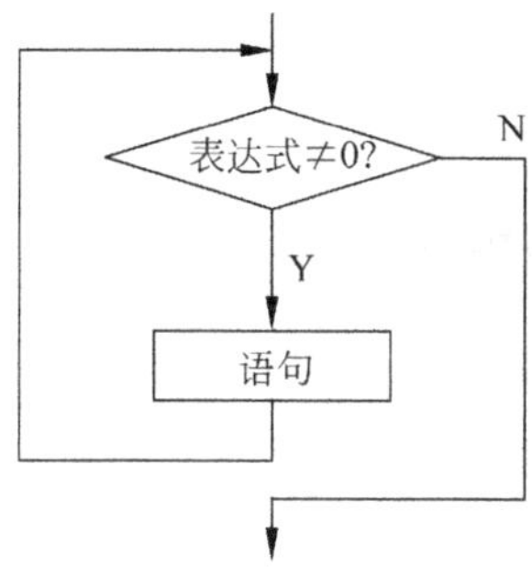

图4-5　while 语句执行过程

【例4-8】 利用$\frac{\pi}{4}\approx 1-\frac{1}{3}+\frac{1}{5}-\frac{1}{7}+\cdots$求π的近似值，要求精确到$10^{-4}$。

本题的核心是求：$1-\frac{1}{3}+\frac{1}{5}-\frac{1}{7}+\cdots$的和。求和的每一项用 term 表示，符号位用 sign 表示，各项的分子均为1，首项分母n=1，其余各项的分母为其前一项分母的值加2，迭代公式为：term= –sign*1/float(n+2)，直到某一项的绝对值小于10^{-4}，流程图如图4-6所示。

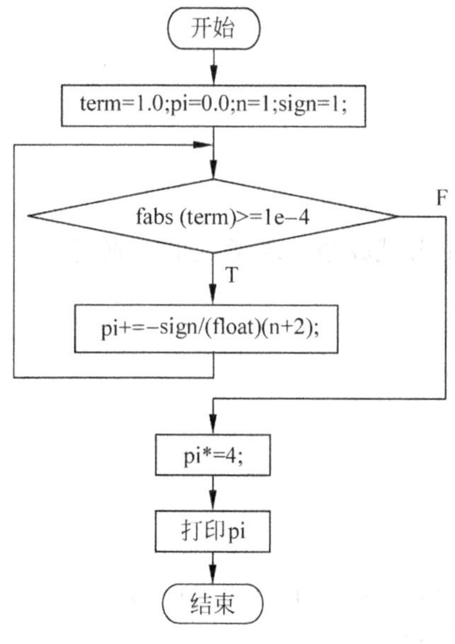

图4-6　例4-8流程图

```
#include<stdio.h>
#include<math.h>
void main()
{  float term=1.0,pi=0.0;
   int n=1,sign=1;
   while(fabs(term)>=1e-4)
   {  pi+=term;
      n+=2;
      sign=-sign;
      term=sign/(float)n;
   }
   pi*=4;
   printf ("pi=%10.8f\n",pi);
}
```

运行结果：

```
pi=3.14139724
```

程序中用函数 fabs()对每一项的值求绝对值，要调用标准数学库函数，因此在 main()函数前要加文件包含命令：#include<math.h>（或#include"math.h"）。

while 循环为当型循环。当条件成立时，执行循环体；条件不成立时退出循环。while 循环条件可以为任何合法的表达式，例如：

```
while(x!=0)
```

也可写作

```
while(x)
```

```
while(x==0)
```

还可写作

```
while(!x)
```

【例 4-9】 读入班级学生考试成绩，求考试平均成绩。

```
#include<stdio.h>
void main()
{
  int  sum,count,count1;
  sum=0;count=0;
  while (1)
  {
     printf("input  count1<0: quit ! \n");
     scanf("%d",&count1);
     if(count1<0)break;
     sum+=count1;
```

```
    count++;
  }
  if(count)
    printf("%.2f\n",((float)sum)/count);
  else
    printf("No  data. \n");
}
```

在此例中采用考试成绩逐个读入、累计和学生人数自动计数的方法，直到考试成绩全部输入后，求出平均成绩。当输入成绩为负数时，表示输入结束。

【例 4-10】 计算阶乘：$n!=n(n-1)(n-2)(n-3)\cdots2\times1, (n>0)$。

```
#include<stdio.h>
void main()
{  int  n,m,t;
   scanf("%d",&n);
   m=1;
   t=n;
   while(n>=1)
   {  m=m*n;
      n--;
   }
      printf("%d!=%d\n",t,m);
}
```

在上面的程序中，首先通过 scanf 语句从键盘输入 *n* 的值，将 *m* 的初值置为 1，然后 while 语句循环 *n* 次，最后用 printf 语句输出运行结果。例如，若从程序开始时输入数值 5，则得出运行结果为：5!= 120。

【例 4-11】 无循环体的 while 的循环问题。

```
#include<stdio.h>
void main()
{
   int  p=0,j=0;
   while(j<10);
   {  j++;
      p+=j;
   }
   printf("p=%d\n",p);
}
```

此题的目的是加深对循环语句结束符“;”的理解，并说明程序的书写格式不能代替语法要求。在此要注意程序中的 while()后有一个“;”号，这表明 while()语句在“;”处结束，所以此语句没有循环体，这里的 j 值永远保持不变，因而 while()循环是一个死循环。

【例 4-12】 编写一个程序实现：对空格符、制表符和换行符进行计数。

```
#include<stdio.h>
void main()
{
  int  c,nb,nt,nl;
  nb=0;nt=0;nl=0;
  while((c=getchar())!='?')
  {  if(c==' ')
       ++nb;
     if(c=='\t')
       ++nt;
     if(c=='\n')
       ++nl;
  }
  printf("%d %d %d\n",nb,nt,nl);
}
```

本例中的整型变量 nb、nt 和 n1 分别用于对空格、制表符和换行符号的个数进行计数。初始时这三个变量都赋值为 0。

在 whlie 循环体中，把从输入字符中取到的每个空格、制表符和换行符都记录下来。每执行一次循环都对其中所有的 if 语句全部执行一遍，如果取回的不是空格、制表符和换行符，计数器就不计数；如果取回的字符是三种符号中的某一类，对应的计数器就加 1；整个循环以输入字符'?'作为结束标志。

关于使用 while 语句时几点说明：

（1）while 循环语句的特点是先对表达式的值进行测试，然后根据测试结果决定是执行循环体还是退出循环。如果循环体被执行 n 次，则表达式的测试为 n+1 次。最后一次测试结果必定为假（0 值），退出循环。该语句最少执行 0 次循环。

（2）为了避免无限循环，循环体内应存在使循环趋于结束的语句。

（3）while 语句中的表达式与 if 语句中的判断条件表达式完全相同（参见 if 语句中的说明）。while 语句中的表达式经常使用如下省略形式：

```
while(x!=0)
```

可写成

```
while(x)
```

```
while(x==0)
```

也可写成

```
while(!x)
```

（4）while 后的圆括号不能省略。

4.4　do…while 循环语句

do…while 循环语句的一般格式为：

```
do
语句;
while(表达式);
```

其中，表达式称为控制表达式，是C语言允许的任何表达式，语句（循环体）可以是任何单个语句、空语句或复合语句。

该循环语句的功能是：首先执行循环体一次，然后计算控制表达式的值。如果表达式的值非 0，则再次执行循环体一次；接着再测试表达式的值，重复上述过程，直至表达式的值为 0 时退出循环。

该语句的特点是：在每次循环开始，要先执行循环体一次，再判断“表达式”是否为 0，若为 0，则不执行语句（循环体）。即先执行后判断。所以循环体至少要被执行一次。图 4-7 给出了 do…while 语句的控制流程图。

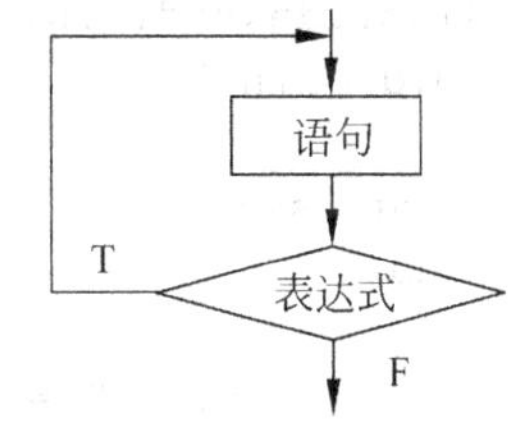

图 4-7　do…while 语句执行过程

【例 4-13】 读入班级学生某科考试成绩单（学号、成绩）并打印输出，求考试平均成绩。输入学号为 0 时结束。

```
#include<stdio.h>
void main()
{
    int  sum,cou,cou1,count;
    sum=0;count=0;
    scanf("%d%d",&cou,&cou1);
    printf("\n student  mark \n");
    do
      { sum+=cou1;
        count++;
        printf("%4d,%6d \n",cou,cou1);
        scanf("%d%d",&cou,&cou1);
      } while(cou!=0);
    printf("%.2f\n",((float)sum)/count);
}
```

在此例中采用考试成绩逐个读入（学号 cou，成绩 cou1）、逐个输出并累计总分（sum）及学生人数（count）自动计数的方法，直到考试成绩全部输入、输出后，求出平均成绩，当输入学号为 0 时，表示输入结束。

【例 4-14】 关于在 do…while 中表达式写法的例子。

```
#include<stdio.h>
void main()
```

```
{
  int  sum=67;
  do
  {
     printf("sum=%d\n",sum);
  }while(!sum);
}
```

在此要注意 while()括号中表达式的写法。while(!sum)等价于 while(sum==0)。当 sum 为 0 时，循环条件!sum 成立；当 sum 为非 0 时，循环条件!sum 不成立，退出循环。上述程序的执行过程是：循环体首先被执行一次，打印出 sum=67，接着执行 while(!sum)，即检查循环条件，因为 sum=67，检查结果为 0，退出循环。

【例 4-15】 前置运算与循环条件问题。

```
#include<stdio.h>
void main()
{
  int  s=3;
  do
  {
       printf("s=%d\n",--s);
  } while(s);
     printf("s=%d\n",s);
}
```

在该例中注意前置运算对循环条件的影响。每次执行循环体时，首先对 s 做减 1 操作，然后执行 printf 语句输出 s 的值。所以整个程序的输出结果是：

```
s=2
s=1
s=0
s=0
```

上述程序等价于下列程序：

```
#include<stdio.h>
void main()
{
      int  s=3;
         do
         { --s;
      printf("s=%d\n",s);
         }  while(s);
      printf("s=%d\n",s);
}
```

【例 4-16】 编一程序实现：输入一串字符，以字符“.”作为输入结束标志，分别显示其中字母和数字的个数。

```
#include<stdio.h>
void main()
{
    char  ch;
    int  ch_num,dig_num;
    ch_num=0;dig_num=0;
    do
    {
    scanf("%c",&ch);
    if((ch>='A')&&(ch<='Z')||(ch>='a')&&(ch<='z'))
    ch_num++;
    else
    if((ch>='0')&&(ch<='9'))
    dig_num++;
    }while(ch!='.');
    printf("ch_num=%d\n",ch_num);
    printf("dig_num=%d\n",dig_num);
}
```

第一次运行，输入：C program

输出结果是：ch_num=8
dig_num=0

第二次运行，输入：AaghLPIMM qwe789

输出结果是：ch_num=12
dig_num=3

程序中使用了两个变量 ch_num 和 dig_num 分别表示输入的字母字符和数字字符数，如果输入的字符在 A～Z 和 a～z 之间，则 ch_num 加 1，如果输入的字符在 0～9 之间，则 dig_num 加 1。最后输出 ch_num 和 dig_num 的值。

【例 4-17】 输出 1.0e+00，1.0e+01，…，1.0e+05 的平方根。

```
#include<stdio.h>
#include<math.h>
void main()
{
    float s=1.0;
    do
    {printf("%e,%e\n",s,sqrt(s));
     s=s*10;
    }while(s<1e6);
}
```

运行输出结果为：

```
1.000000e+000,1.000000e+000
1.000000e+001,3.162278e+000
1.000000e+002,1.000000e+001
1.000000e+003,3.162278e+001
1.000000e+004,1.000000e+002
1.000000e+005,3.162278e+002
```

使用 do…while 循环时要注意几点：

（1）在 do…while 循环中，while（表达式）后面的分号“;”不能省略，它表明 do…while 循环结构在“;”处结束。

（2）do…while 循环中的表达式与 while 循环中的表达式相同。

4.5　for 循环语句

C 提供的 for 循环语句是使用最灵活、最广泛的一种循环控制语句。图 4-8 是其控制流程图。

for 循环语句的一般格式：

```
for(表达式 1;表达式 2;表达式 3)
语句;
```

for 语句的执行过程是：

① 计算表达式 1，为控制变量赋初值。

② 计算表达式 2，并判断其值为 0 或非 0，若其值非 0，转去执行步骤③；否则，结束 for 循环语句。

③ 执行语句（循环体），然后计算表达式 3（对控制变量进行增量或减量操作）。

④ 转去执行步骤②。

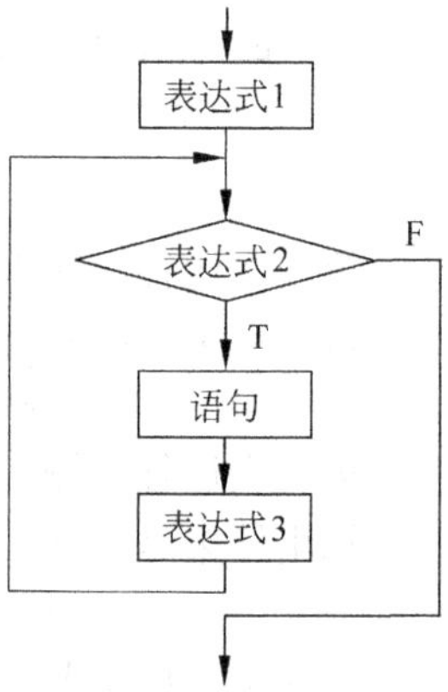

图 4-8　for 循环语句流程图

由 for 循环的控制流程可知：

表达式 1：一般为赋值表达式，它为循环控制变量赋初值。

表达式 2：一般为关系表达式或逻辑表达式，作为控制循环结束条件。

表达式 3：一般为赋值表达式，为循环控制变量增量或减量。for 中的“语句”是循环体，可以是任何可执行的语句。

【例 4-18】 求 $s=1+2+3+\cdots+100$ 的值。

```
#include<stdio.h>
void main()
{
   int  j,sum=0;
   for(j=1;j<=100;j++)
   sum=sum+j;
   printf("%d\n",sum);
}
```

【例 4-19】 计算 n!。

```
#include<stdio.h>
void main()
{
   int  j,n,m=1;
   scanf("%d",&n);
   for(j=1;j<=n;j++)
   m=m*j;
   printf("n!=%d\n",m);
}
```

【例 4-20】 计算 1～9 的平方。

```
#include<stdio.h>
void main()
{
   int  j,i;
   for(j=1,i=1;j<10;j++,i++)
   printf("%d*%d=%d\n",i,j,i*j);
}
```

此程序还可以改写成如下的情形：

```
#include<stdio.h>
void main()
{
   int  i=1;
   for(;i<10;)
   {  printf("%d*%d=%d\n",i,i,i*i);
      i++;
   }
}
```

【例 4-21】 相传古代印度国王舍罕要褒奖他聪明能干的宰相达依尔（国际象棋的发明者），问他要什么，达依尔回答说："国王只要在国际象棋的棋盘上第一个格子放一粒麦子，第二个格子放两粒，第三个格子放四粒，以此类推，每一格加一倍，一直放到 64 格，我就感恩不尽了。"国王答应了他的要求，结果全印度的粮食都用完了还不够。国王很纳闷，怎么也算不清这笔账。现在，我们编写一个 C 语言程序来帮国王算算这笔账。

上述问题转化成数学问题就是要求 $2^0+2^1+2^2+2^3+\cdots+2^{63}$，若 1 立方米小麦大约为 1.42×10^8 粒，求出所需小麦的体积。

```
#include<stdio.h>
void main()
{  int n;
   double v,sum=0.0,t=1.0;
```

```
    for(n=0;n<64;n++)
    {  sum+=t;
       t*=2;
    }
    printf("sum=%e\n",sum);
    v=sum/1.42e8;
    printf("v=%e",v);
}
```

运行结果：

```
sum=1.844674e+019
v=1.299066e+011
```

以上两例，for 语句的循环次数均确定。for 语句也可以用于循环次数不确定而给出循环结束条件的情况。

【例 4-22】 用牛顿迭代法求解方程的根。要求精确到 10^{-4}。

分析：

方程 $f(x)=0$ 的等价形式为：

$$x = x - \frac{f(x)}{f'(x)} \qquad f'(x) \neq 0$$

相应的迭代公式为：

$$x_{i+1} = x_i - \frac{f(x_i)}{f'(x_i)} \qquad i = 0,1,2,\cdots$$

牛顿迭代法的实质是求切线与 X 轴的交点作为函数曲线与 X 轴的交点的近似值。

例如：$f(x)=x^2-a$ 时，$f'(x)=2x$。

迭代公式为：$x_{i+1}=x_i-(x_i^2-a)/(2x_i)$。

化简得：$x_{i+1}=x_i/2+a/(2x_i)$。

设 x 的初值为 4.5，a 为 19.888834，程序如下：

```
#include <stdio.h>
#include <math.h>
void main()
{ int i;
  float a,x1,x2;
  x1=4.5;
  a=19.888834;
  x2=x1/2+a/(2*x1);
  for(i=0;fabs(x2-x1)>1e-4&&i<10;i++)
      { x1=x2;
        x2=(x1+a/x1)/2;
      }
printf("x=%f\n",x2);
}
```

运行结果：

```
x=4.459690
```

迭代是一个不断用新值取代旧值的过程，程序中变量 x1 存放迭代过程中 x_i 的值，变量 x2 存放迭代过程中 x_{i+1} 的值。本例中，循环判断条件为："|x2–x1|<=1e–4&&i<10"，循环次数是不确定的，但是如果第 10 次迭代后仍未达到精度要求，也要停止循环。所以，本例是用两个条件控制循环的执行。

在使用 for 循环语句时要注意以下几点：

（1）for 循环是先检验循环条件，后执行循环体，这一点与 while 循环相同。

（2）for 循环中三个表达式起不同的作用。"表达式 1"用于进入循环之前给某些变量赋初值，"表达式 1"仅执行一次；"表达式 2"是循环条件，只要"表达式 2"的值非 0，就执行循环体一次，否则退出循环；"表达式 3"用于修改循环条件，使循环趋于结束。

（3）for 循环中三个表达式之间的分号"；"不能省略。

（4）对三个表达式的类型没有限制，可以是常量、变量、函数、指针或任何其他表达式。"表达式 2"一般是关系或逻辑表达式，各个表达式均可省略不写。

下面给出 for 循环语句的一些特殊写法。

（1）for(;;)：这是三个表达式都省略的情况，表示无任何限制条件，是无限循环（死循环），等价于 while(1)循环。

（2）for(e1;;e3)：这是省略"表达式 2"的情形，也表示无条件循环。

（3）for(;e2;e3)：这是省略"表达式 1"的情形。如果在 for 语句之前已给变量赋初值，则 for 中"表达式 1"可以省略。如程序段：

```
j=0;
for(;j<10;j++)
{
语句;
}
```

它等价于下面的程序段：

```
for(j=0;j<10;j++)
{
语句;
}
```

（4）for(e1;e2;)：这是省略"表达式 3"的情形。如果在循环体内有修改循环条件的语句，for 中的"表达式 3"可以省略。如程序段：

```
for(j=0;j<10;)
{
语句;
j++;
}
```

它等价于下面的程序段：

```
for(j=0;j<10;j++)
{
语句;
}
```

（5）for(;e2;)：这是省略“表达式 1”和“表达式 3”的情形。这种形式等价于 while 循环语句。即：while(e2){语句；}。

（6）for(e1;e2;e3);：这是省略循环体的书写形式。for 后紧跟分号“;”就是没有循环体的 for 循环语句。这种形式的语句可用来实现程序的延时功能。

（7）for(e11,e12;e21,e22;e31,e32)：这是表达式为逗号表达式的情形。由于逗号表达式的运算次序是从左到右，逗号表达式的值为最后一个表达式的值，因此循环条件取决于表达式 e22。

用户在使用 for 循环语句时，只要掌握 for 循环的基本概念，就能正确地使用该语句。

【例 4-23】 for 循环与自减运算。

```
#include<stdio.h>
void main()
{
int i;
for(i=10;i>3;i--)
  {
  if(i%3) i--;
  --i;--i;
  printf("%3d",i);
  }
}
```

本程序中循环控制变量 i 开始等于 10，然后执行循环体进行判断(i%3)，因为(i%3)的值是 1，所以执行了三次自减运算，使 i 的值由原来的 10 变为 7，并打印输出 7；第二次循环，先计算表达式 3(即 i--)，使 i 的值变为 6，再执行循环体，这时 if（i%3）不成立，所以只执行两次--i，这时 i 变成 4，并打印输出 4；然后计算表达式 3(即 i--)进行第三次循环，由于这时的控制循环条件不成立而结束程序的执行。最后的输出结果是：7　4。

4.6　三种循环比较及循环嵌套

4.6.1　三种循环比较

（1）while 和 for 都是先判断条件后执行循环体，do…while 是先执行循环体后判断条件。

（2）while 和 do…while 语句的条件表达式只有一个，起到控制循环的作用。for 语句有三个表达式，不仅起到控制循环的作用，还可以赋初值，使循环变量增值或减值。

（3）三种循环均可嵌套，也可以相互嵌套，嵌套层数不限。

（4）三种循环都能用 goto、break 跳出循环，用 continue 开始下一轮循环。

（5）对于同一问题，三种循环语句可相互替代。

此外，还可以用 if 语句和 goto 语句构成循环，但不符合结构化程序设计原则，建议不要使用这种方法。

4.6.2 循环嵌套

在一个循环体内又包含另一个循环结构，称为循环嵌套。内层循环体中又包含新的循环结构，称为多重循环嵌套。在 C 语言中，三种循环结构可以任意组合嵌套。例如：

```
for(j=1;j<100;j++)
{
        ⋮
while()
{
        ⋮
}
        ⋮
}
```

【例 4-24】 求 100～500 以内的全部素数，每行输出 10 个。

```
#include<stdio.h>
#include<math.h>
void main()
{  int k,i,n=0;                      /*n 用于控制输出格式，每 10 个数据一行*/
   for(k=100;k<=500;k++)
     { for(i=2;i<=sqrt(k);i++)       /*判断素数*/
          if(k%i==0)break;
       if(i>sqrt(k))
         { printf("%6d",k);          /*素数输出*/
           n++;                      /*已输出素数的个数*/
           if(n%10==0)
           printf("\n");             /*保证输出素数时每行 10 个*/
         }
     }
}
```

程序执行结果：

```
101  103  107  109  113  127  131  137  139  149
151  157  163  167  173  179  181  191  193  197
199  211  223  227  229  233  239  241  251  257
263  269  271  277  281  283  293  307  311  313
317  331  337  347  349  353  359  367  373  379
```

```
383  389  397  401  409  419  421  431  433  439
443  449  457  461  463  467  479  487  491  499
```

【例 4-25】 打印九九乘法表。

```
#include<stdio.h>
void main()
{
    int  i,j,k;
    printf("***");
    for(i=1;i<=9;i++)
        printf("%5d",i);
    printf("\n");
    for(i=1;i<=9;i++)
      { printf("%3d",i);
        for(j=1;j<=i;j++)
          {  k=j*i;
             printf("%5d",k);
          }
        printf("\n");
      }
}
```

执行结果为：

```
***    1    2    3    4    5    6    7    8    9
1      1
2      2    4
3      3    6    9
4      4    8   12   16
5      5   10   15   20   25
6      6   12   18   24   30   36
7      7   14   21   28   35   42   49
8      8   16   24   32   40   48   56   64
9      9   18   27   36   45   54   63   72   81
```

程序第一个 for 循环打印第一行，后两个 for 循环语句构成二重循环，计算并打印九九乘法表的内容。请留意嵌套的二重循环：当外循环变量为 i 时，即打印第 i 行时，内循环的循环次数是 i 次，即打印 i 个数字。

【例 4-26】 两个 for 循环嵌套的例子。

```
#include<stdio.h>
void main()
{
int  j,i,n=0;
  for(i=0;i<10;i++)
    for(j=0;j<10;j++)
```

```
    n++;
printf("n=%d\n",n);
}
```

这是一个嵌套两层的 for 循环。多重循环的执行总是从最外层循环开始，由外向里逐层执行完各个单循环。该程序中，当外循环变量 i=0 时，内循环变量要从 j=0 执行到 j=9，它的循环体（语句 n++;）将被执行十次；然后 i 加 1，当外循环变量 i=1 时，内循环变量又要从 j=0 执行到 j=9，语句 n++;又被执行十次；然后 i 再加 1，……当外循环变量 i=9 时，内循环变量又要从 j=0 执行到 j=9，语句 n++;又被执行十次；然后 i 再加 1，当外循环变量变为 10 时，外循环结束。因此，整个二重循环执行下来，语句 n++共执行了 100 次。最后打印 n=100。

4.7 标号语句与 goto 语句、break 语句和 continue 语句

4.7.1 标号语句与无条件转移语句 goto

标号语句主要提供一个程序的转移去向。

无条件转移语句主要用在两种场合：一是跳出 if 语句；二是跳出循环结构。对于跳出循环结构，break 和 continue 也能很好地实现。然而有时用 goto 语句效率更高，但是它破坏了程序的清晰性，因为 goto 语句使得程序流程无规律，可读性差。所以结构化程序设计主张限制使用 goto 语句来实现程序控制转移。但是在 C 语言中并不完全禁止使用 goto 语句。

1. 标号语句

标号语句的形式为：

```
标号：语句；
```

标号语句主要提供给 goto 语句的转移去向。使用标号语句时应注意以下几点：

① 标号的命名规则同标识符，它是一个文字标号，一般由 1～8 个字符组成，首字符必须是字母或下划线“_”。对标号不必先说明，因为标号本身就是一种说明，它表示程序中某个位置。

② 标号后的冒号不能省略。

③ 在同一个函数内，不允许出现相同的标号。

④ 标号语句主要作为 goto 语句的转向的目标，在其他任何场合下遇到标号语句，只执行该语句而不考虑标号。

⑤ 标号语句可以是空、空语句或其他语句。如：

```
loop:
loop: ;
loop: y=x++;
```

这些都是合法的标号语句。

2. 无条件转移语句 goto

goto 语句的一般格式为：

```
goto  标号;
```

goto 语句的功能：使程序控制无条件转去执行标号所标识的那个语句。

【例 4-27】 用 goto 语句实现循环求 s=1+2+3+4+…+100 的值。

```
#include<stdio.h>
void main()
{ int  j=1,s=0;
  loop:
  if(j<=100)
  {  s+=j;j++;
     goto  loop;}
   printf("sum=%d\n",s);
}
```

goto 语句总是从里层结构跳到外层或有条件地在同层之间跳转，而不能从外层跳进内层。图 4-9 给出了 goto 语句的跳转去向示意图。

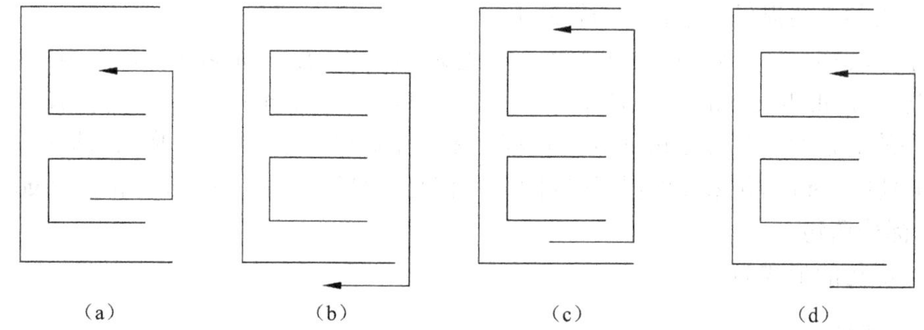

图 4-9　goto 语句的跳转去向示意图

图 4-9 中（a）是并列层，但不是同层的跳转，相当于从外层转入内层，所以不行。

图 4-9 中（b）是内层转到外层，是正确的。

图 4-9 中（c）是同层跳转，所以 goto 语句的使用是正确的。

图 4-9 中（d）是由外层转到内层，是错误的。

goto 语句经常被用于两个目的：一是在程序中向后跳过若干行未被执行的语句去执行一条新语句；二是在程序中向前跳过若干行已被执行过的语句去重复执行一条语句。

goto 语句的跳转位置就是标号指明的位置，goto 语句的使用范围仅限于函数的内部，不允许从一个函数跳到另一个函数。

使用 goto 语句时，用户可参照下面的原则使用：

- 避免跳转距离过长（跳转的比较远，中间相隔的语句比较多）。
- 鼓励使用向后跳转（例如从第 5 行跳到第 15 行）。
- 谨慎使用向前跳转（例如从第 20 行跳到第 9 行）。
- 使用 goto 语句要有一定的目的，即要达到什么目标。如为了加快程序的运行速度，从深层循环中转出；或为了程序保密，故意用 goto 语句转来转去等。

【例 4-28】 顺序输入一串字符，从中找出一个指定的字符 ch 在该字符序列中第一次出现的位置。该字符序列以“?”结束。

```
#include<stdio.h>
void main()
{
    int  j;
    char ch,ch1;
    scanf("%c%c",&ch,&ch1); /*输入指定字符和序列的第一个字符*/
    j=1;
    hpp:  if ((ch1==ch)||(ch1=='?'))  goto kkk;
    j++;
    scanf("%c",&ch1);
    goto  hpp;
  kkk: if (ch1==ch)
            printf("\n count=%d\n",j);
       else
            printf("not  in  list ! ");
}
```

第一次运行，输入：abdfahk?

输出：count=4

第二次运行，输入：abdfghw9p?

输出：not in list !

在本例中，使用 goto hpp; 语句组织了一个循环输入字符的程序，并通过 goto kkk; 语句转去打印输出结果，最后结束程序的运行。goto 语句提高了程序的效率，但是它破坏了程序结构的清晰性。因此，在程序中不主张使用该语句。如果要从多重循环中跳出来，使用 goto 语句还是很方便的。

【例 4-29】 for 循环与 goto 语句的联合使用问题。

```
#include<stdio.h>
void main()
{
   int  j,i,k,x=0;
          for(i=0;i<10;i++)
             for(j=0;j<10;j++)
                for(k=0;k<10;k++)
                   {x++;
                   if(x==10)  goto  outh;
                   }
      outh: printf("i=%d,j=%d,k=%d,x=%d\n",i,j,k,x);
}
```

该程序由三重循环组成。最内层循环的循环体是 x++运算，当 x 加到 10 时，利用 goto 语句直接跳到三重循环之外的 outh 语句处执行打印。这时最内层循环的循环控制变量 k 恰好是 9，由于中层循环的循环体正处在第一次执行过程中，此时跳出循环，其循环变量 j 仍为初值 0。同理第一层循环也处于第一次执行过程中，此时跳出循环，循环变量 i 仍为初值 0。所以程序的输出结果为：

```
i=0,j=0,k=9,x=10
```

4.7.2 break 语句和 continue 语句

在前面讨论的三种循环语句中，都是以某个表达式的结果作为循环条件，即当表达式的值为 0 时，就结束循环。但在实际应用中，有时希望在循环的中途直接控制流程的转移。在 C 语言中，具有这种功能的语句有 goto、break、continue。前面我们已经对 goto 语句做了讨论，现在介绍语句 break 和 continue。

1. break 语句的一般格式

```
break;
```

应用场合：break 语句可以应用于 switch…case 多分支选择语句中，也可以用于循环语句（for（;;）、do…while 和 while）中。

功能：在 switch…case 语句中，break 的作用是跳到包围 break 语句的最内层的 switch…case 语句之外，转去执行紧跟其后的语句。在循环语句中，break 的作用是跳到包围 break 语句的最内层的循环语句之外，转去执行紧跟其后的语句。

break 语句被使用在多层 switch…case 语句或多层循环语句中时，要注意：break 语句总是跳到最近包围它的那一层之外。若想从多层结构中跳出，就必须层层使用 break 语句，或者干脆使用 goto 语句。

2. continue 语句的一般格式

```
continue;
```

应用场合：continue 语句只能应用于循环语句中。

功能：结束本次循环。对于 do…while 和 while 循环，continue 语句跳到 while 之后括号中的表达式的计算处，即重新计算表达式的值，由此再决定是否开始下一次循环；对于 for(表达式 1;表达式 2;表达式 3)语句，continue 语句跳到“表达式 3”的计算处，计算以后，再根据表达式 2 决定是否开始下一次循环。

【例 4-30】 输入若干整数并求和，直到和值大于等于 5000 或输入数字的个数等于 90 为止。

```
#include<stdio.h>
void main()
{
   int  count,number,sum=0;
   for(count=1;count<=90;count++)
   {  scanf("%d",&number);
      sum+=number;
      if(sum>=5000) break;
```

```
    }
    printf("sum=%d",sum);
}
```

【例 4-31】 输入一行字符，长度不超过 80 个字符，遇输入字符“?”时结束。

```
#include<stdio.h>
void main()
{
    char  ch;
    int j;
    for(j=1;j<=80;j++)
        {  ch=getchar();
           if (ch=='?')break;
           printf("ch=%c",ch);
        }
}
```

在输入字符达到 80 个之前，遇输入字符“?”，break 语句使程序立即跳出循环结构。

【例 4-32】 读入一系列整数，并打印输出，直到读入 50 为止。当读入的整数小于 0 或大于 500 时不打印。

```
#include<stdio.h>
void main()
{
int m;
do
  { scanf("%d",&m);
     if(m<0||m>500) continue;        /*如果读入的数是负数或大于 500，*/
     printf("%d",m);                 /*则结束本次循环 */
}while(m!=50);                       /*如果读入的数不等于 50 则继续循环*/
}
```

习 题 4

一、选择题

1．执行下面的程序段后，b 的值为________。

```
int   x=35;
char  z='A';
int   b;
b=((x&&15)&&(z<'a'));
```

A．0　　B．1　　C．2　　D．3

2．设 a=5，b=6，c=7，d=8，m=2，n=2，执行(m=a>b)&&(n–c>d)后 n 的值为________。

A.1　　B．2　　C．3　　D．4

3．若 k 是 int 型变量，且有下面的程序段，输出结果是________。

```
k=-3;
if(k<=0)  printf("####");
else  printf("&&&&");
```

A．####　　B．&&&&

C．####&&&&　　D．有语法错误，无输出结果

4．设 A、B 和 C 都是 int 型变量，且 A=3，B=4，C=5，则下面表达式中值为 0 的是________。

A．A&&B　　B．A<=B

C．A || B+C&&B　　D．!((A<B)&&!C || 1)

5．阅读程序：

```
#include<stdio.h>
void main()
{  float  x,y;
   scanf("%f",&x);
   if(x<0.0)  y=0.0;
   else  if((x<5.0)&&(x!=2.0))
          y=1.0/(x+2.0);
          else  if(x<10.0)  y=1.0/x;
                else  y=10.0;
   printf("%f\n",y);
}
```

若运行时从键盘上输入 2.0，则上面程序的输出结果是________。

A．0.000000　　B．0.250000

C．0.500000　　D．1.000000

6．阅读程序：

```
#include<stdio.h>
void main()
{  int  x=1,y=0,a=0,b=0;
   switch(x)
   {  case 1:
              switch(y)
                {  case 0:a++;break;
                   case 1:b++;break;
                }
      case 2:
              a++;b++;break;
   }
   printf("a=%d,b=%d\n",a,b);
}
```

上面程序输出结果是________。

A. a=2，b=l　　　　B. a=l，b=l

C. a=l，b=0　　　　D. a=2，b=2

7. 下面程序的输出是________。

```
#include<stdio.h>
void main()
{  int  a=-1,b=4,k;
k=(a++<=0)&&(!(b--<=0));
printf("%d%d%d\n",k,a,b);}
```

A. 0　0　3　　B. 0　1　2　　C. 1　0　3　　D. 1　1　2

8. 为表示关系 x≥y≥z，应使用 C 语言表达式________。

A. (x>=y)&&(y>=z)　　　　B. (x>=y)AND(y>=z)

C. (x>=y>=z)　　　　D. (x>=y)&(y>=z)

9. 若要求在 if 后一对圆括号中表示 a 不等于 0 的关系，则能正确表示这一关系的表达式为________。

A. a< >0　　B. !a　　C. a=0　　D. a

10. 若有以下定义：

```
float  x; int  a,b;
```

则正确的 switch 语句是________。

A.
```
switch(x)
{ case  1.0: printf("*\n");
   case  2.0: printf("**\n");}
```

B.
```
switch(x)
{ case 1, 2: printf("*\n");
  case 3: printf("**\n");}
```

C.
```
switch(a+B)
{ case 1: printf("\n");
  case  1+2: printf("**\n");}
```

D.
```
switch(a+b);
{ case 1: printf("*\n");
  case 2: printf("**\n");}
```

11. 下列语句中，错误的是________。

A. `while(a=b)a++;`　　　　B. `while(0);`

C.
```
do
{printf("ok\n");
 }while(x==5)
```

D.
```
do
{x++;
}while(--x==0);
```

12. 执行语句 for(i=1;i++<4;)后变量 i 的值为________。

A. 3　　B. 4　　C. 5　　D. 6

13. 以下程序的输出结果是________。

```
#include<stdio.h>
```

```
void main()
{ int x=10,y=10,i;
  for(i=0;x>8;y=++i)
  printf("%d %d",x--,y);
}
```

A．10 1 9 2　　B．9 8 7 6　　C．10 9 9 0　　D．10 10 9 1

14．以下 for 语句的循环次数为________。

```
int i=0,j=0;
for(;!j&&i<=5;i++) j++;
```

A．5 次　　B．1 次　　C．6 次　　D．无限多次

15．以下程序段中内嵌循环共被执行的次数为________。

```
for(i=5;i;i--)
for(j=0;j<4;j++)
{…}
```

A．20　　B．24　　C．25　　D．30

16．有以下程序

```
#include<stdio.h>
void main()
{ int i=1,j=1,k=2;
  if((j++||k++)&&i++) printf("%d,%d,%d\n",i,j,k);
}
```

执行后，输出结果是________。

A．1,1,2　　B．2,2,1　　C．2,2,2　　D．2,2,3

17．当执行以下程序时，输入 1234567890<回车>，则其中 while 循环体将被执行____次。

```
#include<stdio.h>
void main()
{  char ch;
   while((ch=getchar())=='0')
   printf("#");
}
```

A．0　　B．1　　C．9　　D．10

18．下面不是无限循环的是________。

A．for(y=0;x=1;++y)　　B．for(;;x=0)

C．while(x=1){x=1;}　　D．for(y=0,x=1;x>++y;x+=1)

19．C 语言中的 if 语句中，用作判断的表达式为________。

A．算术表达式　　B．逻辑表达式　　C．关系表达式　　D．任意表达式

20．定义 int x=1;则执行下面的 switch 语句后，y 的值为 2 的是________。

A.
```
switch(x)
{case 1:y=1;
 case 2: y=2;
 default :y=3;}
```

B.
```
switch(x)
{case 1:y=1;break;
 case 2:y=2;break;
 default:y=3;break;}
```

C.
```
switch(x)
{case 1:y=1;
 case 2:y=2;break;
 default:y=3;}
```

D.
```
switch(x)
{case 1:y=1;break;
 case 2:y=2;
 default:y=3;}
```

二、填空题

1．设 ch 是 char 型变量，其值为 A，且有下面的表达式：

```
ch=(ch>'A'&&ch<='Z')?(ch+32):ch
```

该表达式的值是________。

2．若已知 a=10，b=20，则表达式!a<b 的值为________。

3．已知 a=10，b=20，c=30，则表达式

a=25&&b--<=2&&c++?printf("***a=%d,b=%d,c=%d\n",a,b,c)：printf("###a=%d,b=%d,c=%d\n",a,b,c)的值为________。

4．下面程序的输出结果是________。

```
#include<stdio.h>
void main()
{ int  a=-1,b=4,k;
  k=(++a<0)&&!(b-->=0);
  printf("%d%d%d\n",k,a,b);
}
```

5．假定所有变量均已正确说明，下列程序段运行后，x 的值是________。

```
a=b=c=0; x=35;
if(!a)  x--;
else  if(b);
if(c)  x=3;
else  x=4;
```

6．若执行下面的程序时，从键盘上输入 3 和 4，则输出结果是________。

```
#include<stdio.h>
void main()
{ int  a,b,s;
  scanf("%d%d",&a,&b);
  s=a;
  if(a&&b)  printf("%d\n",s);
  else  printf("%d\n",s--);
}
```

7．以下程序的输出结果是________。

```
#include<stdio.h>
void main()
{ int x=1,i=1;
  for(;x<50;i++)
  {  if(x>=10) break;
     if(x%2!=1)
        {  x+=3;
           continue;
        }
     x-=1;
  }
  printf("x=%d,i=%d\n",x,i);
}
```

8．以下程序的输出结果是________。

```
#include<stdio.h>
void main()
{  int i=10,j=0;
do
{ j=j+i;
  i--;
}while(i>j);
printf("i=%d,j=%d",i,j);
}
```

9．以下程序的输出结果是________。

```
#include<stdio.h>
void main()
{  int m=7,n=5,i=1;
   do
   {  if(i%m==0)
      if(i%n==0)
       {  printf("%d\n",i);break;}
      i++;
   }while(i!=0);
}
```

10．以下程序的输出结果是________。

```
#include<stdio.h>
void main()
{  int x=3;
   do
   {printf("%d",x-=2);
   }while(!(--x));
}
```

11. 以下程序的输出结果是________。

```
#include<stdio.h>
void main()
{  int i,j;
   for(i=0;i<5;i++)
   { for(j=1;j<10;j++)
        if(j==6) break;
        if(i<3)  continue;
        if(i>3)  break;
   }
   printf("i=%d,j=%d\n",i,j);
}
```

12. 以下程序的输出结果是________。

```
#include<stdio.h>
void main()
{  int n=0,m=1,x=2;
   if(!n) x-=1;
   if(m)  x-=2;
   if(x)  x-=3;
   printf("%d\n",x);
}
```

13. 有以下程序段

```
int n=0,p;
do
{    scanf("%d",&p);n++;}
while(p!=12345&&n<3);
```

此处 do-while 循环的结束条件是____________________。

14. 下面程序的功能是：计算 1～10 之间奇数之和及偶数之和。请填空。

```
#include<stdio.h>
void main()
{  int a,b,c,i;
   a=c=0;
   for(i=0;i<10;i+=2)
   { a+=i;
     ________;
     c+=b;
   }
   printf("偶数之和=%d\n",a);
   printf("奇数之和=%d\n",c);
}
```

15. 以下程序的输出结果是________。

```
#include<stdio.h>
void main()
{  int a=0,i;
   for(i=1;i<5;i++)
   {     switch(i)
         {case 0:
          case 3: a+=2;
          case 1:
          case 2: a+=3;
          default: a+=5;
         }
    }
   printf("%d\n",a);
}
```

三、程序设计题

1．给出一个不多于 5 位的正整数，求出它是几位数，分别打印出每一位数字，然后再按逆序打印出各位数字。

2．编写程序，输入一位学生的生日，并输入当前的日期，输出该生的实足年龄。

3．编写程序，输入一个整数，打印它是奇数还是偶数。

4．某企业利润提成的规则如下：

（1）利润低于或等于 10 万元的，可提成奖金 10%；

（2）利润高于 10 万元，低于 20 万元时，低于 10 万元的部分按 10%提成，另外部分可提成 7.5%；

（3）利润高于 20 万元低于 40 万元的，其中 20 万元部分按前面的方法提成，另外的部分按 5%提成；

（4）利润高于 40 万元的，40 万元部分按前面的方法提成，高于 40 万元部分按 3%提成。要求程序从键盘输入利润，输出应发的提成。

5．求 5～100 之间能被 5 或 7 整除的数。

6．求 1～100 之间所有素数之和。

7．水仙花数是指一个 3 位十进制数，它的各位数字的立方之和等于它本身。例如，$153=1^3+5^3+3^3$，所以 153 是一个水仙花数。打印所有的水仙花数。

8．有一分数数列：$\frac{2}{1}+\frac{3}{2}+\frac{5}{3}+\frac{8}{5}+\frac{13}{8}+\frac{21}{13}+\cdots$

求出这个数列的前 30 项之和。

9．猴子吃桃问题。猴子第一天摘下若干桃子，当即吃了一半，还不过瘾，又多吃了一个，第二天早上又将剩下的桃子吃掉一半，又多吃了一个。以后每天早上都吃前一天剩下的一半另加一个。到第十天早上吃时，只剩下一个桃子了。求猴子第一天共摘了多少桃子？

10．编写一个应用程序，求出 200～300 满足以下条件的所有数。

条件：各位数字之和为 12，各位数字之积为 42。

第5章 数 组

在用计算机解决实际问题时，常常会有一类数量大并且具有某种关系的相同类型的数据需要处理、存储等。为了描述这类数据，C 语言提供了数组类型。所谓数组，就是有序并具有相同性质类型的数据的集合。可以为该数据集合起一个名字，称为数组名。数组中每个成员称为数组元素。用数组名和下标来唯一地确定数组中的元素。用一个下标确定数组元素的数组称为一维数组；用两个下标才能确定数组元素的数组是二维数组。每个数组元素都可以作为单个变量使用。同一数组中所有元素的数据类型必须是相同的。数组相当于是由若干个类型相同的变量组成的一个有前后顺序的集合。本章主要介绍一维数组、二维数组的定义，数组元素的引用方法以及字符型数组和字符串的处理方法。

5.1 一 维 数 组

5.1.1 一维数组的定义

数组是按序排列的具有相同类型的数据的集合，用统一的数组名和不同的下标来标识集合中的各个数组元素。当数组中每个元素只带一个下标时，该数组称为一维数组。每个数组元素实际上是带下标的变量。例如，a[0]、a[1]、a[2]、a[3]、a[4]分别表示 5 个学生的总成绩，组成一个一维数组。

一维数组定义的格式如下：

```
类型标识符  数组名[常量表达式];
```

其中，“类型标识符”用来指出该数组元素的类型，它可以是任何有效的数据类型描述符。“数组名”用来标识这个数组（数组类型变量），它是一个标识符。“常量表达式”的值用来表示数组中所含元素的个数。而数组元素实际上是作为和数组基类型具有相同类型的变量使用的，这些变量用其下标（元素在数组中的位置）来区分彼此，故有时也称为下标变量。

在 C 语言中，数组元素的下标值从 0 开始，因此，如果定义了一个 n 个元素的数组，其下标值依次为：0，1，2，3，…，n–1。

例如，数组变量定义：

```
int  a[5],b[4];
char  ch[3];
float price[100];
```

定义了两个一维整型数组变量 a、b，一个一维字符型数组变量 ch 和一个一维实型数组变量 price。数组 a 和 b 分别具有 5 个和 4 个整型的数组元素（下标变量），int 是数组 a、b 的类型标识符，表示数组 a、b 中的每一个数组元素都是 int 型的变量；数组 ch 是具有 3 个字符型的数组元素（下标变量），ch 中的每一个数组元素都是 char 型的变量；数组 price 具有 100 个数组元素（下标变量），price 中的每一个数组元素都是 float 型的变量。

5.1.2　一维数组元素的引用

和变量一样，数组必须先定义，后使用。数组包含若干个分量（数组元素），不能引用整体数组，只能引用数组元素。

数组元素也称为下标变量，下标变量通过数组名、下标表达式和中括号运算来描述。下标变量的形式为：

```
数组名[下标表达式]
```

例如，以上定义的 a 数组，5 个数组元素分别为 a[0]、a[l]、…、a[4]，每个数组元素存放一个整数。

说明：

（1）下标的取值范围从 0 到定义数值的“常量表达式”的值减去 1。

（2）下标变量相当于基本类型变量（整型、实型、字符型等）。

（3）对于下标越界，C 语言不进行语法检查，程序还可以运行，但会造成严重后果。因此，必须注意数组边界的检查。

【例 5-1】 给数组 a 赋初值并输出。

```
#include<stdio.h>
void main()
{
  int i,a[10];
  for(i=0;i<=9;i++)
  {
    scanf("%d",&a[i]);
    printf("%3d",a[i]);
  }
}
```

运行时输入：1　2　3　4　5　6　7　8　9　0

程序输出结果为：　1　2　3　4　5　6　7　8　9　0

【例 5-2】 输入 10 个整数，输出其中的最大数。

```
#include<stdio.h>
void main()
{
   int a[10],max,i;
   for(i=0;i<10;i++)
   scanf("%d",&a[i]);
   max=a[0];
   for(i=1;i<10;i++)
```

```
    if(max<a[i])  max=a[i];
    printf("max=%d",max);
}
```

5.1.3 一维数组的初始化

定义数组时对各元素指定初始值，称为数组的初始化。一维数组初始化形式为：

存储类别　类型　数组名[数组长度]={常量 1,常量 2,...,常量 n}；

初始化数据用大括号括起来。例如：

```
static int month[12]={31, 28, 31, 30, 31, 30, 31, 31, 30, 31, 30, 31};
static char ch[5]={'a', 'e', 'i', 'o', 'u'};
```

说明：

（1）C 语言中每个变量和函数都具有 2 个属性：数据类型和数据存储类别。数据类型，指整型、字符型等；存储类别，指数据在内存中的存储方式，分为两大类：动态存储类和静态存储类（在 6.5 节将详细讲述）。动态存储类别使用关键字 auto 声明。其实我们通常声明的不用 static 修饰的变量，都是 auto 类别的，因为它是默认的。它在内存中的位置是动态存储区。如不显式初始化，动态对象的值是任意的。静态存储类别使用关键字 static 声明，它在内存中的位置是静态存储区。静态存储区在整个程序运行期间都存在。如不显式初始化，静态整型默认初值为 0，静态实型默认初值为 0.0，静态字符型默认初值为'\0'。

（2）可以只给一部分数组元素初始化。例如：

```
static int a[50]={70,75,60,80,90};
```

相当于 a[0] = 70，a[1] = 75，a[2] = 60，a[3] = 80，a[4] = 90，a[5]~a[49]的值全部为 0。

（3）对数组中全部元素给定初值，可以不给定数组长度，它的长度为后面给出的初值个数，即可以通过赋初值定义数组大小。例如：

```
static float x[]={1.5,2.5,3.5,4.5,5.5};
```

数组 x 有 5 个数组元素 x[0]、x[1]、x[2]、 x[3]、x[4]，长度为 5。

```
int  a[]={1,2,3,4,5};
```

等价于

```
int a[5]={1,2,3,4,5};
```

（4）若仅给部分数组元素赋初值，则不能省略数组长度。

5.1.4 应用举例

【例 5-3】 编写一个程序，向数组中由小到大存入 0～8，按照由大到小的顺序输出。

```
#include<stdio.h>
void main()
{
  int a[9],i;
```

```
  for(i=0;i<9;i++)
  a[i]=i;
  for(i=8;i>=0;i--)
  printf("%3d",a[i]);
}
```

程序运行结果：

```
8  7  6  5  4  3  2  1  0
```

在程序中定义数组后，只开辟了一个连续的存储空间。数组名代表了这一连续存储空间的首地址。存储空间的内容是不确定的，必须向其中赋值后，才能使用数组元素。

程序的第一个循环中，变量 i 的取值范围为 0～8。赋值后数组 a 中的值如表 5-1 所示。

表 5-1　数组 a 赋值后的值

a[0]	a[1]	a[2]	a[3]	a[4]	a[5]	a[6]	a[7]	a[8]
0	1	2	3	4	5	6	7	8

【例 5-4】 求 10 个数的最大值与最小值，10 个数用数组描述。

```
#include<stdio.h>
void main()
{
   float a[10];
   int i;
   float max,min;
   for(i=0;i<=9;i++)                /* 输入 10 个数 */
   scanf("%f",&a[i]);
   max=min=a[0];
   for(i=1;i<=9;i++)                /*求最大值与最小值*/
   {  if(a[i]>max) max=a[i];
      if(a[i]<min) min=a[i];
   }
   printf("最大值 = %f,最小值=%f",max,min);
}
```

【例 5-5】 求 30 个学生 C 语言课程的平均成绩及每个学生与平均成绩之差。

```
#include<stdio.h>
void main()
{  float ccj[31];                /* C 语言成绩数组 */
   int i;
   float tcj=0.0;
   float av,cav[31];             /*平均成绩 av，与平均成绩之差数组 cav */
   for(i=1;i<=30;i++)            /* 输入每个学生成绩 */
   {  scanf("%f",&ccj[i]);
   tcj+=ccj[i];
```

```
    }
    av=tcj/30;
    for(i=1;i<=30;i++)                                /*求与平均成绩之差*/
        cav[i]=ccj[i]-av;
    printf("C语言课程的平均成绩=%5.2f\n",av);        /* 输出平均成绩 */
    for(i=1;i<=30;i++)
        printf("第%d个学生与平均成绩之差=%5.2f\n",i,cav[i]);
}
```

【例 5-6】 用冒泡法对 10 个数由大到小进行排序。

冒泡法的思想：若 *n* 个数排序，相邻两个数进行比较，将大数调在前头，逐次进行，直到将最小数移到最后；再对 *n*–1 个数重复上面的操作，直到比较完毕。

可以采用双重循环实现冒泡法排序，外循环控制比较次数，内循环找出最小的数，并放在最后位置（即沉底）。

n 个数降序排序，外循环第一次循环参加比较的次数为 *n*–1，内循环第一次循环找出 *n* 个数中的最小值，移到最后位置上，以后每次循环次数和参加比较的数依次减 1。

```
#include<stdio.h>
void main()
{
    int a[10];
    int i,j,t;
    printf("Input 10 numbers: \n");
    for(i=0;i<10;i++)
        scanf("%d",&a[i]);
    for(j=0;j<9;j++)
        for(i=0;i<9-j;i++)
            if(a[i]<a[i+1])
            {t=a[i];a[i]=a[i+1];a[i+1]=t;}
    printf("the sorted numbers: \n");
    for(i=0;i<10;i++)
        printf("%d ",a[i]);
}
```

运行结果

```
Input 10 numbers:
20 6 -7 90 35 10 0 -100 137 32
the sorted numbers:
137 90 35 32 20 10 6 0 -7 -100
```

【例 5-7】 用一维数组求 Fibonacci 数列前 20 项，要求每行输出 5 个数。

```
#include<stdio.h>
void main()
```

```
{  static int f[20]={1,1};           /*存放 Fibonacci 数列前 20 项的数组*/
   int i;
   for(i=2;i<20;i++)
      f[i]=f[i-1]+f[i-2];
   printf("Fibonacci 数列前 20 项如下:\n");
   for(i=0;i<20;i++)
   {
      printf("%8d",f[i]);
      if((i+1)%5==0) printf("\n");    /*if 语句用来控制换行*/
   }
}
```

运行结果如下：

```
Fibonacci 数列前 20 项如下:
    1       1       2       3       5
    8      13      21      34      55
   89     144     233     377     610
  987    1597    2584    4181    6765
```

5.2 二维数组和多维数组

当数组元素具有两个下标时，该数组称为二维数组。同样，三维数组具有三个下标……但超过二维以上的数组在实际的程序设计中使用较少。二维数组可以看做是具有行和列的平面数据结构，如矩阵。我们可以把二维数组看成是一个二维表，其数组元素按行、列排列。描述行的下标称为“行下标”，描述列的下标称为“列下标”。

实际上，我们还可以把一个二维数组看成是一个想象的一维数组，这时把二维数组中的每一行看成是一维数组的一个元素。例如，一个具有三行四列的数组 aa 共有 12 个元素（下标变量），其元素的排列情况如表 5-2 所示。

在此，可以把二维数组 aa 看成是一维数组（每一行看成是一个数组元素），它有三个元素：aa[0]、aa[1]、aa[2]，而这三个元素的每一个又是包含四个元素的一维数组。因此，也可以把 aa[0]、aa[1]、aa[2]看做是一维数组的数组名。这样的处理方法使得在二维数组初始化按行赋值时概念清楚，也便于理解后面将要学习的用指针表示二维数组。

表 5-2

二维数组名	一维数组元素	二维数组元素			
	aa[0]	aa[0][0]	aa[0][1]	aa[0][2]	aa[0][3]
aa	aa[1]	aa[1][0]	aa[1][1]	aa[1][2]	aa[1][3]
	aa[2]	aa[2][0]	aa[2][1]	aa[2][2]	aa[2][3]

5.2.1 二维数组的定义

二维数组的一般定义格式：

```
类型标识符  数组名[常量表达式 1][常量表达式 2];
```

C语言中，用数组名后跟两对方括号的形式表示二维数组。其中，类型标识符是C语言的任何有效的数据类型描述符；“常量表达式 1 ”的值表示数组的行数，“常量表达式 2 ”的值表示数组的列数，数组变量的数组元素总数为：（常量表达式 1 的值）×（常量表达式 2 的值）。二维数组变量的数组元素也是作为同类型的变量使用的，这些变量仍然可称为下标变量。但应该注意的是，使用二维数组元素要同时考虑两个下标：行下标和列下标。

例如：

```
char  a[4][3];
```

是定义 a 为四行三列的字符型数组，它包含 12 个元素：a[0][0]、a[0][1]、a[0][2]、a[1][0]、a[1][1]、a[1][2]、a[2][0]、a[2][1]、a[2][2]、a[3][0]、a[3][1]、a[3][2]。

5.2.2 二维数组变量的存储

二维数组变量在内存中也是占用一组连续的存储单元，其长度与数组元素的个数及数组的元素类型有关。每个数组元素都可以作为一个独立的变量来使用。例如：

```
int  aa[4][6];
```

由于 aa 是含有类型全为整型的 24 个元素的数组，所以它在内存中占有 2×24 个字节的内存空间（假定每一个数组元素占两个字节）。

在内存中，二维数组的存储顺序是按行连续存放的。即先顺序存放完第一行元素，再接着存放第二行元素，……。例如：对于定义“char ch[4][3];”，假定数组 ch 在内存中的首地址为 1200：2000，则数组 ch 的存储情况如表 5-3 所示。

表 5-3 数组 ch 的存储情况

数组名、数组元素	数组及数组元素的地址			
ch ch[0] ch[0][0]	1200：2000	ch	ch[0]	&ch[0][0]
ch[0][1]	1200：2001		ch[0]+1	&ch[0][1]
ch[0][2]	1200：2002		ch[0]+2	&ch[0][2]
ch[1] ch[1][0]	1200：2003	ch+1	ch[1]	&ch[1][0]
ch[1][1]	1200：2004		ch[1]+1	&ch[1][1]
ch[1][2]	1200：2005		ch[1]+2	&ch[1][2]
ch[2] ch[2][0]	1200：2006	ch+2	ch[2]	&ch[2][0]
ch[2][1]	1200：2007		ch[2]+1	&ch[2][1]
ch[2][2]	1200：2008		ch[2]+2	&ch[2][2]
ch[3] ch[3][0]	1200：2009	ch+3	ch[3]	&ch[3][0]
ch[3][1]	1200：2010		ch[3]+1	&ch[3][1]
ch[3][2]	1200：2011		ch[3]+2	&ch[3][2]

由表 5-3 所示的二维字符数组 ch 的存储情况可以看出：

- 数组元素在内存中是按行存储的。
- 数组名 ch 是二维字符数组的首地址。
- 如果把二维数组 ch 中的每一行看成是一个元素，则数组 ch 就是一个含有四个元素

ch[0]、ch[1]、ch[2]、ch[3]的一维数组，这时 ch[0]、ch[1]、ch[2]、ch[3]既是一维数组 ch 的数组元素，又是一维数组的数组名（因为 ch[0]、ch[1]、ch[2]、ch[3]均含有三个字符数组元素），所以，ch[0]、ch[1]、ch[2]、ch[3]就是相应的一维数组的首地址。即 ch[0]是二维数组 ch 的第一行元素的首地址（当然也是 ch 的首地址）；ch[1]是二维数组 ch 的第二行元素的首地址；……

- 由于将二维数组 ch 看成是一维数组后，它有四个元素。ch 是含有四个元素的一维数组名，ch 是这个一维数组的首地址，也是数组元素 ch[0]的地址。于是，ch+1、ch+2、ch+3 就分别是这个一维数组中元素 ch[1]、ch[2]、ch[3]的地址。
- 现在将数组 ch 中的元素再看成是一维数组，即将 ch[i]看成是一维数组（ch[i]含有三个元素 ch[i][0]、ch[i][1]、ch[i][2]）的数组名，ch[i]就是一维数组的首地址。因此，ch[i]是数组元素 ch[i][0]的地址，ch[i] +1、ch[i]+2 就是数组元素 ch[i][1]、ch[i][2]地址。
- 在二维数组 ch 中，数组 ch 的每一个元素可以用下标方法表示为 ch[i][j]，ch[i][j]是一个下标变量，它的地址为& ch[i][j]。

5.2.3 二维数组元素的引用

同一维数组一样，二维数组元素的引用也有两种方法：下标法和指针法（后者在指针一节中介绍）。

在C语言中，对于二维数组变量同样不能进行整体运算，只能将数组元素作为变量逐个使用。

二维数组元素的下标引用形式：

数组名［下标 1］［下标 2］

例如：ch[i][j]表示该元素在 ch 数组中的行下标为 i，列下标为 j，ch[i][j]就是数组 ch 中的第 i 行第 j 列元素。

【例 5-8】 二维数组的一个应用：用程序生成一个矩阵，并输出该矩阵。矩阵为：

$$\begin{bmatrix} 1 & 6 & 11 \\ 2 & 7 & 12 \\ 3 & 8 & 13 \\ 4 & 9 & 14 \\ 5 & 10 & 15 \end{bmatrix}$$

程序如下：

```
#include<stdio.h>
void main()
{
   int mo[5][3],i,j;
   for(i=0;i<3;i++)
      for(j=0;j<5;j++)
        mo[j][i]=i*5+(j+1);
```

```
    for(i=0;i<5;i++)
    {  for(j=0;j<3;j++)
          printf("%5d",mo[i][j]);
          printf("\n");
    }
}
```

5.2.4 二维数组的初始化

二维数组初始化和一维数组的初始化类似。例如：

```
static int a[3][4]={1,2,3,4,5,6,7,8,9,10,11,12};
```

说明：

（1）二维数组的初始化可以分行进行。例如，上面的a数组初始化可以表示为：

```
static int a[3][4]={{1,2,3,4},{5,6,7,8},{9,10,11,12}};
```

（2）可以只对数组中部分元素初始化。例如：

```
static int a[3][4]={{1,2},{5},{9}};
```

则只有：a[0][0]=1，a[0][1]=2，a[1][0] = 5，a[2][0]=9，其他元素取默认值为0。

（3）如果对二维数组中全部元素初始化，则定义数组时第一维的长度可以省略，但第二维的长度不能省略。例如：

```
int a[3][4]={1,2,3,4,5,6,7,8,9,10,11,12};
```

可以写成：

```
int a[][4] = {1,2,3,4,5,6,7,8,9,10,11,12};
```

可根据每行的列数计算出行数。不能写成：

```
int a[][] = {1,2,3,4,5,6,7,8,9,10,11,12};
```

（4）如果对二维数组按行进行初始化，则定义数组时第一维的长度也可以省略。例如：

```
static int a[][4]={{1,2},{5},{9}};
```

5.2.5 多维数组

多维数组的定义和使用同二维数组相似，多维数组定义的一般形式为：

类型标识符　数组名[常量表达式1][常量表达式2]…[常量表达式n];

其中，数组元素的个数为：各常量表达式值的连乘积。常量表达式的个数决定了数组的维数。类型标识符说明各数组元素的数据类型。引用数组元素时，下标表达式的取值范围是从0~常量表达式值–1。

例如：

```
int  a[20][12][11];     /*定义数组 a 是三维整型数组*/
char  ch[2][3][5];      /*定义数组 ch 是三维字符型数组*/
```

多维数组元素的引用，也有两种方法：下标法和指针法（后者在指针章节中介绍）。例如：

```
a[3][4][8]=29;              /*为三维数组 a 的数组元素 a[3][4][8] 赋值*/
```

下面是三维数组初始化的例子：

```
int  p[4][3][2]={
{ {1},},
{ {2,3},},
{ {4,5},}
};
```

该例说明了一个三维数组变量 p，p 共有 24 个数组元素，p 的初值是：p[0][0][0]=1，p[1][0][0]=2，p[1][0][1]=3，p[2][0][0]=4，p[2][0][1]=5，其他 19 个元素都为 0。

5.2.6 应用举例

在实际应用中，二维数组用得最多，所以本小节着重介绍二维数组的应用。

【例 5-9】 求二维整型数组中最大值和最小值元素及所在的行号和列号。

```
#include<stdio.h>
void main()
{
   int m[3][4],i,j;
   int max,min,max_row,min_row,max_col,min_col;
   for(i=0;i<3;i++)
      for(j=0;j<4;j++)
       scanf("%d",&m[i][j]);
   max=m[0][0];                  /*开始时认为 m[0][0]是最大值*/
   min=m[0][0];                 /*开始时认为 m[0][0]也是最小值*/
   for(i=0;i<3;i++)
      for(j=0;j<4;j++)
       {  if(m[i][j]>max)
          {  max=m[i][j];
              max_row=i;
              max_col=j;
          }
          if(m[i][j]<min)
          {   min=m[i][j];
              min_row=i;
              min_col=j;
          }
      }
```

```
  printf("\n max value is m[%d][%d]=%d\n",max_row,max_col,max);
  printf("\n min value is m[%d][%d]=%d\n",min_row,min_col,min);
}
```

程序执行时，输入：

```
23  45  67  89
22   1  56  99
13  85  92  78
```

输出：

```
max value is m[1][3]=99
min value is m[1][1]=1
```

如果数组 m 中有多个最大值和多个最小值，本程序只分别记录和输出其中行列号最小的那个最大值和最小值。

【例 5-10】 输入某班学生的学号和 4 门课的学习成绩，求 4 门课的平均成绩，并按平均成绩从高到低排序输出。

```
#include<stdio.h>
#define  N 6
void main()
{
  int mo[N],i,j,k,temp;              /*mo 用于存放学号*/
  float  sco[N][5],sum,tempp;        /*sco 用于存放成绩*/
  for(i=0;i<N;i++)
    { scanf("%d",&mo[i]);            /*输入学生的学号*/
      for(j=0;j<4;j++)
        { scanf("%f",&tempp);        /*输入学生的 4 科成绩*/
          sco[i][j]=tempp;}
      for(sum=0,j=0;j<4;j++)
          sum+=sco[i][j];            /*计算第 i 名学生的总分*/
      sco[i][j]=sum/j;               /*计算第 i 名学生的平均分*/
    }                                /*第 i 名学生的平均分放在 sco[i][4]*/

  for(i=0;i<N-1;i++)                 /*按平均分 sco[i][4]排序*/
      for(j=i+1;j<N;j++)
        if(sco[i][4]<sco[j][4])
         { temp=mo[i];
           mo[i]=mo[j];
           mo[j]=temp;
           for(k=0;k<=4;k++)
           { tempp=sco[i][k];
             sco[i][k]=sco[j][k];
             sco[j][k]=tempp;
           }
```

```
        }
  printf("\n-------------------------------------------------\n");
  for(i=0;i<N;i++)
    {  printf("\n%d",mo[i]);
       for(j=0;j<5;j++)
       printf("%6.2f",sco[i][j]);
    }
}
```

程序运行时，输入：

```
1 90  98  78  56
2 77  99  97  79
3 88  67  96  84
4 91  79  68  74
5 63  90  34  59
6 62  73  79  95
```

输出：

```
-----------------------------------------
2     77.00    99.00    97.00    79.00    88.00
3     88.00    67.00    96.00    84.00    83.75
1     90.00    98.00    78.00    56.00    80.50
4     91.00    79.00    68.00    74.00    78.00
6     62.00    73.00    79.00    95.00    77.25
5     63.00    90.00    34.00    59.00    61.50
```

【例 5-11】 求矩阵 $\boldsymbol{a}_{3\times3}$ 和矩阵 $\boldsymbol{b}_{3\times3}$ 的乘积矩阵 $\boldsymbol{c}_{3\times3}$。已知：

$$\boldsymbol{a}_{3\times3}=\begin{pmatrix}2&0&1\\1&1&2\\0&1&0\end{pmatrix}\qquad \boldsymbol{b}_{3\times3}=\begin{pmatrix}1&1&2\\2&1&1\\1&1&0\end{pmatrix}$$

其中矩阵 $\boldsymbol{c}$ 的元素 $\boldsymbol{c}_{ij}=\sum\boldsymbol{a}_{ik}\times\boldsymbol{b}_{kj}$（$i$，$j$=0，1，2，$k$=0，1，2）。程序如下：

```
#include<stdio.h>
void main()
{   int a[3][3]={{2,0,1},{1,1,2},{0,1,0}};        /*定义数组并初始化*/
    int b[3][3]={{1,1,2},{2,1,1},{1,1,0}};
    int c[3][3],i,j,k;
    printf("矩阵 a:\n");                            /*输出矩阵 a 的元素*/
    for(i=0;i<3;i++)
   {  for(j=0;j<3;j++)
          printf("% 5d ",a[i][j]);
      printf("\n");
   }
    printf("\n 矩阵 b:\n");                         /*输出矩阵 b 的元素*/
```

```
 for(i=0;i<3;i++)
{  for(j=0;j<3;j++)
       printf("%5d",b[i][j]);
    printf("\n");
}
 printf("\n矩阵 c:\n");              /*计算出矩阵 c 并输出矩阵 c 的元素*/
 for(i=0;i<3;i++)
{  for(j=0;j<3;j++)
   {  c[i][j]=0;
       for(k=0;k<3;k++)
          c[i][j]=c[i][j]+a[i][k]*b[k][j];
       printf("%5d",c[i][j]);
   }
 printf("\n");
     }
}
```

程序执行结果：

```
矩阵 a:
2  0  1
1  1  2
0  1  0
矩阵 b:
1  1  2
2  1  1
1  1  0
矩阵 c:
3  3  4
5  4  3
2  1  1
```

5.3　字符数组与字符串

用来存放字符的数组称为字符数组。字符数组是C语言中广泛使用的数组类型。字符数组的每个元素的类型为 char，字符数组中的每一个元素存放一个字符，一个一维字符数组可以存放一个字符串。

字符串和字符数组在用法上几乎完全相同，但在数据说明和数据存储时，却有较大的区别。下面是字符数组和字符串的关系：

- 一维字符数组一旦被说明，就可以用来存放一个字符串。用字符数组来存储时，系统在其末尾自动加上字符“\0”作为结束标志。这也就是说，如果一个字符串的长度（字符串中所含字符的个数）为 n，则至少需要定义一个长度为 $n+1$ 的一维字符数组来存放它。
- 字符数组可以作整体的输入、输出操作，而输出时，只将字符数组中第一个字符串结束符“\0”之前的内容作为字符串输出。

5.3.1 字符数组的定义

字符数组的定义和前述数组定义形式完全一样。例如：

```
char ch1[10];
```

定义了一个一维字符数组 ch1，含有 10 个元素；

```
char ch2[3][4];
```

定义了一个二维字符数组 ch2，含有 12 个元素。

```
char a1[3]={'1','2','3'};
```

三个数组元素的值是：a1[0]= '1'，a1[1]= '2'，a1[2]= '3'。

5.3.2 字符数组元素的引用

字符数组元素的引用通过字符数组的下标变量进行，字符数组的下标变量相当于字符型变量。引用方式与数值数组类似。

5.3.3 字符数组的初始化

字符数组的初始化，最易理解的方式是将字符一一赋给字符数组元素。例如：

```
char city[8]={'c','h','a','n','g','s','h','a'};
```

如果只给一部分字符数组元素初始化，没有给出值的字符数组元素默认值为空字符。

【例 5-12】 由键盘输入字符串 china，在屏幕上显示。

```
#include<stdio.h>
void main()
{
   int i;
   char c[5];
   for(i=0;i<5;i++)
      scanf("%c",&c[i]);
   for(i=0;i<5;i++)
      printf("%c",c[i]);
   printf("\n");
}
```

程序运行时输入：China

输出：China

5.3.4 字符串的输入/输出

字符串是用双引号括起来的有效字符序列。字符串可以是字母、数字、转义字符等。

例如："STRING"、"China"、"%d%d%d\n"、"123"都是合法的字符串。

字符数组的输入/输出有两种方法：

（1）将字符逐个输入/输出。用格式符“%c”输入或输出一个字符。

（2）将整个字符串一次输入或输出。用“%s”格式符。例如：

```
char c[]={"China"};
printf("%s",c);
```

在内存中数组 c 的状态如下：

'C'	'h'	'i'	'n'	'a'	'\0'

字符串结束标志要占一个字节，所以字符串"China"在内存中存放要占 6 个字节。输出时，遇结束符'\0'就停止输出。输出结果：

```
China
```

注意：

（1）输出字符不包括结束符'\0'。

（2）用“%s”格式符输出字符串时，printf()函数中的输出项是字符数组名，而不是数组元素名。例如：

```
printf("%s",c);
```

写成下面这样是不对的：

```
printf("%s",c[0]);
```

（3）如果数组长度大于字符串实际长度，也只输出到遇'\0'结束。如：

```
char c[10]={"China"};
printf("%s",c);
```

也只输出“China”5 个字符，而不是输出 10 个字符。这就是用字符串结束标志的好处。

（4）如果一个字符数组中包含一个以上'\0'，则遇第一个'\0'时输出就结束。

可以用 scanf()函数输入一个字符串。例如：

```
scanf("%s",c);
```

scanf 函数中的输入项 c 是字符数组名，它应该先定义。

从键盘输入的字符串应短于已定义的字符数组的长度。例如，已定义：

```
char c[6];
```

从键盘输入：

```
China
```

系统自动在后面加一个'\0'结束符。如果利用一个 scanf 函数输入多个字符串，则以空格分隔。例如：

```
char str1[5],str2[5],str3[5];
scanf("%s%s%s",strl,str2,str3);
```

输入数据

```
How are you?
```

后 strl、str2、str3 数组在内存中的状态如下：

'H'	'o'	'w'	'\0'	'\0'	'a'	'r'	'e'	'\0'	'\0'
'y'	'o'	'u'	'\?'	'\0'					

数组中未被赋值的元素的值自动置'\0'。

若改为：

```
char str[13];
scanf("%s",str);
```

如果输入以下 12 个字符：

```
How are you?
```

实际上并不是把这 12 个字符加上'\0'送到数组 str 中，而只将空格前的字符“How”送到 str 中。由于把"How”作为一个字符串处理，因此在其后加'\0'。

scanf()函数中的输入项是字符数组名。数组名代表该数组的起始地址，不要加地址符&。

```
prinrf("%o",c);
```

可以输出数组 c 的起始地址。

前面介绍的输出字符串的函数“printf("%s", c);”，实际上是这样执行的：按字符数组名 c 找到其数组起始地址，然后逐个输出其中的字符，直到遇到'\0'为止。

由于 C 语言用一维字符数组存放字符串，而且允许用数组名输入或输出字符串，因此，可以把一维字符数组看作其他语言（如 Basic）中的“字符串”。但是字符串不能存放在一个变量中，只能存放在一维字符数组中。

5.3.5 字符串处理函数

C 函数库中提供了一些处理字符串的函数，使用方便。使用时必须在程序前面用命令行#include <string.h>指定包含的头文件。下面介绍几种常用的函数。

1．字符串输出函数 puts()

puts 的格式为：

```
puts (str)
```

功能是将一个字符串输出到终端。例如，已定义 str 是一个字符数组名，且该数组已初始化为"China"。则执行：

```
puts(str);
```

其结果是在终端上输出 China。由于可以用 printf()函数输出字符串，因此 puts()函数用得不多。用 puts()函数输出的字符串中可以包含转义字符。例如程序段：

```
char str[]={"China\nBeijing"};
puts(str);
```

输出：

```
China
Beijing
```

2．字符串输入函数 gets()

gets 的格式为：

```
gets (str)
```

功能是从终端输入字符串到字符数组 str，得到一个函数值。该函数值是字符数组的起始地址。如执行下面的函数：

```
gets(str);
```

从键盘输入：`Computer`

将输入的"Computer"送给字符数组 str（注意：送给数组的共有 9 个字符，而不是 8 个字符），函数值为字符数组 str 的起始地址。

3．字符串复制函数 strcpy()

strcpy 的格式为：

```
strcpy(str1，str2)
```

strcpy()函数的功能是把 str2 所指的字符串复制到 str1 所指的字符数组中。如果 str1 中已有值，则被覆盖。要求 str1 的长度大于或等于 str2 的长度。例如：

```
char str1[20];
char str2[]="c language";
```

则

```
strcpy(str1,str2);
```

等价于

```
strcpy(str1,"c language");
```

4．字符串连接函数 strcat()

strcat 的格式为：

```
strcat(str1，str2)
```

功能是将 str2 的值连接到 str1 中原有值的后面。

注意：str1 必须足够大，以便能容纳两个字符数组中的所有字符。连接完成后，第一个字符串后面原来的结束符号自动取消。

5．字符串比较函数 strcmp()

strcmp 的格式为：

```
strcmp(str1，str2)
```

功能是比较 str1 和 str2，若两者相同，返回值为 0；若 str1 大于 str2，返回值为一个正整数；若 str1 小于 str2，返回值为一个负整数。

字符串比较规则是将两个字符串从左至右依次按字符的 ASCII 码进行比较，如果全部字符相同，则认为相等；若出现不同字符，则以第一个不同字符比较结果为准。两个参数可以是字符串。

6．字符串长度函数 strlen()

strlen 的格式为：

```
strlen(str1)
```

功能是统计字符串中字符的个数，不包括'\0'，即函数的返回值为字符串的实际长度。

7．小写转换函数 strlwr()

strlwr 的格式为：

```
strlwr(str1)
```

功能是将字符串 str1 中大写字母转换为小写字母。

8．大写转换函数 strupr()

strupr 的格式为：

```
strupr(str1)
```

功能是将字符串 str1 中小写字母转换为大写字母。

【例 5-13】 用字符数组输出下面图案：

```
       *
      ***
     *****
#include<stdio.h>
void main()
{ int i,j;
  for (i=1;i<=3;i++)
  {  for (j=1;j<=4-i;j++)
        printf(" ");
     for(j=1;j<=2*i-1;j++)
        printf("*");
     printf("\n");
  }
}
```

【例 5-14】 找出 3 个字符串中最大的一个。

可把二维字符数组 str[3][20]看做 3 个一维字符数组，可以用 gets()函数分别读入 3 个字符串。经过两次比较，就可以得到值最大者，把它放在一维字符数组 mstr 中。

```
#include<string.h>
#include<stdio.h>
void main()
{
   char str[3][20],mstr[20];
   int i;
   for(i=0;i<3;i++)
   gets(str[i]);
   if(strcmp(str[0],str[1])>0)
      strcpy(mstr,str[0]);
   else
      strcpy(mstr,str[1]);
   if(strcmp(str[2],mstr)>0)
      strcpy(mstr,str[2]);
   printf("字符串中的最大者是：\n%s\n",mstr);
}
```

5.3.6 应用举例

【例 5-15】 从键盘输入一字符串，复制到另一字符数组后输出。

```
#include<stdio.h>
#include<string.h>
void main()
{
   char str1[30],str2[30];
   printf("Input a string: ");
   scanf("%s",str1);
   strcpy(str2, str1);
   puts(str2);
}
```

运行结果：

```
Input a string: ABC
ABC
```

【例 5-16】 输入一行字符，单词之间用空格分隔，统计有多少个单词。

解题的思路是：单词的数目可以由空格出现的次数决定（连续的若干个空格视为出现一次空格；一行开头的空格不统计在内）。如果测出某一个字符为非空格，而它前面的字符是空格，则表示“新的单词开始”，此时使 num（单词数）加 1；如果当前字符为非空格而其前面的字符也是非空格，则意味着仍然是原来那个单词的继续，num 不变。前面一个字符是否空格可以从 word 的值看出来，若 word 等于 0，则表示前一个字符是空格；如果 word 等于 1，意味着前一个字符为非空格。

程序中 i 作为循环变量，num 用来统计单词个数，word 作为判别是否单词的标识，若

word 等于 0，表示未出现单词，如出现单词 word 就置为 1。

```
#include<stdio.h>
#include<string.h>
void main()
{
   char string[81],c;
   int i,num=0,word=0;
   gets(string);
   for(i=0;(c=string[i])!= '\0';i++)
   if(c==' ')word=0;
   else if(word==0)
   {
   word=1;
   num++;
   }
   printf("There are %d words in the line.",num);
}
```

运行情况如下：

```
I am a boy.
There are 4 words in the line.
```

【例 5-17】 对 5 个课程名 Pascal、Basic、Foxbase、C、Cobol 按拼写进行排序。

```
#include<stdio.h>
#include<string.h>
#define N  5
main()
{
   int  i,j;
   char kcm[5][20],temp[20];
   for(i=0;i<N;i++)
      gets(kcm[i]);                    /* kcm[i]中存放第 i 个课程名*/
   for(i=0;i<N-1;i++)
      for(j=i;j<N;j++)                 /*将 N 个课程名 kcm[j]进行排序*/
         if(strcmp(kcm[i],kcm[j])>0)
      { strcpy(temp,kcm[i]);
        strcpy(kcm[i],kcm[j]);
        strcpy(kcm[j],temp);
      }
   for (i=0;i<N;i++)
      printf("\n No.%d:%s",i+1,kcm[i]);
}
```

程序运行时，输入：

```
Pascal
Basic
Foxbase
C
Cobol
```

输出：

```
No.1:Basic
No.2:C
No.3:Cobol
No.4:Foxbase
No.5:Pascal
```

【例 5-18】 输入并计算任意两个字符串的长度（小于等于 20），并按字典顺序予以输出。

```
#include<stdio.h>
#include<string.h>
void main()
{  char str1[20],str2[20];
   int str1_1,str2_2;            /*分别用来存放两个字符串的长度*/
   gets(str1);                   /*输入第一个字符串，中间允许有空格，遇回车输入结束*/
   gets(str2);                   /*输入第二个字符串，中间允许有空格，遇回车输入结束*/
   if(strcmp(str1,str2)<0)       /*将两个字符串按字典顺序输出*/
     printf("%s  %s\n",str1,str2);
   else if(strcmp(str1,str2)>0)
           printf("%s  %s\n",str2,str1);
        else
           printf("Two string are as the same: %s",str1);
   if(strlen(str1)<strlen(str2))
   {    str1_1=strlen(str1);
        str2_2=strlen(str2);}
   else
   {    str1_1=strlen(str2);
        str2_2=strlen(str1);}
   printf("\nShort length=%d;\nLong length=%d",str1_1,str2_2);
}
```

程序运行时，输入：

```
Student
china
```

输出：

```
china student
short length=5
long length=7
```

【例 5-19】 连接两个字符串。

```
#include<stdio.h>
#include<string.h>
void main()
{  char  str1[50],str2[50];
   scanf("%s %s",str1,str2);
   strcat(str1, str2);
   printf("%s",str1);
}
```

程序运行结果，当输入为：

```
asdf
yuiop
```

输出为：

```
asdfyuiop
```

【例 5-20】 模拟卖票过程（用字符串函数实现）。

```
#include<stdio.h>
#include<string.h>
void main()
{  char  name[20],sex[2],to_wh[20]; /*姓名 name，性别 sex，到达地 to_wh*/
   int   age;                      /*年龄 age*/
   printf("Input  the  name:\n");
   gets(name);                     /*输入旅客姓名*/
   printf("sex:\n");
   gets(sex);                      /*输入旅客性别*/
   printf("age:\n");
   scanf("%d",&age);               /*输入旅客年龄*/
   printf("To  where:\n");
   getchar();                      /*从输入缓冲区中读出无用的字符\x0d，以正确接收数据*/
   gets(to_wh);                    /*输入旅客到达地点*/
   printf("\n============================\n");
   if(sex[0]=='m'||sex[0]=='M')
      printf("Mr.\n");
   else
      printf("Ms.\n");
   printf("%s: Age: %d:\nTo:%s",name,age,to_wh);
   printf("\n============================\n");
}
```

习　题　5

一、选择题

1. 下列为一维数组初始化时，正确的是________。

A. int a[ ]={1,3,5,7,9,…,15};　　B. int a[5]={ };

C. int a[5]={5*3};　　D. int a[5]={0};

2. 下列关于一维数组说明中，正确的是________。

A. #define M 10
float s[M];

B. int m;
scanf("%d",&m);
float a[m];

C. int m=10, a[m];　　D. int a[ ];

3. 若要将 2,4,6,8 存入数组 a 中，不正确的是________。

A. int a[4]={2,4,6,8};　　B. int a[ ]={2,4,6,8};

C. int a[4]; a={2,4,6,8};　　D. int a[4]; a[0]=2;a[1]=4,a[2]=6;a[3]=8;

4. 若有说明： int a[5][5]; 则对数组元素的正确引用是________。

A. a[3+2][3]　　B. a[0,3]　　C. a[4][1+2]　　D. a[ ][2]

5. 下列二维数组初始化中，错误的是________。

A. int a[2][ ]={{3,4},{5}};　　B. int a[][3]={2,3,4,5,6,7};

C. int a[3][3]={0};　　D. int a[5][4]={{1,2},{2,3},{3,4},{4,5}};

6. 若有数组定义 char ch[]="book_120\n";，则数组 ch 的存储长度是________。

A. 7　　B.8　　C.9　　D.10

7. 以下程序段的输出结果是________。

```
char str[8]={'a','b','c','d','\0','y','z','\0'};
printf("%s",str);
```

A. abcd　　B. abcd yz　　C. abcdyz　　D. 出错

8. 设有如下定义：

```
char s1[20]="tianjin", s2[10]="beijing";
```

执行语句 strcpy(s1+4,s2); printf("%s",s1);后，输出结果是________。

A. tian　　B. tianbeijing　　C. tianjinbeijing　　D. tianbeij

9. 合法的数组定义是________。

A. int a[ ]={"string"};　　B. int a[ ]={0, 1, 2, 3, 4, 5};

C. char a={"string"};　　D. char a[ ]={0, 1, 2, 3, 4, 5};

10. 若有以下说明，则数值为 4 的表达式是________。

```
int a[12]={1,2,3,4,5,6,7,8,9,10,11,12};
char c='a',d,g;
```

A. a[g-c]　　B. a[4]　　C. a['d'-'c']　　D. a['d'-c]

11. 下列语句中，正确的是________。

A. char a[3][ ]={'abc', 'I'};　　B. char a[ ][3]={'abc', 'I'};

C. char a[3][ ]={ 'a', "I"};　　D. char a[ ][3]={"ab", "I"};

12. 设有如下定义，则正确的叙述为________。

```
char x[]={"abcdefg"};
char y[]={'a','b','c','d','e','f','g'};
```

A．数组 x 和数组 y 等价　　B．数组 x 和数组 y 的长度相同
C．数组 x 的长度大于数组 y 的长度　　D．数组 x 的长度小于数组 y 的长度

13．以下数组定义中不正确的是________。

A．int a[2][3];　　B．int b[][3]={0,1,2,3};
C．int c[100][100]={0};　　D．int d[3][]={{1,2},{1,2,3},{1,2,3,4}};

14．以下程序的输出结果是________。

```
#include<stdio.h>
void main()
{   static int a[4][4]={{1,3,5},{2,4,6},{3,5,7}};
   printf("%d%d%d%d\n",a[0][3],a[1][2],a[2][1],a[3][0]);
}
```

A．0650　　B．1470　　C．5430　　D．输出值不定

15. 若有定义 int aa[8];，则以下表达式中不能代表数组元素 aa[1]的地址的是________。

A．&aa[0]+1　　B．&aa[1]　　C．&aa[0]++　　D．aa+1

16．执行下列程序时输入：123<空格>456<空格>789<回车>，输出结果是________。

```
#include<stdio.h>
void main()
{   char s[100];int c,i;
   scanf("%c",&c); scanf("%d",&i); scanf("%s",&s);
   printf("%c,%d,%s \n",c,i,s);
}
```

A．123,456,789　　B．1,456,789　　C．1,23,456,789　　D．1,23,456

17．假定 int 类型变量占用两个字节，若有定义 int x[10]={0,2,4};，则数组 x 在内存中所占字节数是________。

A．3　　B．6　　C．10　　D．20

18．不能把字符串"Hello!"赋予数组 b 的语句是________。

A．char b[10]={'H','e','l','l','o','!'};
B．char b[10];b="Hello!";
C．char b[10];strcpy(b,"Hello!");
D．char b[10]="Hello!";

19．在 C 语言中，数组名代表了________。

A．数组全部元素的值　　B．数组首地址
C．数组第一个元素的值　　D．数组元素的个数

20．若有如下定义语句：

```
double a[5];
int i=0;
```

能正确给 a 数组元素输入数据的语句是________。

A．scanf("%lf%lf%lf%lf",a);　　B．for(i=0;i<=5;i++) scanf("%lf",a+i);

C．while(i<5) scanf("%lf",&a[i++]);　　D．while(i<5) scanf("%lf",a+i);

二、填空题

1．设有定义语句 static int a[3][4]={{1}, {2}, {3}}，则 a[1][1]的值为______，a[2][1]的值为______。

2．执行 static int b[5]={ }, a[ ][3]={1, 2, 3, 4, 5, 6}后，b[4]=___________，a[1][2]=_________。

3．若有定义语句 char s[100],d[100];int i=0,j=0;，且 s 中已赋字符串，请填空以实现字符串拷贝。（注：不得使用逗号表达式）

```
while(s[i]) {d[j]=_______;j++;}
d[j]='\0';
```

4．下面程序的功能是将一个字符串 str 的内容颠倒过来，请填空。

```
#include<stdio.h>
#include<string.h>
void main()
{  int i,j,_______;
   char str[]={"1234567"};
   for(i=0,j=strlen(str)_______;i<j;i++,j--)
   {  k=str[i];str[i]=str[j];str[j]=k;}
   printf("%s",str);
}
```

5．下面的程序用来求 5×5 方阵主对角线元素的乘积，请填空。

```
#include<stdio.h>
void main()
{  int a[5][5],i,j,ss;
   printf("input data:");
   for(i=0;i<5;i++)
   for(j=0;j<5;j++)
   scanf("%d",&a[i][j]);
   ss=_______;
   for(i=0;i<5;i++)
   ss=_____________;
   printf("ss=%d\n",ss);
}
```

6．以下程序求任意 10 个实数的最大值和最小值，请填空。

```
#include<stdio.h>
void main()
{  int i;
```

```
    float a[10],max,min;
    for(i=0;i<10;i++)
    scanf("%f",&a[i]);
    max=min=a[0];
    for(i=1;i<10;i++)
        {  if(max<a[i])____________;
           if(min>a[i])____________;
        }
    printf("最大值=%f\n",max);
    printf("最小值=%f\n",min);
}
```

7. 以下程序求二维数组中每行元素的最大值，请填空。

```
#include<stdio.h>
#define M 4
#define N 5
void main()
{ int a[M][N],amax,i,j;
  for(i=0;i<M;i++)
     for(j=0;j<N;j++)
        scanf("%d",&a[i][j]);
   for(i=0;i<M;i++)
     {______________;
      for(j=1;j<N;j++)
         if(a[i][j]>amax)  amax=a[i][j];
      printf("第%d行元素的最大值为: %d\n",i,amax);
     }
}
```

8. 以下程序的输出结果是____________。

```
#include<stdio.h>
#include<string.h>
void main()
{  char str[]="abcdef";
   str[3]='\0';
   printf("%s\n",str);
}
```

9. 若要按以下形式输出 4×4 矩阵的右上半三角：

```
1  2  3  4
   6  7  8
     11 12
        16
```

请将下列程序填写完整。

```
#include<stdio.h>
void main()
{  int num[4][4]={{1,2,3,4},{5,6,7,8},{9,10,11,12},{13,14,15,16}},i,j;
```

```
  for(i=0;i<4;i++)
  {  for(j=1;j<=i;j++)   printf("%4c",' ');
     for(j=_____;j<4;j++)  printf("%4d",num[i][j]);
     printf("\n");
  }
}
```

10．以下程序的输出结果是______________。

```
#include<stdio.h>
#include<string.h>
void main()
{  char a[]={"abcdefgh"};
   int i,j;
   i=sizeof(a);
   j=strlen(a);
   printf("%d,%d\n",i,j);
}
```

三、程序设计题

1．输入一串字符，统计其中数字字符的个数。

2．输入 10 个数，将这 10 个数按由大到小的次序排序后输出。

3．输入一个 5 行 6 列的二维数组，求该数组每列元素之和，并输出结果。

4．向数组 a 中输入 30 个整数，编程序分别将这 30 个数中的正数存入数组 az 中，负数存入数组 af 中，并分别输出 az 和 af 中的内容。

5．编写程序，将 10 个数 34、3、29、63、70、16、85、82、90、93 存放于一个数组，求出这 10 个数的和及平均值、最大值、最小值。

6．编写程序，读 50 个数存放于一个数组中，求出该数组中最大值、最小值及所在位置。

7．将存放于第 6 题数组中的 50 个数分别按升序、降序排序。

8．编写程序，从键盘输入某班学生 C 语言课程的考试成绩，评定每个学生 C 语言成绩等级。如果高于平均分 10 分，等级为优秀；如果低于平均分 10 分，等级为一般；否则等级为中等。

9．编程将一个一维字符数组进行逆置。例如，原来顺序为 1357，逆置后的顺序为 7531。

10．编写程序，从键盘输入两个 4×4 的矩阵 A 和 B，求出两矩阵的和及差，并按矩阵形式输出。进一步考虑求出矩阵 A 与 B 的乘积。

11．编写程序，将一个二维数组的行列互换。

12．编写程序，输入一行字符，统计其中有多少个单词，单词之间用空格分隔开。

13．有一篇文章，共 3 行，每行有 80 个字符。编写程序，统计其中大写字母、小写字母、数字、空格、其他字符各有多少个。

14．编写 n 个学生、m 门课程的成绩处理程序：

（1）实际学生人数、课程门数由键盘输入。

（2）n 个学生、m 门课程的成绩用二维实型数组描述，并可相关考虑学生的姓名、学号。

（3）求出每个学生的总成绩、平均成绩，并按总成绩排序。

（4）求出每门课程的平均成绩。

15．编写程序，输出一维字符数组最大元素的下标。

第 6 章　函数和编译预处理

在程序设计时，通常将复杂的计算功能分解成若干个简单的子功能，并将完成子功能的程序段编写成函数。C 语言程序是由一个或多个函数组成的，也就是说 C 语言程序是函数的集合体。在 C 语言中，函数是一个逻辑上独立、完成指定功能的程序段。凡是程序中需要完成函数功能的地方，就可通过简单的函数调用来实现。C 语言的函数可以分为两大类：标准库函数和用户自定义函数。本章介绍如何编写一个函数（用户自定义函数）及与函数有关的概念（函数的参数、变量的作用域、变量的类型定义及存储类别等），同时还介绍编译预处理和 C 程序的结构等内容。

6.1　函数的定义和调用

6.1.1　函数定义的一般方式

C 语言的函数可以分为两大类：标准库函数和用户自定义函数。标准函数（库函数）是由系统提供的，用户不必自己定义这些函数，可以直接使用它们，例如已多次用到的 scanf()函数、printf()函数等。用户自定义函数用以满足用户的专门需要。用户自定义函数必须先定义，然后才能调用。在 C 语言中，函数主要由函数说明部分和函数体组成，是对完成特定功能的程序段的描述。函数说明部分通常是由函数类型、函数名、形式参数名三部分构成；函数体通常由类型说明部分和可执行语句部分组成。

用户自定义函数的定义方式有以下三种。

1．有参函数的一般形式

```
函数类型 函数名(参数表)
{
        函数体
}
```

【例 6-1】 有参函数的定义。

```c
int func1(int i,int j)
{
   int temp;
   temp=i*j;
   return temp;
}
```

旧版本中函数的首部可以写成：

```
int func1(i,j)
int i,j;
```

2．无参函数的一般形式

```
函数类型 函数名(void)
{
    函数体
}
```

【例 6-2】 无参函数的定义。

```
int func2(void)
{
  int i=1;
  return i+2;
}
```

3．空函数

空函数是既无参数，函数体又为空的函数。调用空函数时什么工作也不做，没有任何实际作用。空函数的一般形式为：

```
函数类型 函数名(void)
{
}
```

【例 6-3】 空函数的定义。

```
float func3(void)
{
}
```

以上几种函数定义方式中，“函数类型”表示函数返回值的数据类型，这个值通常是由 return 语句返回。函数类型可以是任意有效类型，也可以缺省。如果缺省类型说明，则函数返回一个整型值。“函数名”可以是任意合法的标识符。

参数表是一个用逗号分隔的变量表，当函数被调用时这些变量接收调用函数实参的参数值。

6.1.2 函数调用的方式

程序中一般通过“函数名”完成函数的调用。函数调用的形式为：

```
函数名(实参表);
```

对于无参函数，调用时没有实参表，但不可忽略函数名后的括号。如以上节定义的函数为例进行调用：

```
int m,n;
func1(m,n);
      ⋮
func2();
```

函数调用时按照其作用可分为以下三种：

（1）将函数当做一个功能语句，不要求返回任何值，只完成一定的操作。

例如：printf()函数、scanf()函数以及空函数等。

（2）要求函数有返回值，并参与表达式的运算。这种表达式称为“函数表达式”。

例如：

```
result=func1(3,3)+func1(3,4);
```

（3）将函数的返回值作为另一个函数的参数。

例如：

```
result=func1(3,func1(5,5));
```

其中 func1(5,5)作为一个实参被另一个函数 func1()调用。

调用函数时，函数名必须与定义的函数名相同；实参与形参要在类型上相匹配，如果类型不匹配，编译程序将按赋值兼容的规则进行转换，此时通常并不给出错误信息，但得到的结果却是错误的。要特别注意，如果实参表中包括多个参数，对实参的求值顺序随系统而异。Turbo C 和 VC 6.0 按自右向左的顺序进行，而有的系统按自左向右的顺序进行。具体应用前应参考有关使用说明书。

【例 6-4】 函数实参的求值顺序。

```
#include<stdio.h>
void main()
{
   int i=6;
   printf("%d,%d\n",i,++i);
}
```

在 Turbo C 环境运行结果为 7,7；其他系统上运行结果可能是 6,7。

6.1.3 形式参数与实际参数

定义函数时使用的参数（变量）称为形式参数，简称形参。形参标识了该函数使用时传递数据的个数和类型，没有具体的值。

函数调用时使用的参数称为实际参数，简称实参。实参将具体的数据传递给相应的形参，供函数使用。

函数在程序中使用时，必须确认所定义的形参与函数调用时的实参类型、个数和次序一致，如果不一致，将产生意料不到的后果。

关于形参和实参的几点说明：

（1）形参出现在函数定义中，只能在该函数体内使用。函数未调用时，形参不占内存中的存储单元，只在函数被调用时才分配内存单元。函数调用结束后，形参所占的内存单元被释放。

（2）实参可以为常量、变量、表达式或函数，函数调用时必须有确定的值，以便把这些值传递给形参。因此，应预先用赋值、输入等方法使实参得到确定的值。

（3）实参对形参的数据传送是“值传送”，即是单向的，只能由实参传送给形参，而不能由形参传回实参。所以，形参的变化不影响实参。

（4）在内存中，实参和形参占用不同的单元，即使是同名也互不影响。

6.2　函数返回值和函数类型说明

所有的函数，除了空值类型外，都返回一个值。

6.2.1　函数的返回值

函数的返回值也称为函数值，一般是通过 return（返回语句）得到的。

一个函数体中可以包含多个 return 语句，程序执行到哪一个，就返回哪一个的结果。

return 语句的一般形式：

```
return;
return 表达式;
return(表达式);
```

【例 6-5】 函数体中的 return 语句。

```
int max(int i,int j)
{
  if(i>j)
    return i;
  else
    return j;
}
```

这是求两个整型数中较大数的函数。在函数中，通过 return 语句，可以返回两个参数中较大的一个。

1. 函数返回值的类型

定义函数时，一般会指明函数的返回值类型。例如：

```
int max(int i,int j)              /*指明返回值为整型*/
double add(double x,double y)     /*指明返回值为双精度型*/
```

当一个函数没有说明其返回类型时，C 语言编译程序会自动将这个函数的类型默认为整型（int）。

例如，max 函数的定义可简化为：

```
max(int i,int j)
```

函数定义中返回值的数据类型，一般应和函数体中 return 语句的表达式类型一致。如果不一致的话，系统会自动进行类型转换，使得 return 语句返回值的类型与函数类型统一。

【例 6-6】 返回值的自动类型转换。

```
int func1(float x,float y)
{
  float temp;
  temp=x*y;
  return temp;
}
```

在 func1()函数的定义中，函数类型为整型。而函数体中，return 语句返回的 temp 变量是 float 类型，则系统会自动将 temp 的值转换为整型，然后再返回。

2．void 类型

如果一个函数不需要返回值，可将函数类型定义为 void，即“空类型”或“无类型”。

【例 6-7】 无返回值的函数。

```
void print(int x)
{
  printf("%d",x+100);
}
```

这个函数只在屏幕上输出“x+100”的值，无须得到任何返回值，则可定义此函数的类型为 void。

6.2.2 函数的类型声明

对于程序中用户自定义的函数，如果在程序中被其他函数调用（主调函数），且其函数定义在主调函数之后，则需要在主调函数中对该函数进行“函数类型声明”。

函数类型声明的格式为：

```
函数返回类型  函数名(参数类型 1,参数类型 2…);
```

【例 6-8】 函数的类型声明。

```
#include<stdio.h>
void main()
{
    int x=3,y=5;
    int result;
    int max(int,int);     /*在主调函数中说明被调用的max()函数的类型*/
    result=max(x,y);
    printf("%d",result);
}
int max(int m,int n)     /*max()函数的定义部分*/
{
    int temp;
    temp=(m>n?m:n);
```

```
    return temp;
}
```

从此例中可以看到，函数的类型声明只包括“函数类型”、“函数名”和“参数类型”，而不包括形参变量名和函数体。函数类型声明是与函数定义不同的概念。

函数类型声明的目的是为了声明此函数的返回值类型，以使主调函数能够正常调用。函数类型声明和函数定义必须在返回类型、函数名、参数类型上完全一致，否则编译时会发生错误。

有关函数声明的几点说明：

（1）当被调用函数的定义出现在主调函数之前时，可以省去对被调函数的声明。

（2）如果在所有函数定义前，在函数外部对各函数进行了声明，在主调函数中也可以省去对被调函数的声明。

（3）对库函数的调用不用声明，但需用文件包含命令将其头文件包含。

（4）旧版本允许当被调函数返回整型或字符型值时，可以省去对被调函数的声明。

6.3　数组或字符串作为函数参数

6.3.1　数组元素作为函数的实参

当函数的形式参数为普通的简单数据类型时，如果数组元素的类型与形参一致，数组元素也可以作为函数的实际参数。下面所示的就是一个简单的例子：

```
main()
{ int  x[10];
  …
  fun(x[7]);                        /*实际参数是数组元素*/
  …
}
int fun(int s)                      /*实际参数是普通变量*/
{  …  }
```

【例 6-9】 找出数组 a 中的最大元素。

```
#include<stdio.h>
void main()
{  int  t,i,a[]={11,2,4,56,61,-90,-23,214};
   int large(int,int);
   t=a[0];
   for(i=1;i<8;i++)
   t=large(t,a[i]);                 /*数组元素作为函数的实参*/
   printf("max=%d\n",t);
}
int  large(int x,int y)
{  if(x<y)  x=y;
```

```
  return x;
}
```


程序的执行结果为：

```
max=214
```

该程序执行 for 循环调用函数 large()，将 t 的值传送给形参 x，数组元素 a[i]的值传送给形参 y，然后将大者作为 x 返回并赋给变量 t，再进行下一轮比较，直到求出数组的最大元素输出。

6.3.2 一维数组名作为函数参数

数组元素（下标变量）只能作为函数的实参，此时是值传递。我们只需讨论数组名作为函数参数的情形，此时是地址传递，传递的是整个数组。

用数组名作函数参数，此时实参与形参都应用数组名（或指针变量）。

【例 6-10】 编写一个函数，用选择法对 *n* 个整数由小到大进行排序。

分析：排序是数据处理经常用到的操作，排序的方法很多，如选择排序、冒泡排序、插入排序、交换排序、快速排序、堆排序、归并排序等，不同方法的效率不尽相同。数组是在进行排序时用到的最基本的数据结构。

选择排序法的基本思想和步骤：对 *n* 个数进行选择排序，需要进行 *n*–1 趟。每趟先找出待排序数据中的最小值所在的序号（数据元素在数组中的下标），即所谓的选择，然后将此最小值与该趟的第一个数据进行交换。据此思路编写程序如下：

```
#include<stdio.h>
void main()
{
  int i;
  int a[10]={23,56,31,12,44,26,82,16,31,20};
  void select_sort(int arr[ ],int n);
  printf("the soure array:\n");
  for(i=0;i<10;i++)
     printf("%d ",a[i]);
  printf("\n");
  select_sort(a,10);
  printf("the sorted array:\n");
  for(i=0;i<10;i++)
     printf("%d  ",a[i]);
  printf("\n");
}
void select_sort(int arr[ ],int n)
{
   int i,j,k,t;
   for(i=0;i<n-1;i++)
   {  k=i;
      for(j=i+1;j<n;j++)
```

```
            if(arr[j]<arr[k]) k=j;
            if(k!=i)
            {t=arr[k];arr[k]=arr[i];arr[i]=t;}
      }
   }
```

程序执行结果：

```
the soure array:
23  56  31  12  44  26  82  16  31  20
the sorted array:
12  16  20  23  26  31  31  44  56  82
```

由于实参数组 a 与形参数组 arr 共享一段存储单元，执行 select_sort()函数前该段存储单元中的数据是无序的，执行 select_sort()函数后该段存储单元中的数据从小到大有序排列。返回主函数后数组 a 中的数据仍有序。

语法现象说明：对实参数组的说明与第 5 章的要求一样，如数组 a 是一维的，最大元素为 10 个（必须确切给出）。但对形参数组的说明要简单一些，必须说明数组的类型、名称（可以与实参数组相同）和维数，而维大小可以不必说明，因为在执行函数时形参数组与实参数组从首地址起共享存储单元。

main()函数对被调函数 select_sort(int arr[ ],int n)的声明也可写成：

```
void select_sort(int [],int);
```

但第一个形参中的“[ ]”不可少，以表明该形参是一维数组。

【例 6-11】 编写一个函数用来“逆置”一个字符串。

题目分析：所谓字符串的“逆置”就是把原字符串的第一个字符作为最后一个字符，第二个字符作为倒数第二个字符，以此类推。如果字符串用数组存储，只需求出字符串的中点位置，进行对应元素的交换即可。程序如下：

```
#include<stdio.h>
#include<string.h>
void invert(char str[])
{
   int i=0,n;
   char c;
   while(str[i]!='\0') i++;
   n=i;
   for(i=0;i<n/2;i++)
      { c=str[i];
        str[i]=str[n-i-1];
        str[n-i-1]=c;
      }
}
```

```
void main()
{
   char str[]="Hello! I am a teacher.";
   printf("%s\n",str);
   invert(str);
   printf("%s\n",str);
}
```

程序的执行结果是：

```
Hello! I am a teacher.
.rehcaet a ma I !olleH
```

在函数 invert()中，用 n 存储字符串中的字符个数。由于下标从 0 开始，因此应该是 str[i]和 str[n–i–1]中的字符互换。被调用函数 invert()的定义出现在调用函数 main()之前，所以在 main()中可以不用对 invert()进行声明。

6.3.3 多维数组名作为函数参数

多维数组元素也可以作为实参和形参，这点与前述相同。用多维数组名作函数参数，在定义形参数组时可以指定每一维的大小，也可省去第一维的大小说明，但从第二维开始，每一维的大小必须说明。例如：

```
int array[ ][10];
```

和

```
int array[5][10];
```

二者都是合法的，而

```
int array[5][ ];
```

和

```
int array[ ][ ];
```

二者都是非法的。

【例 6-12】 求三阶方阵的最大值元素。

```
#include<stdio.h>
int max_val(int array[ ][3])
{
   int i,j,max;
   max=array[0][0];
   for(i=0;i<3;i++)
      for(j=0;j<3;j++)
         if(max<array[i][j]) max=array[i][j];
  return (max);
```

```
}
void main()
{
  int a[3][3]={{6,8,9},{4,8,5},{7,9,2}};
  printf("max_value=%d\n",max_val(a));
}
```

程序执行结果为：

```
max_value= 9
```

【例 6-13】 编程序实现：用一个二维数组存放三个班学生的分数，每班最多 40 名学生。

```
#include <stdio.h>
#include <stdlib.h>
#include <string.h>
#define N 3
#define M 40

int get_c(int  num)                /*学生分数的输入函数*/
   { char  s[80];
     printf("输入第%d 学生的分数:  \n",num+1);
     gets(s);                      /*以字符形式输入学生的分数*/
     return(atoi(s));              /*将字符型分数转换成数值型分数返回*/
   }

void enter_c(int  y[N][M])         /*定义学生成绩输入函数*/
    { int  t,i;
      for(t=0;t<N;t++)
        {printf("class#%d: \n",t+1);
         for(i=0;i<M;i++)
            y[t][i]=get_c (i);
        }
    }

void disp_c(int  g[][M])                /*学生成绩的输出函数*/
  { int  t,j;
    for(t=0;t<N;t++)
       {printf("class#%d:\n",t+1);
        for(j=0;j<M;j++)
           printf("学生的成绩为: %d,%d\n",j+1,g[t][j]);
       }
  }
```

```
void main()
   {int x[N][M];
    char  ch;
    for(;;)
      {
    do
        {printf("\nE--输入学生成绩");
         printf("\nR--输出学生成绩");
         printf("\nQ--退        出");
         printf("\nchoice:");
         ch=getchar();
        }
      while(ch!='E'&&ch!='R'&&ch!='Q');
      switch(ch)
        { case 'E':enter_c(x );break;
          case 'R':disp_c(x );break;
          case 'Q':exit(0);
        }
      }
   }
```

6.3.4 字符串作为函数参数

在C语言中字符串是以一维数组的形式存放的，字符串的操作与运算本质上是靠对字符串指针的操作实现的。用字符数组名或指向字符的指针变量作为函数的参数，与普通的数值型数组的情形一样，在被调函数中可以改变字符串的内容，在主调函数中可以得到改变了的字符串。

【例 6-14】 用函数调用实现字符串的复制。

```
#include <stdio.h>
void  copy_str(char  from[],char  to[]) /*形式参数是字符数组*/
{ int j;
  for(j=0;(to[j]=from[j])!='\0';j++);
}
void main()
{  char  aa[]="I  am  a  teacher";
   char  bb[]="You  are a student";
   printf("%s\n%s\n",aa,bb);
   copy_str(aa,bb);                         /*实参是字符数组名*/
   printf("%s\n%s\n",aa,bb);
}
```

程序运行结果为：

```
I  am  a  teacher
You  are a student
I  am  a  teacher
You are a student
```

本程序中函数 copy_str()的作用是将 from[j] 赋值给 to[j]，然后判断是否为'\0'，如果不是，则将 j 加 1，再将 from[j] 赋值给 to[j]。如此重复，直到将一个字符'\0'赋值给 to[j]为止。由于字符'\0'的 ASCII 码值为 0，在C 语言中，以 0 为逻辑假，以非 0 为逻辑真，故程序中的语句：

```
for(j=0;(to[j]=from[j])!='\0';j++);
```

可以改写为：

```
for(j=0;to[j]=from[j];j++);
```

6.4 函数的嵌套调用和递归调用

C 语言的函数定义都是独立的，一个函数内不能定义另一个函数，即函数定义时不允许嵌套。但是可以嵌套调用，在调用一个函数的过程中又调用另一个函数。在调用一个函数的过程中直接或间接地调用该函数自身，称为函数的递归调用。

6.4.1 函数的嵌套调用

任何函数都可以调用另外的函数，main()函数调用函数 1，函数 1 可调用函数 2，函数 2 又可调用函数 3……一般对嵌套调用的深度没有规定。

嵌套调用过程如图 6-1 所示。执行主函数中调用函数 1 的语句时，转去执行函数 1；在函数 1 中调用函数 2 时，又转去执行函数 2；函数 2 执行完毕返回函数 1 的断点，继续执行其后续语句；函数 1 执行完毕返回主函数的断点，继续执行其后续语句，直至结束。

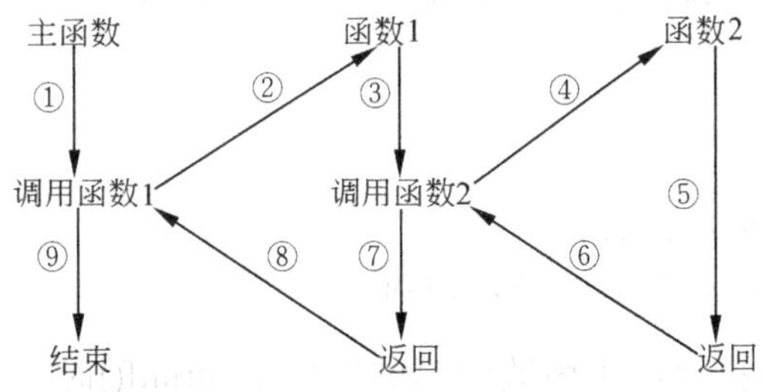

图 6-1 嵌套调用过程示意图

【例 6-15】 用牛顿迭代法计算一个正实数的平方根。初始数据由键盘输入。

用牛顿迭代法计算正实数 x 的平方根的求值过程是：

① 设定平方根 g 的近似值，例如为 1.0；

② 若$|g^2-x|$<ep（给定的精度），则转到④；

③ 将近似平方根 g 取为$(x/g+g)/2$，返回②；

④ g 是满足要求的平方根。可以看出，精度 ep 值选得越小，得到的平方根的近似值就越精确，当然迭代的次数也就越多。

```
/*abs_val()函数用于计算 x 的绝对值*/
float abs_val(float x)
{
  if(x<0)
  x=-x;
  return (x);
}
/*sq_root()函数用于计算参数 x 的平方根*/
float sq_root(float x)
{
  float g=1.0,ep=1E-5;
  if(x<0)
  {
   printf("Negative argument to sq_root!\n");
   return(-1);
  }
  while(abs_val(g*g-x)>=ep)
  g=(x/g+g)/2.0;
  return(g);
}
/*在主函数中计算输入数字的平方根*/
void main()
{
  float a;
  printf("Input:a=?\n");
  scanf("%f",&a);
  printf("square_root of %f=%f\n",a,sq_root(a));
}
```

运行结果：

```
Input:a=? (从键盘输入 150.0)
square_root of 150.000000=12.247449
```

程序从主函数开始执行，主函数中第二次调用 printf()时，第二个参数是函数调用 sq_root(a)，执行 sq_root()函数时调用 abs_val()函数，这就是函数的嵌套调用。

在 sq_root()函数中，条件语句 if(x<0)是为了防止当输入一个负数时求根过程不收敛，形成死循环。遇有这种情况，输出一个–1 表示非正常返回。

再运行一次程序：

```
Input:a=? (从键盘输入-100.0)
Negative argument to sq_root!
square_root of -100.000000=-1.000000
```

6.4.2 递归调用的形式

一个函数在它的函数体内调用它自身，称为递归调用。函数的递归调用有“直接递归”和“间接递归”两种形式。

直接递归是在函数体中调用自身；间接递归是在函数中调用其他函数，其他函数又调用本函数。图 6-2 表示了这两种递归调用形式。

如果递归函数无休止地调用其自身，当然是不正确的。为了防止递归调用无终止地进行，需要在函数内有终止递归调用的手段。通常是设置判断条件，满足某种条件后就不再递归调用，然后逐层返回。

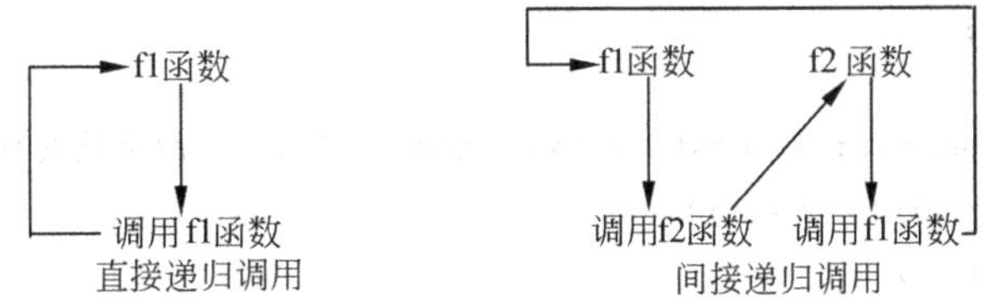

图 6-2　函数的递归调用

1．直接递归

```
int fn1(int x)
{
  if(x>5)
  return fn1(x-1);                /*在函数中调用自身*/
  else
  return 5;
}
```

2．间接递归

```
int fn1(int x)
{
  int a=fn2(x+1);                 /*在 fn1 函数定义中调用 fn2 函数*/
}
  int fn2(int y)
{
  int b=fn1(y-1);                 /*在 fn2 函数定义中调用 fn1 函数*/
}
```

6.4.3 递归函数的使用

函数的递归调用，常用来解决具备递推性质的问题，例如

计算 $n!$：

$$n!=\begin{cases}1 & (n=0,1)\\ n\bullet(n-1)! & (n>1)\end{cases}$$

计算 x^n：

$$x^n = \begin{cases} 1 & (n=0) \\ x \cdot x^{n-1} & (n>0) \end{cases}$$

勒让德多项式：

$$p_n(x) = \begin{cases} 1 & (n=0) \\ x & (n=1) \\ ((2n-1)xp_{n-1}(x)-(n-1)p_{n-2}(x))/n & (n>1) \end{cases}$$

【例 6-16】 求整数 n 的阶乘的函数。

```
int factor(int n)                                    /*求整数 n 的阶乘*/
{
    int answer;
    if(n<0)
       printf("error: n must bigger than 0");        /*负数没有阶乘值*/
    else if((n==0)||(n==1))
          return 1;
    else
          answer=n*factor(n-1);                      /*函数自身调用*/
    return answer;
}
```

在这个递归例题中，“if((n==0)||(n==1))”这个条件分支是必不可少的，否则递归将永远不能终止。

在计算 n=3 的阶乘时，程序会递推地将求 3!转化为求 3×2!，进一步转化为求 3×2×1!。由递归判断条件可知 1!=1，即可计算出 3!=3×2×1= 6。

6.4.4 消去递归

大多数递归函数都可以用非递归函数来代替，如下例将求整数阶乘的问题，用非递归函数实现。

【例 6-17】 用非递归函数计算阶乘。

```
int fact(int n)                  /*非递归方法实现求整数 n 的阶乘*/
{
    int i,answer;
    answer=1;
    for(i=1;i<=n;i++)
       answer=answer*i;
    return answer;
}
```

factor()函数的递归执行，比非递归函数 fact()稍复杂。大部分函数的递归形式比非递归形式运行速度要慢一些，因为附加的函数调用增加了时间开销。递归函数的主要优点是可以简化程序设计，算法相比非递归函数更为清晰和简洁。然而，有些问题不用递归算法是无法解决的，例如汉诺塔问题就只能用递归算法才能求解。有关汉诺塔问题请参阅相关资料。

6.5 变量存储类型

变量有类型之分，不同类型的变量占据的存储空间不同，可参加的运算也不同。C 语言中在不同位置定义的变量其作用域（有效范围）和作用时间（生存期）也不同，这就是变量的存储类型。

6.5.1 局部变量与全局变量

1. 局部变量

在函数内部定义的变量叫内部变量。其有效范围只在所定义的函数中，只能由该函数内的语句访问，在定义它的函数之外是不能使用的，所以也称“局部变量”。

【例 6-18】 局部变量示例。

```
#include<stdio.h>
int func1(int m)
{
   int x;
   /*x 为 func1()函数内部定义的局部变量，作用域仅限于 func1()函数*/
   x=10;
   return m+x;
}
void func2(void)
{
   int x;
   /*x 为 func2()函数内部定义的局部变量，作用域仅限于 func2()函数*/
   x=2004;
}
void main()
{
   int i;  /*i 为函数内部定义的局部变量，作用域仅限于主函数*/
   for(i=0;i<3;i++)
   {
     int j=i+3;
    /*j 为复合语句中的局部变量，作用域仅限于复合语句*/
     printf("j=%d",j);
   }
}
```

说明：

（1）主函数 main()中定义的变量也是局部变量，只在 main()函数体内有效。main()函数也不能使用其他函数定义的局部变量。

（2）在不同的函数中可以使用相同的局部变量名，互不干扰。例如，上面程序中整型变量 x 在 func1()中和 func2()中分别定义，两个 x 互不相关，仅在被定义的函数内有效。

（3）函数的形参也是局部变量。如 func1()函数中的形参 m。

（4）在复合语句中也可以定义局部变量，其有效范围只在该复合语句当中。如 main()函数中 for 循环语句中的整型变量 j，它的有效范围只在该 for 语句中。

（5）局部变量在函数运行时分配存储空间，函数执行完毕，程序将自动释放所分配的存储空间。

2．全局变量

在函数外部定义的变量称外部变量，其作用域是从定义它的位置开始到本文件结束。在其有效范围内可被任何一个函数直接引用。外部变量也称为全局变量。外部变量不属于任何一个函数。

【例 6-19】 全局变量示例。

```
int a=3,b=8;          /*a,b 不属于任何函数，是全局变量*/
int func(void)
{
   int c;             /*c 在 func 函数内定义，是局部变量*/
   c=a+b;
   return c;
}
```

在变量定义前的函数使用某些变量，需要在函数中用关键字“extern”声明该变量是“外部变量”。

外部变量的定义和外部变量的声明不是一回事。外部变量的定义必须在所有的函数之外，且只能定义一次。外部变量的声明是在使用该外部变量的函数之内，而且可以多次出现。外部变量在定义时分配存储单元，且可以初始化；外部变量声明时不能再赋值，只是表明在该函数内要使用这些外部变量。

【例 6-20】 外部变量的声明和定义。

```
double add(void)
{
extern double x,y;      /*声明 x,y 为外部变量*/
   double z=x+y;
   return z;
}
double x=24.5;           /*外部变量 x 的定义在使用 x 的函数之后*/
double y=33.7;           /*外部变量 y 的定义在使用 y 的函数之后*/
```

如果在同一个文件中，函数的局部变量与全局变量同名，那么在此函数内“局部变量优先”，全局变量将被屏蔽，不起作用。

【例 6-21】 内部变量和外部变量同名时，外部变量被屏蔽。

```
int m=5;                 /*定义全局变量 m*/
void func(void)
{
   int m=8;              /*定义局部变量，名称也为 m*/
```

```
    printf("m=%d",m);           /*此时全局变量被屏蔽*/
}
```

调用 func()函数的输出结果为 m=8。

当程序中有多个函数使用同一数据时，全局变量是很有效的。然而，由于以下三种原因，不是非用不可时，不要使用全局变量：

（1）无论是否需要，全局变量在整个程序执行期间均占有存储空间。

（2）由于全局变量必须在外部定义，所以使用局部变量可以实现功能时，如使用全局变量，将降低函数的通用性。

（3）大量使用全局变量时，很容易出现不可知的副作用，可能导致程序错误。

按照变量的作用域，可以分为全局变量和局部变量；按照变量的生存期，可将变量分为动态存储变量和静态存储变量。

动态存储方式是在程序运行中，使用它时才分配存储空间，使用完毕立即释放；静态存储方式是在定义变量时就分配存储空间并一直保持不变，直至程序结束。

C 语言中，任何变量或函数都有“存储类型”这个属性。存储类型可以分为：动态存储类型和静态存储类型。变量的存储类型有四种：自动的、寄存器的、外部的、静态的。变量的完整声明形式应为：

```
[存储类型]  数据类型  变量名1[,变量名2,…]
```

6.5.2 自动变量

函数或复合语句中的局部变量，如果没有专门说明为静态的，都是动态分配存储空间的。这类变量称为自动变量，对它们分配和释放存储空间由系统自动处理。

自动变量的定义形式是在变量类型的前面加上关键字 auto，例如：

```
void func(void)
{
    auto int a,b,c;             /*定义三个自动变量a,b,c*/
    …
}
```

关键字 auto 可以省略，前面使用的局部变量均为省略了 auto 的自动变量。

6.5.3 寄存器变量

变量的值一般存放在内存中，如果在程序中需要对某个变量频繁使用，为提高执行速度，可以将局部变量定义为寄存器型。寄存器变量的值存放在 CPU 的寄存器中，使用时直接从寄存器取出进行运算，而不必访问内存。

寄存器变量定义的形式是在变量的前面加关键字 register，例如：

```
void func(void)
{
    register int x,y,z;         /*定义三个寄存器变量x,y,z*/
    …
}
```

由于 CPU 内的寄存器数量有限，不能长期被某个变量占用。因此，一些系统对寄存器的使用做了数量的限制，或者用自动变量替代。

6.5.4 外部变量

外部变量的值存放在静态存储区，在整个程序执行期间均占据存储空间。

一个 C 语言程序可以包含多个源程序文件，在这种情况下，某个源文件中定义的全局变量，可以选择是否允许被其他源文件中的函数访问。

1．允许其他源文件中的函数访问

默认情况下，一个全局变量允许被其他源文件访问，但需要在访问它的文件中，用关键字 extern 说明。

【例 6-22】 使用不同文件中的外部变量。

源文件 file1.c 中：

```
int a,b;                    /*定义全局变量 a,b*/
void func1()
{
   …
}
…
```

源文件 file2.c 中：

```
extern int a,b;             /*说明 a,b 是在其他文件中定义过的外部变量*/
int func2(void)
{
   int x=a+b;
   return x;
}
```

外部变量的作用域是从定义它的位置到文件结束，而使用 extern 说明，可以将外部变量的作用范围扩展到有 extern 说明的源文件。在其他源文件中不为外部变量分配存储空间。

2．不允许被其他源文件访问

如果在某个源文件中定义的全局变量不希望被其他文件引用，则需要在定义外部变量时前面加关键字 static。这样定义的外部变量（全局变量）称为“静态外部变量”。

【例 6-23】 静态外部变量。

源文件 file1.c 中：

```
static int a,b;             /*定义静态外部变量 a,b，不允许其他文件访问*/
void func1(void)
{
   …
}
…
```

源文件 file2.c 中：

```
extern int a,b;            /*此时无法使用静态外部变量 a,b*/
int func2(void)
{
  int x=a+b;               /*程序不识别 a,b，编译出错*/
  return x;
}
```

在多人合作的程序开发中，将全局变量声明为静态外部变量可以避免模块间的冲突和误操作。

6.5.5 静态变量

静态变量的定义形式是在变量定义的前面加上关键字 static，例如：

```
static int a=8;
```

静态变量的初始化在编译时进行，只赋一次初值。作为局部变量，调用函数结束时，静态变量不消失并且保留当前值，占用的内存不释放。

静态变量分为内部静态变量和外部静态变量：在函数内部定义的静态变量是内部的，在函数之外定义的静态变量是外部的。

1．内部静态变量

内部静态变量与自动变量有相似之处，一是定义它们的位置都在函数或分程序（复合语句）的开头；另一个是它们的作用域相同，都限定在定义它们的函数或分程序之内。除了函数的形参之外，任何分程序内的变量都可以定义为静态变量。但是，它们有重要的区别：自动变量是临时性的，随函数的执行而存在，随函数终止而消失；而静态变量是永久性的，包含它们的函数执行完，控制返回调用函数时，它们的值也不丢失，被保留下来。

【例 6-24】 分析下面两个程序。

```
程序 1:
int fun(void)
{
  static int x=1;
  x++;
  return x;
}

void main()
{
  int i;
  for(i=0;i<3;i++)
  printf("%d\t",fun());
}
```

```
程序 2:
int fun(void)
{
  int x=1;
  x++;
  return x;
}

void main()
{
  int i;
  for(i=0;i<3;i++)
  printf("%d\t",fun());
}
```

程序 1 的输出结果为：

```
2    3    4
```

程序 2 的输出结果为：

```
2    2    2
```

两个程序的主函数一样，fun()函数在 main()函数中都被调用了 3 次。程序 1 中 fun()函数内 x 是静态存储变量，只初始化一次，每次调用时，变量 x 不再重新初始化，而是保留上次的值；程序 2 中 fun()函数内 x 是自动变量，每次调用都重新赋值，所以得到上面的结果。

内部静态变量和自动变量还有一点重要区别：如果在函数中没有对静态变量显式地初始化，编译程序就把它的值置为 0，即如果它是 int 型，它的缺省值为 0；如果是 char 型，其值为'\0';如果是 float 型，其值为 0.0。如果没有对自动变量初始化，它们的值是随机的，绝不可以认为它们的初值为 0。

如果程序中需要保留函数执行结束后的变量值，则定义内部静态变量非常合适。但要注意，内部静态变量虽然在函数结束后依然存在，但它和全局变量还是不同的，是不允许被其他函数引用的。

2．外部静态变量

在函数之外定义的静态变量为外部静态变量。例如：

```
static int x;
static float y;
fun1(void)
{
  …
}
fun2(void)
{
  …
}
```

外部静态变量的作用域限于定义它的文件。

【例 6-25】 分析下面程序运行的结果。

文件 file1.c

```
int i=1;                /*定义 i 为外部变量，初始化为 1*/
extern reset();         /*说明 reset()函数在其他文件中定义*/
extern next();          /*说明 next()函数在其他文件中定义*/
extern new(int);        /*说明 new()函数在其他文件中定义*/
extern last();          /*说明 last()函数在其他文件中定义*/

void main()
{
    auto int i,j;           /*定义 i,j 为自动变量*/
    i=reset();
```

```
   for(j=1;j<=3;j++)
      {
         printf("i=%d\tj=%d\n",i,j);
         printf("next(i)=%d\n",next());
         printf("last(i)=%d\n",last());
         printf("new(i+j)=%d\n",new(i+j));
      }
}
```

文件 file2.c

```
static int i=10;            /*定义 i 为外部静态变量，初始化为 10*/
int next(void)              /*定义 next()函数*/
{
   return(i+=1);
}
int last(void)              /*定义 last()函数*/
{
   return(i-=1);
}
int new(int i)              /*定义 new()函数，i 为形参*/
{
   static int j=5;          /*定义 j 为内部静态变量*/
   return (i=j+=i);
}
```

文件 file3.c

```
extern int i;               /*说明 i 为外部变量，与文件 file1.c 中的外部变量相同*/
reset(void)
{
   return(i);
}
```

请先分析运行结果，再和下面给出的结果比较：

```
i=1      j=1
next(i)=11
last(i)=10
new(i+j)=7
i=1      j=2
next(i)=11
last(i)=10
new(i+j)=10
i=1      j=3
next(i)=11
last(i)=10
```

```
new(i+j)=14
```

现对几种变量存储类型的作用域和生存期做一个简单小结（见表 6-1）。

表　6-1

变量存储类	作用域	生存期
自动变量	定义它的函数或分程序	随函数的引用而存在，随函数的终止而消失
寄存器变量	定义它的函数或分程序	随函数的引用而存在，随函数的终止而消失
内部静态变量	定义它的函数或分程序	程序执行期间始终存在，其他函数不能引用
外部静态变量	定义它的文件	程序执行期间始终存在，其他文件不能引用
外部变量	整个程序	程序执行期间始终存在

6.6　内部函数与外部函数

函数按照存储类型的不同，可以分为“内部函数”和“外部函数”两类。内部函数是只能在一个源文件内使用的函数，外部函数是可供其他源文件使用的函数。

6.6.1　内部函数

内部函数也称为“静态函数”。

内部函数的定义形式为：

```
static 函数类型 函数名(参数表)
{
    函数体
}
```

例如：

```
static float func(float x)
{
  return x*3;
}
```

关键字 static 是静态存储类型标识符。函数一旦被定义为内部函数，则仅限于在定义它的文件中使用。

6.6.2　外部函数

如果函数需要在定义它的文件之外的函数中使用，则需要将其声明为一个外部函数。

外部函数的定义形式为：

```
extern 函数类型 函数名(参数表)
{
    函数体
}
```

例如：

```
extern float func(float x)
{
  return x+5;
}
```

关键字 extern 是外部存储类型标识符，将函数定义为外部函数。在函数定义时如果省略 extern，则系统默认其为外部函数。

其他文件需要使用外部函数时要对函数进行声明，并要在函数类型名前加上 extern 说明符，表明是在调用一个外部函数。

【例 6-26】 外部函数的应用。

```
/*文件 file1.c*/
extern int min(int x,int y)       /*用 extern 标识为外部函数*/
{
   return (x<y?x:y);
}
int max(int x,int y)              /*默认为外部函数*/
{
   return (x>y?x:y);
}
/*文件 file2.c*/
void main()
{
   int i=5;
   int j=4;
   extern int min(int,int);       /*声明 min 函数为文件 file2.c 的外部函数*/
   extern int max(int,int);       /*声明 max 函数为文件 file2.c 的外部函数*/
   printf("The min is %d",min(i,j));
   printf("The max is %d",max(i,j));
}
```

在这个例子里，文件 file1.c 中定义了 min()函数和 max()函数，并声明为外部函数，可供文件 file2.c 调用。而在 file2.c 中，通过 extern 关键字，说明 min()函数和 max()函数为外部函数，并在程序中调用了它们。

6.7　编译预处理

编译预处理就是对 C 源程序编译前进行的一些预加工，如置换源程序文件中的特定标识符，或是把指定的头文件嵌入到被编译的源文件里的操作等。这些操作是通过命令实现的，即预编译命令，用以改变程序设计环境，提高编程效率。这也是 C 语言的一个重要特点。

编译预处理命令主要有三种，即宏定义、文件包含和条件编译。

编译预处理命令是由 ANSI C 统一规定的，但是它不属于 C 语言语句的范畴，所使用的命令单词也不是 C 语言的保留字。为了表示区别，所有编译预处理命令均以“#”号开头，各占一个单独的书写行，末尾不用分号作为结束符。如果一行书写不下，可用反斜线“\”和【Enter】键来结束本行，然后在下一行继续书写。

6.7.1 宏定义

宏定义是用一个指定的标识符（名字）代表一个字符串，从而使程序更加简洁易读。

1. 不带参数的宏定义

不带参数的宏定义一般形式如下：

```
#define 标识符 字符串
```

其中，#define 是宏定义的命令，标识符和字符串之间用空格分开。标识符又称为宏名，通常用大写字母表示。字符串又称为宏体，一般是常数、关键字、语句、表达式，也可以是空白。其功能是将宏体字符串符号化。在程序中凡出现该宏名的位置，经编译预处理的加工，都被替换成为对应的宏体字符串，称为宏展开。由于宏定义不是 C 语句，不必也不能在行末加分号。

（1）用无参宏定义来定义符号常量，例如：

```
#define PI 3.1415926
#define MAX 100
#define SIZE 10
#define NO 0
#define YES 1
```

在这些例子中，用常量的含义作为常量的符号名称，可以使程序员看见名称便知其意义，提高程序的可读性，特别是这些常量的值需要改变时，只须改变#define 命令行，一改全改。

【例 6-27】 无参宏定义举例。

```
#include<stdio.h>
#define PI 3.1415926
void main()
{  float r=6;
   float l,s,v;
   l=2.0*PI*r;
   s=PI*r*r;
   v=4.0/3*PI*r*r*r;
   printf("r=%.2f\nl=%.2f\ns=%.2f\nv=%.2f\n",r,l,s,v);
}
```

程序执行结果：

```
r=6.00
l=37.70
```

```
s=113.10
v=508.94
```

（2）在宏定义中，可以引用已定义过的宏名，即用已定义的宏定义另外的宏。

【例 6-28】 定义宏时利用已定义过的宏名举例。

```
#include<stdio.h>
#define W 80
#define L (W+40)
#define S L*W
void main()
{
   printf("L=%d\nW=%d\nS=%d\n",L,W,S);
}
```

程序执行结果：

```
L=120
W=80
S=9600
```

经过宏展开后，printf()函数中的输出项 L 被（80+40）代替，W 被 80 代替，S 被(80+40)*80 代替，printf()函数调用语句展开为：

```
printf ("L=%d\nW=%d\nS=%d\n",(80+40),80,(80+40)*80);
```

由于宏展开只是简单地用定义的宏体去代替宏名而不进行任何计算，因此，宏定义中出现表达式时有无圆括号，效果会是不同的。例如，若将上例中的宏定义写成：

```
#define W 80
#define L W+40
#define S L*W
```

经过宏展开后，S 就被 80+40*80 代替，这显然不是本题所计算的面积。

（3）对于程序中用双引号括起来的字符串中的字符，即使与宏名相同，也不进行替换。例如例 6-28 中的 printf()函数内，双引号中 L、W、S 没有被替换，仅替换了后边不在双引号中的 L、W、S。

（4）#define 命令出现在函数的外面，宏名的有效范围为从定义命令到该源程序结束。通常宏定义命令都写在源程序的开头位置，函数之前，作为文件的一部分，在此文件范围内有效。

2．带参数的宏定义

带参数的宏定义是指宏名后带有形参表的宏定义。在宏展开时，不仅进行字符串替换，而且还要进行参数代换。其定义的一般格式为：

#define 标识符(形参表) 字符串

其中，字符串中包含括号中指定的形式参数，一般为表达式，也可以包括宏名和函数。使用带参宏时，不仅要写出宏名，而且要将形参表中的形参用对应的实参来代替。

（1）用带参数宏来定义表达式，例如：

```
#define V(l,w,h) l*w*h
…
volume=V(4,2,8);
```

宏展开后，该赋值语句为：

```
volume=4*2*8;
```

在程序中若有带参数的宏，如 V(4,2,8)，则按#define 命令行中指定的字符串从左到右进行置换。对于字符串中的形式参数（如 l,w,h），逐一用对应的实参（如 4,2,8）进行替换，对于字符串中的非形式参数字符（如 l*w*h 中的星号），则原样保留。这样就形成了宏代换的字符串（如 4*2*8）。

【例 6-29】 带参宏定义举例。

```
#include<stdio.h>
#define PI 3.1415926
#define S(r) PI*r*r
void main()
{  float a,area;
   a=5.6;
   area=S(a);
   printf("r=%f\narea=%f\n",a,area);
}
```

程序执行结果：

```
r=5.600000
area=98.520341
```

（2）在带参数宏定义中，也可以引用已定义过的宏定义。例如：

```
#define PI 3.1415926
#define S(r) PI*r*r
#define V(r) 4.0/3*S(r)*r
```

预处理对每个宏名展开代换，直到程序中不再有宏名为止。例如，对于下列宏引用：

```
v=V(5);
```

其宏展开如下：

```
v=4.0/3*S(5)*5;
v=4.0/3*PI*5*5*5;
v=4.0/3*3.1415926*5*5*5;
```

宏代换中的实参广义上是一个字符串，实际上一般常为常量、变量或表达式。例如，对于该例如果有下列引用：

```
v=V((5*a));
```

则其展开式为：

```
v=4.0/3*3.1415926*(5*a)*(5*a)*(5*a);
```

（3）带参宏定义除用表达式定义外，也可以用函数定义。在标准库函数中，经常使用这种形式。例如：

```
#define getchar() fgetc(stdin)
```

在这里，getchar()实际上是使用另一个函数定义的宏。这样定义的宏代换与定义它的函数在本质上是相同的。

【例 6-30】 已知三角形的三条边 a、b、c，求三角形的面积。

```
#include<stdio.h>
#include<math.h>
#define S(a,b,c) (a+b+c)/2
#define Srt(a,b,c) S(a,b,c)*(S(a,b,c)-a)*(S(a,b,c)-b)*(S(a,b,c)-c)
#define Area(a,b,c) sqrt(Srt(a,b,c))
void main()
{  int x=44,y=67,z=30;
   float area;
   area=Area(x,y,z);
   printf("area=%.2f\n",area);
}
```

程序执行结果：

```
area=467.33
```

该程序中使用了三个带参数的宏定义，定义中又引用了已定义的宏和库函数。

（4）带参数宏与函数虽有许多相似之处，但二者本质上是不同的。

① 函数调用时先计算实参表达式的值，然后将其代入形参。而使用带参数的宏时，只是进行简单的字符代换。例如：

```
#define Sqr(x) (x)*(x)
```

若程序中有语句：

```
y=Sqr(a+b);
```

对它进行宏展开时并不求 a+b 的值，而是将实参字符“a+b”替代形参“x”，所以得到：

```
y=(a+b)*(a+b);
```

② 函数调用是在程序运行中处理的，临时给它分配存储单元。而宏代换是在编译时进行的，并不给它分配存储单元，不进行值的传递，也没有返回值。

③ 函数的形参和实参都要求定义类型，而且二者要求一致，若二者不一致时，还要进行类型转换。而对宏不存在此类问题，宏无类型，参数也无类型，它们都仅是一种符号代表，宏展开时只是进行对应符号的代换。

④ 在程序中使用宏时，宏展开后源程序会变长。而函数调用不会使源程序变长。

⑤ 宏代换不占程序运行时间，只占编译时间。而函数调用则占运行时间（分配单元、保留现场、值传递、返回）。

（5）在使用带参数宏定义时，要注意下列几点。

① 宏名与带参数的圆括号之间应紧连在一起，中间不能有空格，否则会出错。例如，将上例误写为：

```
#define Sqr (x) (x)*(x)
```

若程序中有：

```
y=Sqr(5);
```

则宏展开后为：

```
y=(x)(x)*(x);
```

这是一个错误语句。原因是在#define 中的 Sqr 和(x)之间有一个空格，Sqr 被定义成一个符号常量，即定义宏名为 Sqr，宏体为(x) (x)*(x)，因此才导致这一错误语句。

② 在宏展开后容易引起误解的表达式，在宏定义时，应将表达式用圆括号括起来。例如：

```
#define S(a,b) a+b
```

若程序中有语句：

```
v=S(2,3)*5;
```

则该语句展开后为：

```
v=2+3*5;
```

所以，原来的先计算 2+3，则变成了先计算 3*5。如果将宏定义中的表达式用圆括号括起来，即改为：

```
#define S(a,b) (a+b)
```

就不会出现这种问题。也可以给实参加圆括号来解决这种问题。

③ 宏定义命令若一行写不下时，需用“\”表示下一行继续。例如：

```
#define PRT(a,b) printf("%d\t%d\n",\
(a)>(b)?(a):(b),(a)>(b)?(b):(a))
```

3．解除宏定义

宏定义命令#define 出现在程序中函数的外面，一般放在程序的开头，宏名的有效范围为定义命令之后到本源文件结束。如果想把宏定义的作用域限制在某一个范围内，可以用#undef命令来解除已有的宏定义。

（1）解除宏定义命令的一般形式：

```
#undef 宏名
```

其中，宏名必须是此前已经定义过的。其功能是解除前面定义过的宏，终止其作用域，使之不再起作用。例如：

```
#define TOP 0
#define BUTTON(n)  (n-1)
…
#undef TOP
#undef BUTTON
```

这就使宏TOP和BUTTON(n)只在#undef之前有效，在#undef之后不能再使用这两个宏。

将#define和#undef配合使用就可以将宏的作用域限定在二者之间的区域内，也可称为局部宏定义。

（2）#undef的另一个作用是重新进行宏定义。在C语言中宏不能重复定义，即程序中不能定义同名的宏。例如，在程序开头SIZE是128，到程序中的某一个地方需要定义SIZE的值是256。要对SIZE定义新值就必须先用#undef SIZE命令解除原来的定义，即：

```
#define SIZE 128
…
#undef SIZE
#define SIZE 256
```

实际应用时，由多个源文件组成的程序，在不同的源文件中可能会出现同一个宏名被定义为不同的内容。若将这些源文件合并在一起时，就会出现重复宏定义的错误。为了解决这一问题，可以在每个源程序文件的末尾将使用过的宏定义均用#undef命令解除。

6.7.2 文件包含

文件包含是指一个源程序文件将另一个文件全部包含进来，它是由C语言预编译命令#include来实现的。其一般形式为：

```
#include <文件名>
```

或

```
#include "文件名"
```

其中，文件名是指被包含的文件名称。被包含文件可以是存在于系统中的标题文件，即头文件中，也可以存在于用户编制的程序文件中。作为头文件常以“.h”为文件扩展名。例如：

```
#include <stdio.h>
```

是常用的一个文件包含处理。其作用是将包含标准输入/输出函数的头文件stdio.h嵌入该预处理命令处，使它成为源程序的一部分。

（1）在文件包含预处理命令中，文件名可以用一对尖括号< >括起来，也可以用双引号""括起来，差别在于指示编译系统使用不同的方式搜索被包含文件。

① 当使用尖括号时，其意义是指编译系统在系统设定的标准目录中搜索被包含的文件。例如：

```
#include <math.h>
```

在预编译时，编译系统只在系统设定的标准子目录 include 中查找文件 math.h。如果在标准子目录中不存在指定的文件，编译系统会发出错误信息，并停止编译过程。

② 当用双引号括住被包含文件且文件名中无路径时，编译系统首先在源程序所在的目录中查找，如果没有，再到系统设定的标准子目录中查找。例如，将上例中的尖括号改成双引号：

```
#include "math.h"
```

编译系统就先在当前子目录中查找，如果找不到，再到标准子目录 include 中查找。

③ 实际上，在用双引号括住被包含文件的文件名时，文件名前可以指定文件的路径。例如：

```
#include "c:\user\user.h"
```

编译系统将在 C 盘 user 子目录下查找文件 user.h。

（2）在编译预处理时，文件包含命令行将被所包含进来的文件内容所替换，成为源程序文件内容的一部分，与其他源程序代码一起参加编译。

【例 6-31】 用带参数宏定义实现计算圆的周长和面积、球的表面积和体积的源程序。

```
#include<stdio.h>
#define PI 3.1415926
#define Circle(r) 2*PI*(r)
#define Area(r) PI*(r)*(r)
#define Surface(r) Area(r)*4
#define Volume(r) Surface(r)*(r)/3
void main()
{  float r;
   printf("\nInput r:");
   scanf ("%f",&r);
   printf ("Circle=%.2f\n",Circle(r));
   printf ("Area=%.2f\n",Area(r));
   printf ("Surface=%.2f\n",Surface(r));
   printf ("Volume=%.2f\n",Volume(r));
}
```

这是一个用带参数宏定义实现的计算圆的周长和面积、球的表面积和体积的源程序。如果我们将程序中的宏定义部分单独存放在文件 circle.c 中，并将该文件保存在

C:\TC\INCLUDE 子目录下，只要在主程序中将 circle.c 包含进来，就可以直接调用这些宏来计算。这样，源程序就可以改为：

```
#include<stdio.h>
#include<circle.c>
 void main()
{  float r;
  printf("\nInput r:");
  scanf("%f",&r);
  printf("Circle=%.2f\n",Circle(r));
  printf("Area=%.2f\n",Area(r));
  printf("Surface=%.2f\n",Surface(r));
  printf("Volume=%.2f\n",Volume(r));
}
```

其中，circle.c 文件的内容为：

```
#define PI 3.1415926
#define Circle(r) 2*PI*(r)
#define Area(r) PI*(r)*(r)
#define Surface(r) Area(r)*4
#define Volume(r) Surface(r)*(r)/3
```

实际上通过编译预处理后，这两个源程序是完全相同的。其执行过程如下（↙表示回车）：

```
Input r:8↙
Circle=50.27
Area=201.06
Surface=804.25
Volume=2144.66
```

（3）一个#include 命令只能指定一个被包含的文件。若要包含多个文件，必须使用相应多个#include 命令。例如，在一个 C 源程序中既要使用标准 I/O 函数，又要调用标准数学库函数和基本绘图函数，就必须在文件开头用以下包含命令：

```
#include<stdio.h>
#include<math.h>
#include<graphics.h>
```

（4）文件包含可以嵌套，即被包含文件中还可以再包含另外的被包含文件。例如，源文件 file.c 中有文件包含命令#include < file1.h >，而文件 file1.h 又包含了文件 file2.h，如图 6-3 所示。相当于在文件 file.c 中有下列文件包含命令：

```
#include<file2.h>
#include<file1.h>
```

file.c	file1.h	file2.h
#include < file1.h >	#include < file2.h >	（不包含#include 命令）

图 6-3　文件包含图示

6.7.3　条件编译

所谓条件编译就是对源程序中的必要部分进行编译，产生目标代码，而对其余部分不进行编译，也不产生目标代码。在编译预处理时，根据给定的条件确定编译哪一段程序，可使程序实现不同的功能或支持不同的运行环境。

1．第一种形式

```
#ifdef 标识符
    程序段 1
#else
    程序段 2
#endif
```

其作用是若标识符已被#define 定义过，则在程序编译时只编译“程序段 1”，否则只编译“程序段 2”。其中可以没有#else 部分，即：

```
#ifdef 标识符
    程序段 1
#endif
```

这里的“程序段 1”可以是语句组，也可以是预处理命令行。例如，假设一个程序可使用英文和中文两种信息，每一种信息接口存于一个头文件中，可以采用条件编译确定使用哪一种信息：

```
#define CHINESE 1
#ifdef CHINESE
  #include "chinese.h"
#else
  #include "english.h"
#endif
```

由于标识符 CHINESE 被定义，所以该程序将包含 chinese.h 头文件。需要说明的是，只要在条件编译命令之前有以下命令行：

```
#define CHINESE  1
```

无论宏名对应的值是什么都无关要紧。

2．第二种形式

```
#ifndef 标识符
    程序段 1
#else
```

```
    程序段 2
#endif
```

这种形式和第一种形式的不同只是将“ifdef”改为“ifndef”，即将“如果定义”改为“如果没有定义”。作用恰好与第一种形式相反，即如果标识符没有被定义则编译“程序段1”否则编译“程序段2”。

例如，在调试程序的时候，经常要输出一些变量的值，以跟踪程序的运行，而当程序正式交付运行时又不输出这些变量的值。这时，可以在源程序中插入以下条件编译段：

```
#ifndef RUN
   printf("i=%d,x=%f,y=%f",i,x,y);
#endif
```

在程序还没有交付正式运行时，尚属于调试阶段，RUN没有被定义，则输出变量i、x、y的值。当程序交付正式运行时，在源程序前加入以下命令行：

```
#define RUN
```

则不再输出i、x、y的值。

3．第三种形式

```
#if 表达式
    程序段 1
#else
    程序段 2
#endif
```

其作用是若指定表达式的值为真（非零），则“程序段1”参加编译，否则“程序段2”参加编译。

这种格式提供了条件编译的更一般的方法。与前两种的区别是该格式是以表达式的值而不是标识符作为编译的条件。

【例6-32】 根据给定的条件编译，使给定的字符串以小写字母或大写字母形式输出。程序如下：

```
#include<stdio.h>
#define LETTER 1
void main()
{ int i=0;
  char *str="Turbo C";
  char c;
  while((c=str[i])!='\0')
  {  i++;
     #if LETTER
         if(c>='a'&&c<='z')
           c-=32;
     #else
```

```
            if(c>='A'&&c<='Z')
              c+=32;
        #endif;
        printf ("%c",c);
    }
}
```

程序执行结果：

```
TURBO C
```

程序中先定义 LETTER 的值为 1，这样在使用预处理条件编译命令时，LETTER 为真，则对程序段：

```
if(c>='a'&&c<='z')
    c-=32;
```

进行编译，运行时使小写字母变为大写字母。如将 LETTER 定义为 0，只编译另一条 if 语句，即程序段：

```
if(c>='A'&&c<='Z')
    c+=32;
```

运行程序时，将字符串中的大写字母全部变为小写字母。输出结果将变为：

```
turbo c
```

其实，使用条件编译的目的是减少目标程序的长度和运行时间，而不损失程序的功能和通用性。

习　题　6

一、选择题

1．以下叙述不正确的是________。

　A．一个 C 源程序可由一个或多个函数组成

　B．一个 C 源程序必须包含一个 main()函数

　C．C 程序的基本组成单位是函数

　D．C 程序中的注释说明只能位于一条语句的后面

2．以下关于 C 语言函数参数的说法不正确的是________。

　A．实参可以是常量、变量或表达式　B．形参可以是常量、变量或表达式

　C．实参可以为任意类型　D．形参应与其对应的实参类型一致

3．C 语言规定，简单变量做实参时，它和对应形参之间的数据传递方式是________。

　A．地址传递　B．由实参传给形参再由形参传回给实参

　C．单向值传递　D．由用户指定传递方式

4．C 语言允许函数值类型缺省定义，此时该函数值隐含的类型是________。

A．float 型　　　B．int 型　　　C．long 型　　　D．double 型

5．C 语言规定，函数返回值的类型是由________。

A．return 语句中的表达式类型所决定

B．调用该函数时的主调函数类型所决定

C．调用该函数时系统临时决定

D．定义函数时所指定的函数类型所决定

6．在 C 语言程序中，以下正确的描述是________。

A．函数可以嵌套定义，但不可以嵌套调用

B．函数的定义和调用均可以嵌套

C．函数不可以嵌套定义，但可以嵌套调用

D．函数的定义和调用均不可以嵌套

7．若用数组名作为函数调用的实参，传递给形参的是________。

A．数组的首地址　　　B．数组第一个元素的值

C．数组中全部元素的值　　　D．数组元素的个数

8．如果在一个函数中的复合语句中定义了一个变量，以下关于该变量正确的说法是________。

A．只在该复合语句中有效　　　B．在该函数中有效

C．在本程序范围内均有效　　　D．为非法变量

9．以下不正确的说法为________。

A．在不同函数中可以使用相同名字的变量

B．形式参数是局部变量

C．在函数内定义的变量只在本函数范围内有效

D．在函数内的复合语句中定义的变量在本函数范围内有效

10．以下程序的正确运行结果是________。

```
#include<stdio.h>
void main()
{ int k=4,m=1,p;
  p=func(k,m);printf("%d,",p);
  p=func(k,m);printf("%d\n",p);
}
int func(int a,int b)
{ static int m=0,i=2;
  i+=m+1;
  m=i+a+b;
  return(m);
}
```

A．8,17　　　B．8,16　　　C．8,20　　　D．8,8

11．在“文件包含”预处理语句的使用形式中，当#include 后面的文件名用<>（尖括号）括起时，寻找被包含的文件的方式是________。

A．仅仅搜索当前目录

B．先在源程序所在目录搜索，再按系统设定的标准方式搜索

C．直接按系统设定的标准方式搜索目录

D．仅仅搜索源程序所在目录

12．以下程序的正确运行结果是________。

```
#include<stdio.h>
int  d=1;
void fun(int p)
{ int  d=5;
   d+=p++;
   printf("%d",d);
}
void main()
{ int a=3;
   fun(a);
   d+=a++;
   printf("%d\n",d);
}
```

A．84　　B．99　　C．95　　D．44

13．若有以下调用语句，则不正确的 fun()函数的首部是________。

```
main()
{ …
  int a[50],n;
  …
  fun(n,&a[9]);
  …
}
```

A．void fun(int m,int x[ ])　　B．void fun(int s,int h[41])

C．void fun(int p,int *s)　　D．void fun(int n,int a)

14．下面的程序执行后输出的结果是________。

```
#include<stdio.h>
int f(int a)
{ int b=0;
   static int c=3;
   b++;c++;
   return(a+b+c);
}
void main()
{ int a=2,i;
  for(i=0;i<3;i++) printf("%d",f(a));
```

```
}
```

A. 7　8　9　　B. 7　9　11　　C. 7　10　13　　D. 7　7　7

15. 以下程序执行后的输出结果是________。

```
#include<stdio.h>
int a, b;
void fun()
{ a=100;b=200; }
void main()
{ int a=5,b=7;
  fun();
  printf("%d,%d \n", a,b);
}
```

A. 100,200　　B. 5,7　　C. 200,100　　D. 7,5

16. 下列不属于编译预处理的是________。

A. 包含文件　　B. 条件编译　　C. 宏定义　　D. 连接

17. 下列语句中正确的是________。

A. #define MYNAME="ABC"　　B. #include string.h

C. for(i=0;i<10;i++);　　D. #include <stdio.h>

18. 下列语句中错误的是________。

A. #define PI＝3.1415926　　B. #include "math.h"

C. if(2);　　D. for(;;)if(1)break;

19. 设有以下宏定义，则执行语句 z=2*(N+Y(5+1));后，z 的值为________。

```
#define N  3
#define Y(n)  ((N+1)*n)
```

A. 出错　　B. 42　　C. 48　　D. 54

20. 以下程序中的 for 循环执行的次数是________。

```
#include<stdio.h>
#define  N  2
#define  M  N+1
#define  NUM  (M+1)*M/2
void main()
{  int  i,n=0;
  for(i=1;i<=NUM;i++)
  printf("\n");
}
```

A. 5　　B. 6　　C. 8　　D. 9

二、填空题

1. C 语言中的函数，从能否可以返回值上可分为________函数和________函数。

2. 定义函数时，在函数头中除有函数名称外，还应有________、________和________等信息。

3. 必须对函数________才能确立函数可实现的功能，只有对函数________才能实现函数的功能。

4. C 语言中，函数的调用有________、________和________三种方式。

5. C 语言中，每个变量都有作用域和生存期，变量的作用域是________，变量的生存期是________。

6. 对函数或变量的________是告诉系统此程序段要用到在其后面才定义的函数或变量，使函数或变量的作用域得以扩展。

7. C 语言中，变量的存储类型有________种，存储方式有________种。

8. 以下程序的输出结果是________。

```
#include<stdio.h>
void fun()
{ static int a=0;
  a+=2;
  printf("%d",a);
}
void main()
{ int cc;
  for(cc=1;cc<4;cc++) fun();
  printf("\n");
}
```

9. 以下程序的运行结果是________。

```
#include<stdio.h>
void main()
{ void increment();
  increment();
  increment();
  increment();
}
void increment()
{ int x=0;
  x+=1;
  printf("%d",x);
}
```

10. 以下程序执行后输出的结果是________。

```
#include<stdio.h>
int f(int a)
{ int b=0;
  static int c=3;
```

```
  a=c++,b++;
  return(a);
}
void main()
{ int a=2,i,k;
  for(i=0;i<2;i++)
  k=f(a++);
  printf("%d\n",k);
}
```

11．以下程序执行后输出的结果是________。

```
#include<stdio.h>
long fib(int n)
{ if(n>2) return(fib(n-1)+fib(n-2));
  else return(2);
}
void main()
{ printf("%d\n",fib(3)); }
```

12．以下程序执行后输出的结果是________。

```
#include<stdio.h>
long sum(register int x,int n)
{ long s;
  int i;
  register int t;
  t=s=x;
  for(i=2;i<=n;i++)
     { t*=x;
        s+=t; }
   return(s);
}
void main()
{ int x=2, n=3;
  printf("s=%ld\n",sum(x, n));
}
```

13．设有定义#define F(N) 2*N，则表达式 F(2+3)的值是________。
14．下面程序的执行结果是________。

```
#include<stdio.h>
int fx(int x,int y)
{ int s;
  s=(x++)+(++y);
  return s;
}
```

```
void main()
{ int a,b,k;
  a=5;b=6;
  k=fx(a,b);
  printf("%d  %d  %d\n",a,b,k);
}
```

15. 下面程序 for 循环执行________次，程序的运行结果是________。

```
#include<stdio.h>
#define M 3
#define FMN M+M
void main()
{ int i,n=0;
  for(i=0;i<FMN;i++)
  {n++;printf("%d",n);}
}
```

16. 下面程序的执行结果是________。

```
#include<stdio.h>
#define  SR(x)  x*x
void main()
{ int a,m=5,n=2;
  a=SR(m-n)/SR(m+n);
  printf("%d\n",a);
}
```

17. 设数组 a 有 50 个元素，函数 fun1()的功能是按顺序分别给数组 a 中的元素赋以从 2 开始的偶数值，函数 fun2()则按顺序每 5 个元素求一个平均值，并将求得的值放在数组 s 中。请填空，完成该程序。

```
#include<stdio.h>
#define N 50
void fun1(float a[])
{ int k,i;
  for (i=0,k=2;i<N;i++)
  {a[i]=_______;k+=2; }
}
void fun2(float a[],float s[])
{ float sum=0;
  int i,k;
  for(i=0,k=0;i<N;i++)
    { sum+=a[i];
      if((i+1)%5==0)
      { s[k]=sum/5;k++;___________; }
    }
```

```
}
void main()
{  float a[N],s[N/5];
   int i;
   fun1(a);
   fun2(a,s);
   for(i=0;i<N;i++)
     printf("%5.1f ",a[i]);
   printf("\n");
   for(i=0;i<N/5;i++)
     printf("%5.1f ",s[i]);
}
```

18．下面程序的运行结果是________。

```
#include<stdio.h>
#include<string.h>
void main()
{ int k=0;
  char  s1[10]="abc",s2[10]="xyz";
  strcat(s1,s2);
  while(s1[k++]!='\0')
     s2[k]=s1[k];
  puts(s2);
}
```

19．下面程序经宏展开后，程序运行结果是________。

```
#include<stdio.h>
#define PR printf("sum=%d\n",sum)
#define ADD sum+=i
void main()
{ int i,sum=0;
  for(i=10;i<20;i++)
     ADD;
  PR;
}
```

20．下面程序的运行结果是________。

```
#include<stdio.h>
#define N 10
#define s(x) x*x
#define f(x) (x*x)
void main()
{ int m,n;
   m=1000/s(N);
```

```
    n=1000/f(N);
    printf("%d %d\n",m,n);
}
```


三、程序设计题

1．编写一个函数，求解一元二次方程的根，要求一元二次方程的系数用参数传递。

2．编写一个函数，判断某年是否为闰年。

3．编写一个函数，判断某正整数是否为素数。

4．编写一个函数，求两个正整数的最大公约数和最小公倍数。

5．编写一个函数，倒置一个一维数组。

6．编写一个函数，用某种排序方法对一个一维数组进行排序。

7．用递归法将一个正整数转换成字符串。正整数的位数不确定。

8．编写一个函数 mystrcmp()，实现字符串的比较。

9．编写一个函数 mystrcpy()，实现字符串的复制。

10．编写一个主函数，调用上两题中编写好的函数 mystrcmp()和 mystrcpy()，实现字符串的比较和复制。

11．编写程序，输入两个整数，求它们相除的余数，用带参数的宏来实现。

12．定义一个宏，求一元二次方程根的判别式的值。

13．编写计算球体体积程序，用宏定义方式说明圆周率 PI 以及计算球体体积的公式 $4.0/3*PI*R^3$，其中 R 为半径。

14．分别用函数和带参数的宏，求三个数的最大值。

15．定义一个带参数的宏，使两个参数的值互换。编写程序，利用带参数的宏交换两个数。

第7章 指 针

指针是C语言中的一个重要的概念，也是C语言的一个重要特色，它在C语言中被广泛使用，它和数组、字符串、函数间数据的传递等有着密不可分的联系。在某些场合，指针是使运算得以进行的唯一途径；同时指针的运用可以使得程序代码更简洁、效率更高。但是，若对指针的概念不清，以至滥用，可能产生难以发现的程序故障。

本章首先给出指针的概念，然后分别讲述变量的指针、数组的指针、函数的指针、指针数组、字符指针及指针的指针等，并结合相关的程序设计与实现予以介绍。

7.1 内存数据的指针与指针变量

过去，我们在编程中定义或说明变量，编译系统就为已定义的变量分配相应的内存单元。也就是说，每个变量在内存中会有固定的位置，有具体的地址。由于变量的数据类型不同，它所占的内存单元数也不相同。若在程序中定义：

```
int a=1,b=2;
float x=3.4,y=4.5;
double m=3.124;
char ch1='a',ch2='b';
```

先看一下编译系统是怎样为变量分配内存的。变量a、b是整型变量，在内存各占两个字节；x、y是实型，各占四个字节；m是双精度实型，占八个字节；ch1、ch2是字符型，各占一个字节。由于计算机内存是按字节编址的，设变量的存放从内存2000单元开始存放，则编译系统对变量在内存的安放情况如图7-1所示。

变量在内存中按照数据类型的不同，占内存的大小也不同，都有具体的内存单元地址，如变量a在内存的地址是2000，占据两个字节后，变量b的内存地址就为2002，变量m的内存地址为2012等。对内存中变量的访问，过去用scanf("%d%d%f",&a,&b,&x)表示将数据输入变量的地址所指示的内存单元。那么，访问变量，首先应找到其在内存的地址，或者说，一个地址唯一指向一个内存变量，我们称这个地址为变量的指针。如果将变量的地址保存在内存的特定区域，用变量来存放这些地址，这样的变量就是指针变量，通过指针对所指向变量的访问，也就是一种对变量的“间接访问”。

设一组指针变量pa、pb、px、py、pm、pch1、pch2，分别指向上述的变量a、b、x、y、m、ch1、ch2，指针变量也同样被存放在内存，二者的关系如图7-2所示。

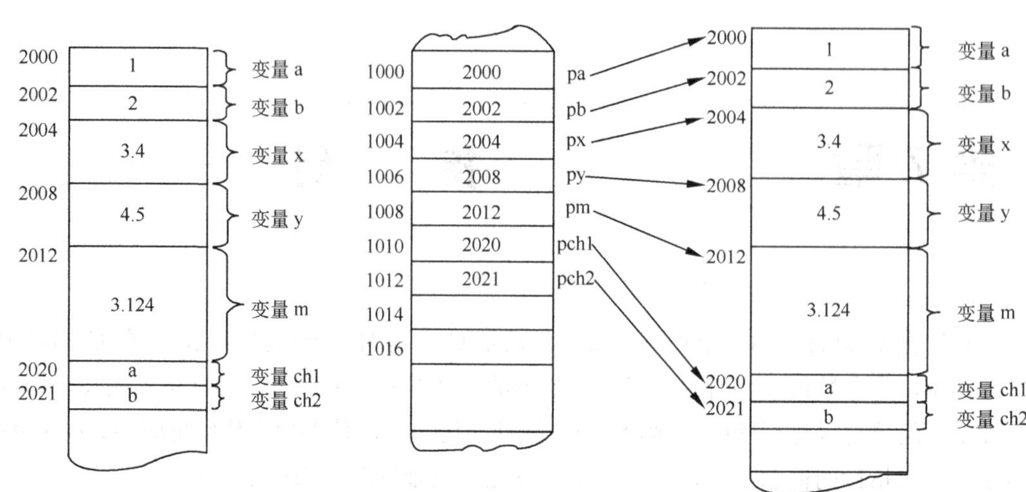

图 7-1　不同数据类型的变量在内存中的关系　　　图 7-2　指针变量与变量在内存中的关系

在图 7-2 中，左部所示的内存存放了指针变量的值，该值给出的是所指变量的地址，通过该地址，就可以对右部描述的变量进行访问。如指针变量 pa 的值为 2000，是变量 a 在内存的地址。因此，pa 就指向变量 a。变量的地址就是指针，存放指针的变量就是指针变量。

需要说明的是，指针类型是所有类型的指针的总称，指针的类型是指针所指对象的数据类型。例如，pa 是指向整型变量的指针，简称整型指针。除各种基本类型的指针外，允许定义指向数组的指针、指向函数的指针、指向结构体和共用体的指针以及指向各类指针的指针。在 C 语言中只有指针变量被允许用来存放地址的值，其他类型的变量只能存放该类型的数据。

7.2　指针变量的定义及指针运算

7.2.1　指针变量的定义

变量的指针就是变量的地址，专门用来存放变量地址的变量称为指针变量。C 语言规定所有变量在使用前必须定义，指针变量也不例外，定义指针变量的一般形式是：

类型标识符　*指针变量名;

这里，类型标识符说明该指针变量用来存放哪一种类型的变量的地址，可以是基本类型，也可以是聚合类型，如结构体类型、数组类型等。指针变量名前的“*”不可少，它表明该变量是指针变量。例如

```
int  i,j,k;
float  x,y;
int  *p1,*p2,*p3;
float  *p4,*p5;
```

以上的说明语句，定义了三个指向整型数据的指针变量和两个指向实型数据的指针变

量（此时，它们并没有指向某一具体变量）。既然指针变量存放的是变量的地址，它的值就不允许用户随意指定，否则就会造成混乱。指针变量的值可以通过取地址运算和地址赋值运算来取得。例如：

```
p1=&i;
p2=&j;
p3=p2;
p4=&x;
p5=p4;
```

此时，我们称指针变量 p1 指向变量 i，指针变量 p2 和 p3 同时指向变量 j，指针变量 p4 和 p5 同时指向变量 x。但是语句

```
p2=&y;
p5=p1;
p3=2800;
```

都是错误的。因为指针变量只能指向与其同一个类型的变量，只能把指针（地址）赋给指针变量。

同普通变量一样，指针变量的赋初值也可在定义时进行。例如：

```
int num=5,*prt;
prt=&num;
```

与

```
int num=5,*prt=&num;
```

是等效的。

7.2.2 指针变量的运算

1．&和*运算

（1）& 取地址运算符。

（2）* 取值运算符。

&和*运算是同级运算，与其他单目运算的优先级相同，结合性是“从右至左”，运算级别低于( )、[ ]、.等运算，高于算术、位移、关系、赋值、逻辑运算中的二目运算。

2．++和– –运算

指针变量的++和– –运算与指针变量的类型有关。确切地说，与指针变量的类型所占用的存储字节数有关。假如指向变量的指针变量 pointer 的值是 4000，若 pointer 指向的是整型变量 a，则执行 pointer++和 pointer– –后，pointer 的值分别是 4002 和 3998；若 pointer 指向的是实型变量，则执行 pointer++和 pointer– –后，pointer 的值分别是 4004 和 3996。但是，需要注意，变化后指针变量所指单元可能没有值，也可能不是所期望的值，这一点应引起重视。

3．指针的比较运算

同类型的指针变量可以做比较运算和差运算，但不能做加运算。

设指针变量 pointer 指向的是变量 a，以下给出一些指针运算的结论：

- *&a 与 a 等价。
- &*pointer 与 pointer 等价。
- (*pointer)++与 a++等价。
- *(pointer++)即*pointer++的结果是 a 的值，但 pointer 已不再指向变量 a。
- *pointer+1 与 a+1 等价。

【例 7-1】 指针运算的例子。

```
#include<stdio.h>
void main()
{
   int a=10,b=30,*p1=&a,*p2=&b;
   printf("%d  %d  %d  %d  %o  %o  %o  %o\n",a,b,*p1,*p2,p1,p2,&p1,&p2);
   a++;(*p2)++;
   printf("%d  %d  %d  %d  %o  %o  %o  %o\n",a,b,*p1,*p2,p1,p2,&p1,&p2);
   *p1++;*p2--;
   printf("%d  %d  %d  %d  %o  %o  %o  %o\n",a,b,*p1,*p2,p1,p2,&p1,&p2);
   a=123;*p2=99;b=88;
   printf("%d  %d  %d  %d  %o  %o  %o  %o\n",a,b,*p1,*p2,p1,p2,&p1,&p2);
   p1++;p2++;
   printf("%d  %d  %d  %d  %o  %o  %o  %o\n",a,b,*p1,*p2,p1,p2,&p1,&p2);
   printf("%d  %d\n",p1-p2,p2-p1);
}
```

程序执行结果：

```
10   30   10   30   177712   177714   177716   177720
11   31   11   31   177712   177714   177716   177720
11   31   31   11   177714   177712   177716   177720
99   88   88   99   177714   177712   177716   177720
99   88  -50   88   177716   177714   177716   177720
1   -1
```

执行结果中第 1 行的前四个值说明 a 与*p1 等价，b 与*p2 等价，后四个值分别是用八进制输出的变量 a、b、p1、p2 的地址，但需说明的是在不同的环境下这些值未必就是上述值。第 2 行说明执行(*p2)++与 b++是等价的。第 3 行说明执行*p1++和*p2--后，a、b 的值不变，p1++的结果正好是原 p2 的值（177714），p2--的结果正好是原 p1 的值（177712），即 p1 指向 b，p2 指向 a。第 4 行说明执行*p2=99 等价于 a=99，因为此时 p2 是指向 a 的，b=88 存储在 177714 单元。第 5 行说明执行 p1++和 p2++后，p1 和 p2 的值分别为 177716 和 177714，此时 p2 又指向 b， p1 指向的 177716 单元的值无意义。第 6 行输出的不是 2 和–2，而是 1 和–1，说明 p1 指向 p2 的下一个存储单元，此时意义不大。后面将会看到，当两个指针指向同一数组的元素时，指针的差才有意义。我们还可以看到，变量 a、b、p1、p2 的地址是始终不变的。

7.2.3 指针变量作为函数的参数

指针变量既可以作为函数的形参，也可以作函数的实参。

指针变量作实参时，与普通变量一样，也是采用“值传递”的方式，即：将指针变量的值（只不过值是一个地址）传递给被调用的形参（必须是一个指针变量）。

指针变量作为函数的参数时，被调用函数不能改变实参指针变量的值，但可以改变实参指针变量所指向的变量的值。

【例 7-2】 编写程序，完成一个学生两门课程成绩的输入和输出。要求用两个函数 input()和 output()分别实现成绩的输入和输出。

分析：

（1）假定两门课程成绩存放在变量 math 和 english 中，在 main()函数中定义如下：

```
int math, english;
```

（2）这两门课程成绩的输入要求在函数 input()中完成，而输出又要在函数 output()中进行，所以，调用完 input ()函数后必须将两门课程成绩返回到主函数，再以参数的形式传递给 output ()函数。

（3）由此，根据分析发现：input() 函数必须以指针变量作为函数参数，以便能修改主函数中变量 math 和 english 的值；而在 output ()函数中只需要引用变量 math 和 english 的值，不需要修改，所以以一般的整型类型作为参数就可以了。

源程序：

```
#include<stdio.h>
void input(int *,int *);
void output(int,int);
void main()
{
  int math, english;
  input (&math, &english);
  output( math, english );
}
void input(int *p_math, int *p_english)
{
  int m, e;
  printf(" 请输入两门课程的成绩 (math,english) :  ");
  scanf("%d,%d",&m,&e);
  *p_math=m;
  *p_english=e;
}
void output(int math, int english)
{
printf("math=%d, english=%d\n", math, english );
}
```

程序运行结果：

```
请输入两门课程的成绩 (math,english) :  80, 90 ↙
math=80, english=90
```

【例 7-3】 编写程序，输入 a 和 b 两个整数，处理后使 a 中存放两者较小的那一个，b 中存放两者较大的那一个，最后按 a、b 的顺序输出。

分析：

（1）题目要求处理完后，a 中总是放小的那一个，而 b 中总是放大的那一个。如当输入 5 和 9 时（a=5，b=9），正好满足要求，而当输入 9 和 5 时（a=9，b=5），则需要交换它们的值。

（2）我们用函数 swap()来实现交换两个整数的值，两个整数以参数的形式由 main()函数传递给 swap()函数。因为交换完以后还要把值返回给 main()函数，所以，以指针变量作为 swap()函数的参数。

源程序：

```
#include<stdio.h>
void swap(int *,int *);
void swap(int *p1,int *p2)
{
   int temp;
   temp=*p1;
   *p1=*p2;
   *p2=temp;
}
void main()
{
   int a, b;
   printf(" 请输入两个整数 (a,b ) :  ");
   scanf("%d,%d",&a,&b);
   if(a>b)
   swap(&a,&b);
   printf("a=%d,b=%d\n",a,b);
}
```

程序运行情况：

```
请输入两个整数 (a,b):10,8 ↙
```

程序的输出是什么？请读者自行分析。

若有如下输入：

```
请输入两个整数 (a,b):12,18 ↙
```

程序的输出又是什么？请读者自行分析。

【例 7-4】 输入 a、b、c 三个整数，按由大到小的顺序输出。

```
#include<stdio.h>
void swap(int *pt1,int *pt2)
{
   int temp;
   temp=*pt1;
   *pt1=*pt2;
   *pt2=temp;
   }
void exchange(int *q1,int *q2,int *q3)
{
   if(*q1<*q2) swap(q1,q2);
   if(*q1<*q3) swap(q1,q3);
   if(*q2<*q3) swap(q2,q3);
}
void main()
{
   int a,b,c,*p1,*p2,*p3;
   printf("input a,b,c=");
   scanf("%d,%d,%d",&a,&b,&c);
   p1=&a;p2=&b;p3=&c;
   exchange(p1,p2,p3);
   printf("%d,%d,%d\n",a,b,c);
}
```

程序执行结果：

```
input a,b,c=1,2,3
3,2,1
```

7.3　数组元素的指针与数组的指针

数组是由若干同类型的数据元素组成的聚合类型，在内存中占用一段连续的存储单元。指针变量既然可以指向变量，当然也可以指向数组元素。所谓数组元素的指针就是数组元素的地址，数组的指针就是数组的首地址，它也是数组的第1个元素的地址。引入指针后，对数组元素的引用即可以用下标法，也可以用指针法，即通过指向数组元素的指针找到所需的元素。使用指针法访问数组元素能使目标程序占内存少且运行速度快。

7.3.1　数组元素的指针

前面的章节中曾经讲过，数组元素就相当于一个变量。因此，&操作符和*操作符同样适用于数组的元素。下面的例子利用指针变量存取数组的一个元素：

```
#include<stdio.h>
void main()
{
```

```
    int a[3]={1,2,3},*p;
    p=&a[2];
    printf("*p=%d",*p);
}
```

程序运行结果为：

```
*p=3
```

这个例子中，指针变量 p 存放的是数组元素 a[2]的地址，因此用*操作符取其对应的内存内容时，得到整数 3。

在数组一章中曾经讲过，数组是一种数据单元的序列，数组元素类型都相同，每个数组元素所占用的内存单元字节数也相同。而且特别重要的是，数组元素所占用的内存单元都是连续的。请看下面的例子。

【例 7-5】 输出一个数组的内存地址。

```
#include<stdio.h>
void main()
{
    float f[5]={1,2,3,4,5};
    int i;
    for(i=0;i<5;i++)
    printf("\nDS:%X,f[%d]=%f",&f[i],i,f[i]);      /*%X: 以 16 进制输出*/
}
```

程序结果输出（不同环境下运行，f 的内存地址可能不同）：

```
DS: FFC2,f[0]=1.000000
DS: FFC6,f[1]=2.000000
DS: FFCA,f[2]=3.000000
DS: FFCE,f[3]=4.000000
DS: FFD2,f[4]=5.000000
```

程序输出了每个数组元素的指针（即该数组元素的内存地址），以及每个数组元素的值（即该数组元素内存单元的内容）。从输出结果可以看到，每个数组元素都是 float 型的，占用四个字节。例如，f[0]占用从 FFC2 开始的四个字节，即 FFC2、FFC3、FFC4 和 FFC5。数组元素指针的偏移量也是四个字节，如 FFC6–FFC2=4， FFCA–FFC6=4，等等。数组 f 共五个元素，共占用 4*5=20 个字节，这些内存单元从 FFC2 开始，到 FFD6 结束。这也说明了数组在内存中是连续存放的单元序列。如图 7-3 所示。

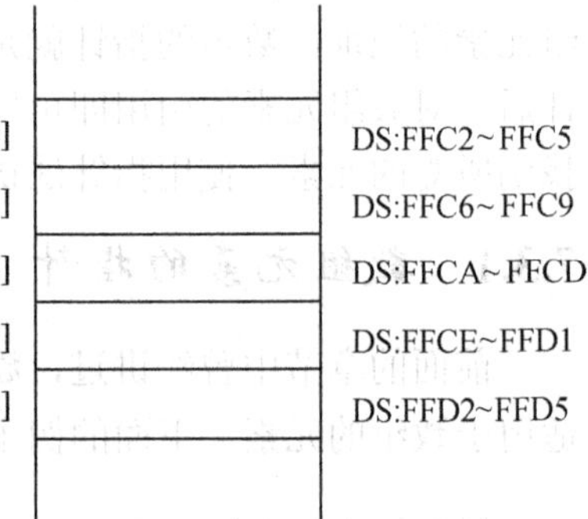

图 7-3　数组元素的地址

需要指出的是，数组 f 是一个局部变量。程序运行到 main()函数后，系统动态为 f 分配内存，上述程序在不同环境下运行时，输出的数组元素地址可能有所不同。但是，数组元素内存地址的偏移量一定是相同的，相邻元素间地址的差值都是 4。

用指向数组元素的指针变量访问数组元素可以提高程序的效率。设有语句

```
int a[20],*p=&a[0];
```

则

（1）p+i 和 a+i 都表示 a[i]的地址，即它们都指向数组元素 a[i]。

（2）*(p+i)和*(a+i)都是 p+i 或 a+i 所指向的数组元素 a[i]。事实上，编译程序将数组元素 a[i]处理成*(a+i)，即按数组首元素的地址加上相对偏移量得到要找的元素的地址，然后找出该单元中的内容。这也是 C 语言把数组的最小下标规定为 0 的原因。在运算符表中，下标运算符[ ]实际上是变址运算符，即将 a[i]按 a+i 计算地址，然后找出此地址单元中的值。

（3）指向数组的指针变量也可以带下标，如 p[i]与*(p+i)等价。

（4）虽然 p 和 a 都是指针，但 p 的值可变，而 a 的值不可变，即 p 可指向任一数组元素，而 a 始终指向数组元素 a[0]。如 p++是合法的，而 a++是非法的。

根据以上叙述，引用一个数组元素，可以用下标法（如 a[i]形式）和指针法（如*(a+i)或*(p+i)）。

【例 7-6】 引用一个数组元素的例子。

```
#include<stdio.h>
void main()
{
    int  a[10],i, *p;
    for(i=0;i<10;i++)
      scanf("%d",&a[i]);
    printf("\n");
    for(i=0;i<10;i++)
      printf("%d",a[i]);
    printf("\n");
    for(i=0;i<10;i++)
      printf("%d",*(a+i));
    printf("\n");
    for(p=a;p<(a+10);)
      printf("%d",*p++);
}
```

程序执行时会发现，用三种方式 a[i]、*(a+i)、*p++输出数组元素，结果相同。

7.3.2 数组的指针

C 语言中规定，数组名称是一个常量，代表数组第一个元素（下标为 0）的指针。例如：

【例 7-7】 引用一个数组名的例子。

```
#include<stdio.h>
void main()
{
```

```
  int a[3]={1,2,3},*p;
  p=a;
  printf("\na[0]=%X,a=%X,p=%X ",&a[0],a,p);
  printf("\n*a=%d,*p=%d",*a,*p);
}
```

程序运行的结果为：

```
a[0]=FFD0,a=FFD0,p=FFD0
*a=1,*p=1
```

第一个 printf 语句输出了数组第一个元素 a[0]的指针、a 的值和指针变量 p 的值，这三个指针值是完全相同的。第二个 printf 语句输出了*a 和*p 的值。因为 a 和 p 所指的地址完全相同，所以*a 和*p 的值对应同一块内存单元的内容，也是完全相同的。

提示：数组名称是一个地址常量，它的值为数组首地址，不能试图对其赋值。

用数组名作为函数的参数，实参数组名代表该数组首元素的地址，而形参是用来接收从实参传递过来的数组首元素的地址。因此，形参应该是一个指针类型的量，可以是指针变量也可以是数组名。实际上，C 编译系统就是将形参数组名作为指针变量来处理的。

实参数组和形参数组各元素间并不存在"值传递"，在函数调用时，形参数组并不开辟新的存储单元，而是以实参数组的首地址作为形参数组的首地址，使形参数组和实参数组共享一段存储空间。正是共享的缘故，使得函数中对形参数组元素的改变就是对实参数组元素的改变，函数调用结束后，改变的结果得以保留，可以得到多个改变后的值。

【例 7-8】 编写函数将数组 a 中 n 个整数按相反的顺序存放。

分析：通过本题可以加深对数组的指针、数组元素的指针和数组名作为函数参数的参数传递的理解。

程序如下：

```
#include<stdio.h>
void  invert(int x[],int n)             /*形参 x 是数组名*/
{
  int temp,i,j,m=n/2;
  for(i=0;i<m;i++)
  {
    j=n-1-i;
    temp=x[i];
    x[i]=x[j];
    x[j]=temp;
  }
  return;
}
void main()
{
    int i;
    static int a[10]={1,2,3,4,5,6,7,8,9,10};
```

```
    printf("The original array: \n");
    for(i=0;i<10;i++)
    printf("%d,",a[i]);
    printf("\n");
    invert(a,10);
    printf("The array has been inverted: \n");
    for(i=0;i<10;i++)
    printf("%d, ", a[i]);
    printf("\n");
}
```

程序执行结果：

```
the original array:
1,2,3,4,5,6,7,8,9,10,
the array has been inverted:
10,9,8,7,6,5,4,3,2,1,
```

对 invert()函数作一些改动，形参 x 改成指针变量。改动后的 invert()函数如下：

```
void invert(int *x, int n)             /*形参 x 为指针变量*/
{
  int temp,*p,*i,*j,m=n/2;
  i=x;j=x+n-1;p=x+m;
  for(;i<p;i++,j--)
  {
     temp=*i; *i=*j; *j=temp;
  }
  return;
}
```

主函数对 invert()函数调用时的实参也可使用指针变量，改动后的 main()函数如下：

```
void main()
{
 int i,arr[10],*p=arr;
 printf("The original array:\n")
 for(i=0;i<10;i++,p++)
    scanf("%d",p);
    printf("\n");
    p=arr;                                      /*指针重置为数组 arr 的首地址*/
    invert(p,10);
    printf("the array has been inverted:\n");
    for(p=arr;p<arr+10;p++)
      printf("%d",*p);
    printf("\n");
}
```

至此可以看到，数组名作为函数参数的地址传递有以下四种方法：

（1）实参用数组名，形参用数组名。

（2）实参用数组名，形参用指针变量。

（3）实参用指针变量，形参用数组名。

（4）实参用指针变量，形参用指针变量。

7.3.3 多维数组的指针

数组是 C 语言的一个聚合类型，其元素可以是 C 语言的任何类型，包括数组本身。也就是说，数组可以作为另一个数组的数组元素。这样，多维数组的问题就迎刃而解了。在 C 语言中，数组在实现方法上只有一维的概念，多维数组被看成以另一个数组为元素的数组。

设有一个二维数组的定义为：

```
static int a[2][4]={{1,3,5,7},{2,4,6,8}};
```

表面上看，a 是一个二维数组名，也可以将它看成是一个一维数组名，包含两个数组元素，分别为 a[0]和 a[1]。每个数组元素又包含四个元素。例如，数组 a[0]包含四个元素，分别为：a[0][0]、a[0][1]、a[0][2]和 a[0][3]，数组 a[1]包含四个元素，分别为：a[1][0]、a[1][1]、a[1][2]和 a[1][3]。a[0]和 a[1]虽然没有单独、显式地定义，它们却可以被认为是数组名，是数组在内存中的首地址，这一点与数组名 a 一样，但与 a 的类型不同，也就是数组元素的类型不同。a[0]和 a[1]数组的元素类型为整型数，而 a 数组的元素类型为整型数组。

假设数组 a 在内存中的分配情况如表 7-1 所示。

表 7-1 数组在内存中的分配

数组元素	a[0][0]	a[0][1]	a[0][2]	a[0][3]	a[1][0]	a[1][1]	a[1][2]	a[1][3]
地址	2000	2002	2004	2006	2008	2010	2012	2014
元素值	1	3	5	7	2	4	6	8

可以看到对于数组 a 来说，它所占用的内存空间是连续的。如果将 a 视为一维数组的话，那么它的两个数组元素 a[0]和 a[1]所占用的内存空间也是连续的，此时每个数组元素占用八个内存单元。当然如果将 a 视为二维数组的话，它的八个数组元素所占用的内存空间也是连续的，此时每个数组元素占用两个内存单元。另外，二维数组是按行优先次序存储的。

C 语言程序中数组及其数组元素的表示形式有很多。为了更清楚地说明，可以按上面的定义把二维数组 a 看成是一个两行四列的形式。这样对于二维数组可以认为 a 为首行地址（即第 0 行地址），而 a+1 为第 1 行地址；a[0]为首行首列地址，而 a[0]+1 为第 0 行第 1 列地址。a[1][3]，*(a[1]+3)，*(*(a+1)+3)表示同一个元素，值为 8。具体说明见表 7-2。

要正确区分行地址和列地址，如 a，&a[0]，a+1，&a[1]都是行地址，而 *(a+1)，a[1]，*(a+1)+2 等都是列地址，行地址加 1 指向下一行的首地址，列地址加 1 指向下一个元素的地址。

表 7-2　数组与数组元素地址说明

表示形式	类型	含义	值
a，&a[0]	行地址	第 0 行的地址	2000
*a，a[0]	列地址	第 0 行第 0 列的地址	2000
a+1，&a[1]	行地址	第 1 行的地址	2008
*(a+1)，a[1]	列地址	第 1 行第 0 列的地址	2008
*(a+1)+3, a[1]+3,&a[1][3]	列地址	第 1 行第 3 列的地址	2014
((a+1)+3), *(a[1]+3),a[1][3]	整型	第 1 行第 3 列的元素	8

【例 7-9】 二维数组列指针的使用。

```
#include<stdio.h>
void main()
{
   static int a[3][4]={1,3,5,7,2,4,6,8,10,20,30,40};
   int *p;
   for (p=a[0];p<*a+12;p++)
   {
   if((p-a[0])%4==0)printf("\n");
      printf("%4d",*p);
   }
}
```

程序执行结果：

```
 1   3   5   7
 2   4   6   8
10  20  30  40
```

7.3.4　指向由 m 个元素组成的一维数组的指针变量

既然可以用指针变量来存放列地址，那么同样可以用指针变量来存放行地址。定义存放行地址的指针变量的形式为：

类型名 (*指针名)[数组长度];

约束行指针类型的条件有两个，一是它所指向数组的类型；一是每行的列数。如语句

```
int (*p)[4];
```

说明：p 是一个指针变量，它指向包含四个整型元素的一维数组。注意*p 两侧的括号不可缺少，如果写成*p[4]，由于方括号[ ]运算级别高，则 p 先与[4]结合，是数组，然后再与前面的*结合，*p[4]是指针数组（见 7.6 节）。

*p 有四个元素(*p)[0]、(*p)[1]、(*p)[2]和(*p)[3]，每个元素为整型，也就是 p 所指的对象是有四个整型元素的数组，即 p 是行指针，此时 p 只能指向一个包含四个元素的一维

数组，p 的值就是该一维数组的首地址，p 不能指向一维数组中的第 j 个元素。

如果用 p 指向一个二维数组的行地址，如令

```
p=a;
```

则 p+i 是数组第 i 行的首地址，*(p+i) 是数组第 i 行第 0 列元素的地址，*(p+i)+j 是数组第 i 行第 j 列元素的地址，*(*(p+i)+j) 是数组第 i 行第 j 列元素的值，即 a[i][j]。

【例 7-10】 多维数组的行指针。

```
#include<stdio.h>
void main()
{
   int a[3][4]={1,3,5,7,2,4,6,8,10,20,30,40};
   int i,j,(*p)[4];
   p=a;
   for(i=0;i<3;i++)
   {
      for(j=0;j<4;j++)
           printf("%4d",*(*(p+i)+j));
     printf("\n");
   }
}
```

程序执行结果与例 7.9 相同。

注意：*程序中的表达式*(*(p+i)+j)还可以表示成 p[i][j]或(*(p+i))[j]。*

二维数组的地址也可作为函数参数传递。在用指针变量作形参以接受实参数组名传递来的地址时，有两种方法：

（1）用指向变量的指针变量；

（2）用指向一维数组的指针变量。

【例 7-11】 有一个班，3 个学生，各学 4 门课，计算总平均分数，输出第 n 个学生的成绩，找出有不及格课程的学生并输出他们的 4 门课成绩。

分析：可用一个三行四列的二维数组存储题目给出的数据，设计 average()函数用来求总平均成绩，outdata()函数用来找出并输出第 i 个学生的成绩, search()查找有不及格课程的学生并输出成绩。在 average()函数中使用指向变量的指针变量，在 outdata()函数和 search()函数中使用指向一维数组的指针变量。

程序如下：

```
#include<stdio.h>
float average(float *p,int n)
{
   float *p_end,sum=0,aver;
   p_end=p+n-1;
   for(;p<=p_end;p++)
      sum=sum+(*p);
```

```
    aver=sum/n;
    return aver;
}
void outdata (float(*p)[4],int i)
{
   int j;
   printf("the score of NO.%d are:\n",i+1);
   for(j=0;j<4;j++)
     printf("%7.2f",*(*(p+i)+j));
}
void search(float (*p)[4],int n)
{
   int i,j,flag;
   for(i=0;i<n;i++)
     {
      flag=0;
      for(j=0;j<4;j++)
      if(*(*(p+i)+j)<60) flag=1;
      if(flag==1)
      { printf("\n No. %d is failed,his score are:\n",i+1);
        for(j=0;j<4;j++)
        printf("%7.2f",*(*(p+i)+j));
        printf("\n");
      }
     }
}
void main()
{
   static float score[3][4]={65,67,70,60,80,87,90,81,90,49,97,98};
   float av;
   av=average(*score,12);
   printf("average:%7.2f\n",av);
   outdata(score,2);
   search(score,3);
}
```

程序执行结果：

```
average=77.83
the score of No.3 are:
90.00  49.00  97.00  98.00
No.3 is failed, his score are:
90.00  49.00  97.00  98.00
```

average()函数中形参 p 是指向实型数据的指针变量，与之对应的实参是列指针*score，即 score[0]，实参 12 代表共有 12 个成绩。outdata()函数中形参 p 是指向含有 4 个元素的一维实型数组的指针变量，与之对应的实参是行指针 score，实参 2 代表第 3 个学生。search() 函数中形参 p 也是指向含有 4 个元素的一维实型数组的指针变量，与之对应的实参也是行指针 score，只不过实参 3 代表共有 3 个学生。标志变量 flag 是值得注意的。

7.4 函数的指针和返回指针的函数

作为函数，从它是能完成一定功能的一段程序的角度上讲，它应该有入口地址；从它可返回函数值（也可以是不返回值的空类型）的角度上讲，它当然可以返回地址。我们把函数的入口地址称为函数的指针，把返回地址的函数称为可返回指针值的函数。这样，指针就与函数有两方面的联系，既可用指针变量存放函数的指针，也可用指针变量存放函数返回的指针值。

7.4.1 指向函数的指针变量

指向函数的指针变量有时简称函数指针。正如用指针变量可指向整型变量、字符型、数组一样，指向函数的指针变量指向函数。C 在编译时，每一个函数都有一个入口地址，该入口地址就是函数指针所指向的地址。有了指向函数的指针变量后，可用该指针变量调用函数，就如同用指针变量可引用其他类型变量一样，在这些概念上一致的。函数指针有两个用途：调用函数和做函数的参数。指向函数的指针变量的说明方法为：

数据类型标识符 （指针变量名）（形参列表）;

注 1："数据类型标识符"说明函数的返回类型，由于"( )"的优先级高于"*"，所以指针变量名外的括号必不可少，后面的"形参列表"表示指针变量指向的函数所带的参数列表。例如：

```
int func(int x);      /* 声明一个函数 */
int (*f) (int x);     /* 声明一个函数指针 */
f=func;               /* 将 func 函数的首地址赋给指针 f */
```

赋值时函数 func 不带括号，也不带参数。由于 func 代表函数的首地址，因此经过赋值以后，指针 f 就指向函数 func(x)的代码的首地址。

注 2：函数括号中的形参可有可无，视情况而定。

下面的程序说明了利用函数指针调用函数的方法：

【例 7-12】

```
#include<stdio.h>
int max(int x,int y){return(x>y?x:y);}
void main()
{
   int (*ptr)(int, int);
   int a,b,c;
   ptr=max;
   scanf("%d,%d",&a,&b);
```

```
   c=(*ptr)(a,b);
   printf("a=%d,b=%d,max=%d",a,b,c);
}
```

程序中 ptr 是指向函数的指针变量，所以可把函数 max()赋给 ptr 作为 ptr 的值，即把 max()的入口地址赋给 ptr，以后就可以用 ptr 来调用该函数。实际上，ptr 和 max 都指向同一个入口地址，不同的是 ptr 是一个指针变量，它可以指向任何函数，因此可以先后指向不同的函数，而函数名称是地址常量，不能再给它赋值。

关于指向函数的指针变量的几点说明：

（1）在给指向函数的指针变量赋值时，只需给出函数名，而不必给出函数参数，如

```
p=max;
```

不能写成

```
p=max(int x,int y );
```

（2）函数调用既可以用函数名调用，也可以用指向函数的指针变量调用，如

```
z=(*p)(78, 45);
```

（3）对指向函数的指针变量 p 来说，p+n、p++、p– –等运算是无意义的。

（4）指向函数的指针变量也可以作为函数的形参，以便实现函数地址的传递。与之对应的实参是函数名，因为函数名就代表函数的入口地址。这样每次让不同的函数名与指向函数的指针变量相对应，就会调用不同的函数。下面用一个简单例子说明这种方法的应用。

【例 7-13】 设一个函数 operate()，在调用它的时候，每次实现不同的功能。输入 a 和 b 两个数，第一次调用 operate()得到 a 和 b 中的较大值，第二次得到 a 与 b 之和，第三次得到 a 与 b 之差。程序如下：

```
#include<stdio.h>
int max(int x,int y)
{
   return (x>y?x:y);
}
int add(int x,int y)
{
   return (x+y);
}
int sub(int x,int y)
{
   return (x-y);
}
void operate(int x,int y,int (*fun)() )
{
   printf("%d\n",(*fun)(x,y));
}
```

```
void main()
{
  int a,b;
  scanf("%d%d",&a,&b);
  printf("Max=");
  operate(a,b,max);
  printf("Add=");
  operate(a,b,add);
  printf("Sub=");
  operate(a,b,sub);
}
```

程序执行结果：

```
10 20
Max=20
Add=30
Sub=-10
```

7.4.2 返回指针的函数

C 语言中函数可以返回除数组、共用体变量和函数以外的任何类型数据和指向任何类型的指针。

返回指针值的函数定义的一般形式是：

类型标识符 *函数名(参数表){ … }

其中“*函数名(参数表)”是指针函数定义符。一定要区分指向函数的指针变量与返回指针值的函数在定义上的不同，前者的指针变量名先与“*”结合，表示是一个指针变量名，再和后面的“()”结合，表示该指针变量是指向函数的；后者的函数名先与“(参数表){ }”结合，表示是一个函数，再与“*”结合，表示该函数的返回值是指针。例如：

```
int *search(int n,int a[]){ … }
```

说明：search 是一个返回 int 型指针的函数，它有两个 int 型形参 n 和 a[ ]。

【例 7-14】 对于例 7-11，用返回指针值的函数完成，找出有不及格课程的学生并输出他们的学号及四门课的成绩。程序如下：

```
#include<stdio.h>
float *search(float (*p)[4])
{
  int i;
  float *pt;
  pt=*(p+1);
  for(i=0;i<4;i++)
     if (*(*p+i)<60)pt=*p;
     return pt;
```

```
  }
void main()
{
  static float score[][4]={70,52,68,89,88,74,85,96,64,55,53,78};
  float *prt;
  int i,j;
  for(i=0;i<3;i++)
  {
     prt=search(score+i);
     if (prt==*(score+i))
    {
       printf("No.%d score: ",i+1);
       for(j=0;j<4;j++)
          printf("%5.2f  ",*(prt+j));
          printf("\n");
    }
  }
}
```

程序执行结果：

```
No.1 score: 70.00  52.00  68.00  89.00
No.3 score: 64.00  55.00  53.00  78.00
```

对本程序的说明：

（1）search()函数的返回值是指向实型数据的指针，形参是具有四个实型元素的一维数组的指针变量 p，功能是判断 p 所指的四个实型元素有无小于 60 的数据，若有，则返回 p 所指的第 1 个元素的值；若无，则返回 p 的下一个指针所指的第 1 个元素的指针。

（2）主函数对每一个学生，循环调用 search()函数，通过 search()函数返回值的指针，判断该学生是否有不及格的成绩，若有，则输出其学号及四门功课的成绩。

（3）对于返回指针的函数，在定义时函数名前要有“*”，但在调用时函数名前不需要“*”。

（4）对于二维数组的指针，要清楚哪些是行指针，哪些是列指针。本例中，p、 p+1、score+i 都是行指针，pt、*(p+1)、*p+i、*(score+i)、prt、prt+j 都是列指针。对行指针作*运算就转换为了列指针。

7.5 字 符 指 针

我们已经知道，C 语言中有字符串常量，但没有字符串变量，字符串变量是通过字符数组来实现的。本节给出字符串的指针和指向字符串的指针变量的概念，用字符指针可方便、快捷地进行字符串操作。

7.5.1 字符串的指针

字符串除了可用字符数组实现外，也可用字符指针实现。

【例 7-15】 用两种不同的方式表示字符串。

```
#include<stdio.h>
void main()
{
  static char str1[]="I love China!";
  char *str2="I love C language!";
  printf("%s\n",str1);
  printf("%s\n",str2);
}
```

程序执行结果：

```
I love China!
I love C language!
```

【例 7-16】 用字符指针实现字符串的复制。

```
#include<stdio.h>
void main()
{
   char str1[]="I love China!",str2[80],*p1,*p2;
   p1=str1;p2=str2;
   for( ; *p1!='\0';p1++,p2++)  *p2=*p1;
   *p2='\0';
   printf("string str1 is: %s\n",str1);
   printf("string str2 is: %s\n",str2);
}
```

字符数组名和指向字符串的指针变量也可作为函数的参数，属于“地址传递”。

【例 7-17】 用函数实现字符串的复制。

（1）用字符数组作形参。

```
void copy_string(char from[],char to[])
{
   int i=0;
   while(from[i]!='\0')
    {
      to[i]=from[i];
      i++;
    }
   to[i]='\0';
}
```

（2）用字符指针变量作形参。

```
void copy_string (char *from,char *to)
{
```

```
    while ((*to++=*from++)!='\0');
}
```

【例 7-18】 用函数实现字符串的比较。

```
int cmp_string(char *p1,char *p2)
{
    for(;(*p1!='\0')&&(*p1==*p2);p1++,p2++);
    return *p1-*p2;
}
```

请读者认真阅读分析，写出以上程序段的主函数并上机调试运行。主函数中的实参可以用字符指针，也可以用字符数组名。

7.5.2 字符数组和字符指针变量的区别

虽然用字符数组和字符指针变量都能实现字符串的存储和运算，但它们二者之间是有区别的，不应混为一谈。区别主要有以下几点：

（1）字符数组由若干个元素组成，每个元素中放一个字符，而字符指针变量中存放的是地址（字符串第 1 个字符的地址），并不是将字符串放到字符指针变量中。

（2）赋值方式。对字符数组只能对各个元素赋值，不能用以下办法对字符数组赋值：

```
char str[10];
str="I love you";
```

而对字符指针变量，可以用下面方法赋值：

```
char *a;
a="I love you";
```

（3）赋初值时，对以下变量定义和赋初值：

```
char *a="I love China!";
```

等价于：

```
char *a;
a="I love China!";
```

而对数组初始化时：

```
static char str[14]={"I love China!"};
```

不能等价于：

```
char str[14];
str[]="I love China!";
```

即数组可以在定义时整体赋初值，但不能在赋值语句中整体赋值。

7.6 指针数组与指向指针的指针

7.6.1 指针数组

指针变量同其他变量一样也可作为数组的元素，由指针变量组成的数组称为指针数组，组成数组的每个元素都是相同类型的指针。

定义指针数组的形式为：

类型名 *数组名[常量表达式];

其中“*数组名[常量表达式]”是指针数组说明符。

一定要注意指针数组与指向一维数组的指针变量在定义形式上的不同。如

```
int *p[10];
```

说明：p 是指针数组，p 先与“[ ]”结合，说明 p 是数组，再与“*”结合，说明数组 p 的元素是指向整型数据的指针。而

```
int (*p)[10];
```

p 是指向由 10 个整型元素组成的一维数组的指针变量，p 先与“*”结合，说明 p 是一个指针变量，再与“[ ]”结合，说明该指针变量指向由 10 个整型元素组成的一维数组的首地址。

指针数组的主要用途是表示二维数组，尤其是表示字符串数组。用指针数组表示字符串数组的优点是每一个字符串可以具有不同的长度，使得对字符串数组的处理方便灵活。对若干个字符串进行字典排序是字符串的最常用操作，如果用字符指针数组进行排序，就不必改动字符串的位置，只需改动指针数组中各元素的指向（即改变各元素的值，这些值是各字符串的首地址），既节省了执行时间，又可以按每个字符串的具体长度分配存储空间，也节省了内存空间。

【例 7-19】 将若干字符串按字典顺序排序并输出。

```
#include<stdio.h>
#include<string.h>
void bubble_sort(char *str[],int n)
{
  char *temp;
  int i,j,flag;
  for(i=0;i<n-1;i++)
  {
     flag=1;
     for (j=0;j<n-1-i;j++)
       if(strcmp(str[j],str[j+1])>0)
       {
          temp=str[j];str[j]=str[j+1];str[j+1]=temp;
```

```
            flag=0;
        }
        if (flag) return;
    }
}
void print_str(char *str[],int n)
{
  int i;
  for(i=0;i<n;i++)
    printf("%s\n",str[i]);
}
void main()
{
  char *name[]={"China","Japan","Britain","France",
             "Iraq","America","Russia","Canada"};
  bubble_sort(name,8);
  print_str(name,8);
}
```

程序执行结果：

```
America
Britain
Canada
China
France
Iraq
Japan
Russia
```

说明：

（1）bubble_sort()函数采用的是冒泡排序法。冒泡法排序属于交换排序，基本思想是比较相邻的元素，如不符合顺序，就进行交换，直到所有相邻的元素都符合顺序为止。算法实现需要 *n*–1 趟相邻元素的比较，每趟都从第 1 个元素开始与其后的元素进行比较。这样，较小的数不断向前移动，本趟最大的数移到最后（第 *n*–*i*+1 个位置），俗称“冒泡”。

（2）由于要用到字符串的比较函数 strcmp()，故在文件开头用#include <string.h>命令作了头文件包含。

（3）print_str ()函数中的输出表达式 str[i]也可写成*(str+i)。

7.6.2 指向指针的指针

一个指针变量可以指向整型变量、实型变量、字符类型变量，当然也可以指向指针类型变量。当这种指针变量用于指向指针类型变量时，称为指向指针的指针变量，这话可能会感到有些绕口，但如果想到一个指针变量的地址就是指向该变量的指针时，这种双重指针的含义就容易理解了。下面用图来描述这种双重指针，如图 7-4 所示。

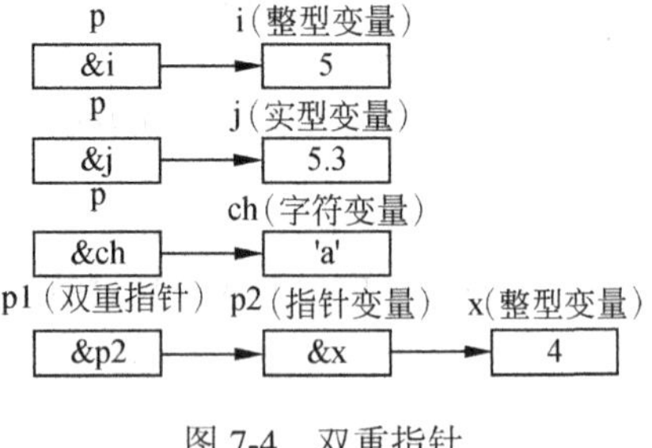

图 7-4　双重指针

在图 7-4 中，整型变量 i 的地址是&i，将其传递给指针变量 p，则 p 指向 i；实型变量 j 的地址是&j，将其传递给指针变量 p，则 p 指向 j;字符型变量 ch 的地址是&ch，将其传递给指针变量 p，则 p 指向 ch;整型变量 x 的地址是&x，将其传递给指针变量 p2，则 p2 指向 x，p2 是指针变量，同时，将 p2 的地址&p2 传递给 p1，则 p1 指向 p2。这里的 p1 就是我们谈到的指向指针变量的指针变量，即指针的指针。

指向指针的指针变量定义如下：

类型标识符 **指针变量名

例如：

```
float **ptr;
```

其含义为定义一个指针变量 ptr，它指向另一个指针变量（该指针变量又指向一个实型变量）。由于指针运算符“*”是自右至左结合，所以上述定义相当于：

```
Float *(*ptr);
```

下面看一下指向指针变量的指针变量怎样正确引用。

【例 7-20】 用指向指针的指针变量访问一维和二维数组。

```
#include<stdio.h>
void main()
{
   int a[10],b[3][4],*p1,*p2,**p3,i,j;    /*p3 是指向指针的指针变量*/
   for(i=0;i<10;i++)
     scanf("%d",&a[i]);                   /*一维数组的输入*/
   for(i=0;i<3;i++)
     for(j=0;j<4;j++)
       scanf("%d",&b[i][j]);              /*二维数组输入*/
   for(p1=a,p3=&p1,i=0;i<10;i++)
     printf("%3d",*(*p3+i));              /*用指向指针的指针变量输出一维数组*/
   printf("\n");
   for(p1=a;p1-a<10;p1++)                 /*用指向指针的指针变量输出一维数组*/
     {
       p3=&p1;
       printf("%3d",**p3);
     }
   printf("\n");
   for(i=0;i<3;i++)                       /*用指向指针的指针变量输出二维数组*/
     {
       p2=b[i];
       p3=&p2;
       for(j=0;j<4;j++)
```

```
        printf("%3d",*(*p3+j));
        printf("\n");
      }
    for(i=0;i<3;i++)                    /*用指向指针的指针变量输出二维数组*/
      {
        p2=b[i];
        for(p2=b[i];p2-b[i]<4;p2++)
         {
           p3=&p2;
           printf("%3d",**p3);
         }
        printf("\n");
      }
}
```

程序的存储示意如图 7-5 所示。对一维数组 a 来说，若把数组的首地址即数组名赋给指针变量 p1，p1 就指向数组 a，数组的各元素用 p1 表示为，*(p1+i)，也可以简化为用*p1+i 表示。如果继续将 p3=&p1，则将 p1 的地址传递给指针变量 p3，*p3 就是 p1。用 p3 来表示一维数组的各元素，只需要将用 p1 表示的数组元素*（p1+i）中的 p1 换成*p3 即可，表示为*(*p3+i)。

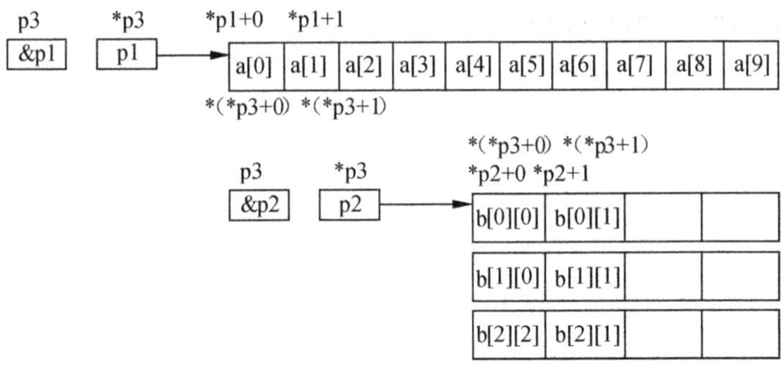

图 7-5　例 7-20 程序的存储示意图

同样，对二维数组 b 来说，b[i]表示第 i 行首地址，将其传递给指针变量 p2，使其指向该行。该行的元素用 p2 表示为*(p2+i)。若作 p3=&p2，则表示 p3 指向 p2，用 p3 表示的二维数组第 i 行元素为：*(*p3+i)。这与程序中的表示完全相同。

运行程序：

```
1 2 3 4 5 6 7 8 9 0↙
1 3 5 7↙
2 4 6 8↙
5 7 9 2↙
1     2     3     4     5     6     7     8     9     0
1     2     3     4     5     6     7     8     9     0
1     3     5     7
2     4     6     8
```

```
5      7      9      2
1      3      5      7
2      4      6      8
5      7      9      2
```

【例 7-21】 利用指向指针的指针变量访问二维字符数组。

```
#include<stdio.h>
void main()
{
  int i;
  static char c[][16]={"clanguage","fox","computer","homepage"};
  /*二维字符数组*/
  static char *cp[]={c[0],c[1],c[2],c[3]}; /*指针数组*/
  static char **cpp;          /*指向字符指针的指针变量*/
  cpp=cp;                     /*将指针数组的首地址传递给指向字符指针的指针变量*/
  for(i=0;i<4;i++)            /*按行输出字符串*/
    printf("%s\n",*cpp++);
  printf("-----------\n");
  for(i=0;i<4;i++)            /*按行输出字符串*/
    {
      cpp=&cp[i];
      printf("%s\n",*cpp);
    }
}
```

运行程序：

```
clanguage
fox
computer
homepage
----------
clanguage
fox
computer
homepage
```

程序中需要注意的是，执行 cpp=cp 是将指针数组的首地址传递给双重指针，所以 *（cpp+i）表示第 i 行的首地址，而不是 cpp+i。在程序设计时一定要分清。

7.6.3 命令行参数

前面的 main()函数都没有参数，实际上，main()函数也可以有参数，例如：

```
main (int argc,char *argv[])
```

argc 和 argv 就是 main()函数的形参。其中，argc 是程序所调用的命令行参数的个数（包括可执行文件名），argv 是个指针数组，它的每个元素指向命令行的每个字符串，如 argv[0]

一定指向可执行文件名。

当处于操作命令状态下，输入 main()所在的文件名（经过编译、连接后得到的可执行文件名），系统就调用 main()函数。由于 main()函数有形参，就必须在命令行中包括命令名和需要传给 main()函数的参数。命令行的一般形式为

命令名　参数 1　参数 2…　参数 n

命令名和各参数之间用空格分隔。命令名是 main()所在的文件名。

【例 7-22】 命令行参数的例子。

```
#include<stdio.h>
void  main(int argc,char *argv[])
{
   int i;
   for(i=1;i<argc;i++)
      printf("%s%s",argv[i],(i<argc-1)? "  ":"\n");
   printf("\n");
}
```

设程序文件名为 exam.c，对其进行编译、连接后得到 exam.exe 文件，在命令行状态输入：

```
exam China Beijing 2008 Olympics
```

则运行结果为：

```
China Beijing 2008 Olympics
```

【例 7-23】 本程序在命令行上需要有三个参数，前两个为两个整数，第三个确定程序输出的为最大值还是最小值。

```
#include<stdio.h>
#include<stdlib.h>
#include<string.h>
int max(int x,int y)
{
   return x>y?x:y;
}

int min(int x,int y)
{
   return x<y?x:y;
 }
void main (int argc,char *argv[])
{
   int a,b;
   char *op;
   if(argc<4) exit(0);
```

```
    a=atoi(argv[1]);b=atoi(argv[2]);
    op=argv[3];
    if(strcmp(op,"max")==0)
      printf("The %s of %s and %s is:%d\n",argv[3],argv[1],argv[2],max(a,b));
    else if(strcmp(op,"min")==0)
          printf ("The %s of %s and %s is:%d\n",argv[3],argv[1],argv[2],min
          (a,b));
        else
          printf("op should be max or min\n");
}
```

程序生成 abc.exe 后，设命令行为：

```
abc 20 60 min
```

则输出结果为：

```
The min of 20 and 60 is: 20
```

7.7 指针类型小结及相关说明

7.7.1 指针类型小结

表 7-3 给出了不同类型的指针的定义及其含义，以便对照区别。

表 7-3 不同指针的类型与含义

指针类型	定 义	含 义
变量的指针	int *p;	p 为指向整型数据的指针变量
数组的指针	int (*p)[n];	p 为指向含有 *n* 个整型元素的一维数组的指针变量
函数的指针	int (*p)();	p 为指向函数的指针，该函数的返回值为整型
指针函数	int *f(){ }	f 为返回指针值的函数，该指针指向整型数据
指针数组	int *p[n];	p 是一个指针数组，它由 *n* 个指向整型数据的指针组成
字符指针	char *str;	str 为指向字符型数据的指针变量
指针的指针	int **p;	p 为指向整型数据的指针的指针变量

7.7.2 与指针相关的运算

（1）指针的基本运算有：&，*，++，+，−−，−，比较和赋值运算，要弄清它们之间的复合运算，如*p++，(*p)++等的意义。

（2）定义指针时，要注意指针运算符“*”与下标运算符“[ ]”及函数运算符“()”的结合次序，“[ ]”及“()”是高于“*”运算的。

（3）不同的指针类型之间不能直接赋值，需要进行类型转换。例如：

```
int *p1;
float *p2;
```

则 p1、p2 不能直接相互赋值，但可先转换，后赋值，如：

```
p1=(int *)p2;
```

或

```
p2=(float *)p1;
```

都是合法的赋值语句。

7.7.3 使用指针的利与弊

使用指针的优点是：可以提高程序效率；在调用函数时变量改变了的值能够为主调函数使用，即可以从函数调用得到多个可改变的值；可以实现动态存储分配。C 语言在指针的使用上非常灵活，对熟练的程序人员来说，可以利用它编写出颇有特色的、质量优良的程序，实现许多用其他高级语言难以实现的功能。但若使用不当也十分容易出错，而且这种错误往往难以发现。由于指针运用的错误甚至会引起整个程序遭受破坏，比如由于未对指针变量 p 赋值就向*p 赋值，这就可能破坏了有用的单元的内容。如果使用指针不当，特别是赋予它一个错误的值时，会成为一个极其隐蔽的、难以发现和排除的故障。因此，使用指针要十分小心谨慎，要多上机调试程序，以弄清一些细节，并积累经验。

习 题 7

一、选择题

1. 变量的指针，其含义是指该变量的________。

A. 值　　B. 地址　　C. 名　　D. 一个标志

2. 以下程序中调用 scanf()函数给变量 a 输入数值的方法是错误的，错误原因是________。

```
#include<stdio.h>
void main()
{ int *p,*q,a,b;
  p=&a;
  printf("input a :");
  scanf("%d",*p);
  ⋮
}
```

A. *p 表示的是指针变量 p 的地址

B. *p 表示的是变量 a 的值，而不是变量 a 的地址

C. *p 表示的是指针变量 p 的值

D. *p 只能用来说明 p 是一个指针变量

3. 以下程序错误的原因是________。

```
#include<stdio.h>
```

```
void main()
{ int *p,i;
  char *q,ch;
  p=&i;
  q=&ch;
  *p=40;
  *p=*q;
  ⋮
}
```

A．p 和 q 的类型不一致，不能执行*p=*q;语句

B．*p 中存放的是地址值，因此不能执行*p=40;语句

C．q 指向具体的存储单元，所以*q 没有实际意义

D．q 虽然指向了具体的存储单元，但该单元中没有确定的值，所以不能执行*p=*q;语句

4．已有定义 int k=2; int *ptr1, *ptr2;且 ptr1 和 ptr2 均已指向变量 k，下面不能正确执行的赋值语句是________。

A．k=*ptr1+*ptr2;　　B．ptr2=k;

C．ptr1=ptr2;　　D．k=*ptr1*(*ptr2);

5．以下程序运行结果是________。

```
#include<stdio.h>
void sub(int x ,int y ,int *z)
{ *z=y-x;}
void main()
{ int a ,b,c;
   sub(10,5,&a);
   sub(7,a,&b);
   sub(a,b,&c);
   printf("%4d,%4d,%4d\n",a,b,c);
}
```

A．5,2,3　　B．–5,–12,–7　　C．–5,–12,–17　　D．5,–2,–7

6．下面程序段的运行结果是________。

```
char *s="abcde";
s+=2;
printf("%s",s);
```

A．cde　　B．字符'c'

C．字符'c'的地址　　D．无确定的输出结果

7．若有以下定义，则对 a 数组元素地址的正确引用是________。

```
int a[5],*p=a;
```

A．*&a[5]　　B．a+2　　C．*(p+5)　　D．*(a+2)

8. 若有以下定义，则对 a 数组元素地址的正确引用是________。

```
int a[5],*p=a;
```

A. p+5　　B. *a+1　　C. &a+1　　D. &a[0]

9. 若有以下定义，则 p+5 表示________。

```
int a[10],*p=a;
```

A. 元素 a[5]的地址　　B. 元素 a[5]的值

C. 元素 a[6]的地址　　D. 元素 a[6]的值

10. 若有以下定义，且 0≤i<6，则正确的赋值语句是________。

```
int s[4][6],t[6][4],(*p)[6];
```

A. p=t;　　B. p=s;　　C. p=s[i];　　D. p=t[i];

11. 下面程序段的运行结果是________。

```
char *format= "%s,a=%d,b=%d\n"
int a=1,b=10;
a+=b;
printf(format, "a+=b",a,b);
```

A. for, "a+=b",ab　　B. format, "a+=b"

C. a+=b,a=11,b=10　　D. 以上结果都不对

12. 下面程序段的运行结果是________。

```
char *p= "%d,a=%d,b=%d\n";
int a=111,b=10,c;
c=a%b;
p+=3;
printf(p,c,a,b);
```

A. 1,a=111,b=10　　B. a=1,b=111

C. a=111,b=10　　D. 以上结果都不对

13. 下面程序的运行结果是________。

```
#include<stdio.h>
#include<stdlib.h>
void fun (int **a,int p[2][3])
{ **a=p[1][1];}
void main ()
{ int x[2][3]={2,4,6,8,10,12},*p;
  p=(int *)malloc(sizeof(int));
  fun (&p,x);
  printf ("%d\n",*p);
}
```

A. 10　　B. 12　　C. 6　　D. 8

14. 设有如下定义，则以下说法中正确的是________。

```
char *aa[2]={"abcd","ABCD"};
```

A. aa 数组元素的值分别是"abcd"和 ABCD"

B. aa 是指针变量，它指向含有两个数组元素的字符型一维数组

C. aa 数组的两个元素分别存放的是含有四个字符的一维字符数组的首地址

D. aa 数组的两个元素中各自存放了字符'a'和'A'的地址

15. 设有以下定义，则下列能够正确表示数组元素 a[1][2]的表达式是________。

```
int a[4][3]={1,2,3,4,5,6,7,8,9,10,11,12};
int (*prt)[3]=a,*p=a[0];
```

A. *((*prt+1)[2])　　B. *(*(p+5))

C. (*prt+1)+2　　D. *(*(a+1)+2)

16. 下列程序的输出结果是________。

```
#include<stdio.h>
void main()
{ int a[5]={2,4,6,8,10},*p,**k;
  p=a;
  k=&p;
  printf("%d",*(p++));
  printf("%d\n",**k);
}
```

A. 4　4　　B. 2　2　　C. 2　4　　D. 4　6

17. 执行以下程序后，y 的值是________。

```
#include<stdio.h>
void main ()
{ int a[]={2,4,6,8,10};
  int y=1,x,*p;
  p=&a[1];
  for(x=0;x<3;x++)
  y+=*(p+x);
  printf("%d\n",y);
}
```

A. 17　　B. 18　　C. 19　　D. 20

18. 设有如下定义，则执行语句*– –p；后*p 的值是________。

```
int a[5]={10,20,30,40,50},*p=&a[2];
```

A. 30　　B. 20　　C. 19　　D. 29

19. 设有如下定义，则下列程序段中正确的是________。

```
char *st="how are you";
```

A．char a[11],*p;strcpy(p=a+1,&st[4]);

B．char a[11]; strcpy(++a, st);

C．char a[11];strcpy(a, st);

D．char a[],*p;strcpy(p=&a[1],st+2);

20．若有以下说明和定义，在必要的赋值之后，对 fun()函数的正确调用语句是________。

```
fun(int *c){ }
void main()
{ int (*a)()=fun,*b(),w[10],c;
  ⋮
}
```

A．a(w);　　B．(*a)(&c);　　C．b=*b(w);　　D．fun (b);

21．有如下程序，该程序的输出结果是________。

```
#include<stdio.h>
void main()
{ char ch[2][5]={"6937","8254"},*p[2];
  int i,j,s=0;
  for(i=0;i<2;i++) p[i]=ch[i];
     for(i=0;i<2;i++)
        for(j=0;p[i][j]>'\0';j+=2)
           s=10*s+p[i][j]-'0';
  printf("%d\n",s);
}
```

A．69825　　B．63825　　C．6385　　D．693825

二、填空题

1．指针运算符&和*分别称为________和________运算。

2．当用指针变量作为函数参数时，此时的参数传递是________传递。

3．对于二维数组 arr[5][5]，arr，*arr，&arr[0]，arr[2]+3，*(arr+2)，*(arr[2]+3)的含义分别是________。

4．函数的指针是________。

5．返回指针值的函数是________。

6．若有说明语句 int a[3]={1,3,5},*p=a;则*++p，*p++，*p+1 的值分别是________。

7．指针变量是把内存中另一个数据的________作为其值的变量。

8．当定义某函数时，有一个形参被说明成 int *类型，那么可以与之结合的实参类型可以是____________、________等。

9．如果程序中已有定义：int k;，则

（1）定义一个指向变量 k 的指针变量 p 的语句是______________。

（2）通过指针变量，将数值 6 赋值给 k 的语句是______________。

（3）定义一个可以指向指针变量 p 的变量 pp 的语句是______________。

（4）通过赋值语句将 pp 指向指针变量 p 的语句是______________。

（5）通过指向指针的变量 pp，将 k 的值增加一倍的语句是______________。

10．下面程序段的运行结果是__________。

```
char str[]="abc\0def\0ghi",*p=str;
printf("%s",p+5);
```

三、程序设计题（均要求用指针实现）

1．编写一个函数，判断某正整数是否为素数。

2．编写一个函数，求两个正整数的最大公约数和最小公倍数。

3．编写一个函数，倒置一个一维数组。

4．编写一个函数，转置一个二维数组。

5．编写一个函数，用某种排序方法对一个一维数组进行排序。

6．编写一个函数，对一个一维数组实现数据重排，使得以第 1 个元素的值为基准将其余数据分为两部分，把小于该值的元素都移到其左边，把大于或等于该值的元素都移到其右边。

7．编写一个函数 mystrcmp()，实现字符串的比较。

8．编写一个函数 mystrcpy()，实现字符串的复制。

9．编写一个函数，调用函数 mystrcmp()和 mystrcpy()，对某字符串数组用“冒泡法”进行排序。

10．编写一个主函数，调用写好的函数 mystrcmp()和 mystrcpy()，实现字符串的比较和复制。

第 8 章　结构体与共用体

C 语言的结构体类型与数组一样，都属于构造类型。数组中的各元素必须属于同一个数据类型，但是在实际编程时，我们经常会遇到由若干个不同类型的数据组成一个整体的情况。C 语言提供了一种称为结构体的数据类型，用于构造各种由若干不同成分类型组成的数据结构，以描述需要不同类型数据的数据对象。本章不仅介绍结构体类型，还介绍与之相似的共用体类型、枚举类型以及位段类型，同时介绍动态分配内存的函数和 typedef 语句。

8.1　结构体类型与结构体类型的变量

8.1.1　结构体类型的定义

前面我们学习了一些简单数据类型（整型、实型、字符型）的定义和应用，还学习了数组（一维、二维）的定义和应用，数组中的各元素必须属于同一个数据类型。但在日常生活中，我们常会遇到一些需要填写的登记表，如住宿表、成绩表、通信地址等。在这些表中，填写的数据是不能用同一种数据类型描述的，在住宿表中我们通常会登记姓名、性别、身份证号码等项目；在通信地址表中我们会写下姓名、邮编、邮箱地址、电话号码、E-mail 等项目。这些表中集合了各种数据，无法用前面学过的任一种数据类型完全描述，因此 C 语言引入了一种能集中不同数据类型于一体的数据类型——结构体类型。结构体类型的变量可以拥有不同数据类型的成员，是不同数据类型成员的集合。

在上面描述的各种登记表中，让我们仔细观察一下住宿表、成绩表、通信地址等，如图 8-1 所示。

住宿表的项目构成

姓　名（字符串）	性　别（字符）	职　业（字符串）	年　龄（整型）	身份证号码（长整型或字符串）

成绩表的项目构成

班　级（字符串）	学　号（长整型）	姓　名（字符串）	操作系统（实型）	数据结构（实型）	计算机网络（实型）

通信地址表的项目构成

姓　名（字符串）	工作单位（字符串）	家庭住址（字符串）	邮编（长整型）	电话号码（字符串或长整型）	E-mail（字符串）

图 8-1　几种表的项目构成

这些登记表可用 C 提供的结构体类型描述如下：

住宿表：

```
struct accommod
{
  char name[20];          /* 姓名 */
  char sex;               /* 性别 */
  char job[40];           /* 职业 */
  int age;                /* 年龄 */
  long number;            /*身份证号码 */
};
```

成绩表：

```
struct score
{
  char grade[20];         /* 班级 */
  long number;            /* 学号 */
  char name[20];          /* 姓名 */
  float os;               /* 操作系统 */
  float datastru;         /* 数据结构 */
  float compnet;          /* 计算机网络 */
};
```

通信地址表：

```
struct addr
{
  char name[20];
  char department[30];    / * 工作单位* /
  char address[30];       / *家庭住址* /
  long box;               / * 邮编* /
  long phone;             / * 电话号码* /
  char email[30];         / * E-mail * /
};
```

这一系列对不同登记表的数据结构的描述类型称为结构体类型。不同的问题会有不同的数据成员，也就是说有不同描述的结构体类型，也可以理解为结构体类型根据所针对的问题其成员是不同的，可以有任意多的结构体类型描述。

下面给出 C 语言对结构体类型的定义形式：

```
struct 结构体名
{
    成员项表列
};
```

有了结构体类型就可以定义结构体类型变量，以对不同变量的各成员进行引用。

8.1.2 结构体类型变量的定义

结构体类型变量的定义与其他类型的变量的定义是一样的，但由于结构体类型需要针对问题事先自行定义，所以结构体类型变量的定义形式就增加了灵活性。定义共计有三种形式，下面分别介绍。

1．先定义结构体类型，再定义结构体类型变量

```
struct stu                              /*定义学生结构体类型*/
{
  char name[20];                        /* 学生姓名*/
  char sex;                             /* 性别*/
  long num;                             /*学号*/
  float score[3];                       /* 三科考试成绩*/
};
struct stu student1,student2;           /* 定义结构体类型变量* /
struct stu student3,student4;
```

用此结构体类型，可以定义更多的该结构体类型变量。

2．定义结构体类型同时定义结构体类型变量

```
struct data
{
  int day;
  int month;
  int year;
} time1,time2;
```

也可以再定义如下变量：

```
struct data time3,time4;
```

用此结构体类型，同样可以定义更多的该结构体类型变量。

3．直接定义结构体类型变量

```
struct
{
  char name[20];                        /* 学生姓名 */
  char sex;                             /* 性别 */
  long num;                             /* 学号 */
  float score[3];                       /* 三科考试成绩 */
} person1,person2;                      /* 定义该结构体类型变量 */
```

该定义方法由于无法记录该结构体类型，所以除直接定义外，不能再定义该结构体类型变量。

8.1.3 结构体类型变量的引用

学习了怎样定义结构体类型和结构体类型变量，怎样正确地引用该结构体类型变量的成员呢？

C 语言规定引用的形式为：

<结构体类型变量名>.<成员名>

若定义的结构体类型及变量如下：

```
struct data
{
  int day;
  int month;
  int year;
} time1,time2;
```

则变量 time1 和 time2 各成员的引用形式为：time1.day、time1.month、time1.year 及 time2.day、time2.month、time2.year，如图 8-2 所示。

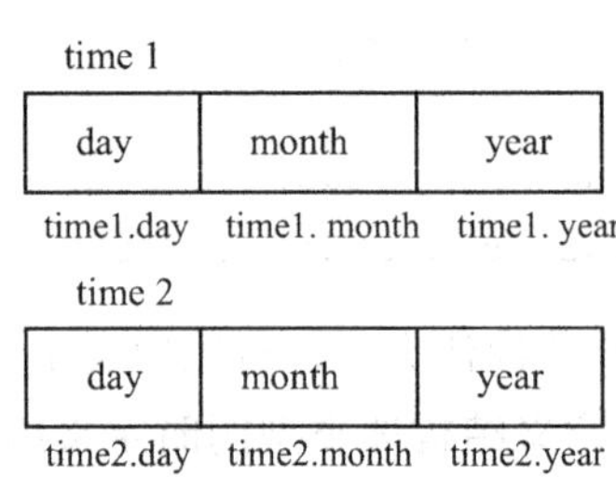

图 8-2　结构体类型示例中变量各成员的引用形式

结构体类型变量的各成员与相应的简单类型变量使用方法完全相同。

【例 8-1】 求每个学生的平均成绩，如果平均成绩大于 90 分，则发给该生奖学金 200 元，否则不发奖学金。最后将学生的姓名、平均成绩及获奖情况输出。

```
#include<stdio.h>
struct  stu
{   int  num;                          /*学生的学号*/
    char name[20];                     /*学生的姓名*/
    float scor1,scor2,scor3;           /*学生的三科成绩*/
};
void main( )
{
    struct  stu  stu1;                 /*定义了一个结构体变量 stu1*/
    int  sch0;
    float  num;                        /*普通变量可以和结构体变量的成员同名*/
    scanf ("%f%f%f",&stu1.scor1,&stu1.scor2,&stu1.scor3);
    scanf ("%d",&stu1.num);
    gets (stu1.name);                  /*输入姓名字符串*/
    num=(stu1.scor1+stu1.scor2+stu1.scor3)/3;       /*计算三科平均值*/
    if(num>90)
    sch0=200;
    else
    sch0=0;
            printf ("Num    Name    Aver     Class");
```

```
        printf ("\n%-6d   %-20s    ",stu1.num,stu1.name);
        printf ("%-8.2f   %d\n",num,sch0);
    }
```

运行此程序，当输入为：91.0 98.0 99.0 101

Gao Lu

则输出为：Num   Name   Aver   Class

101   Gao Lu 96.00   200

在此程序中可以看出：程序中的普通变量名可以和结构体成员名同名，它们互不干扰。对于结构体变量不能直接用来输入/输出，只能引用它的成员。

8.1.4 结构体类型变量的初始化

由于结构体类型变量汇集了各类不同数据类型的成员，所以结构体类型变量的初始化就略显繁杂。

对结构体类型变量的三种定义形式均可在定义时初始化。结构体类型变量完成初始化后，如各成员的值分别为：student.name="liping"、student.sex='f'、student.num=970541、student.score[0]=98.5、student.score[1]=97.4、student.score[2]=95。其存储在内存的情况如图 8-3 所示。

结构体类型变量的定义和初始化为：

```
struct stu                              /*定义学生结构体类型*/
{
  char name[20];                        /*学生姓名*/
  char sex;                             /*性别*/
  long num;                             /*学号*/
  float score[3];                       /*三科考试成绩*/
};
struct stu student={"liping",'f',970541,98.5,97.4,95};
```

Liping	f	970541	98.5	97.4	95

图 8-3 结构体数据存储示意图

我们也可以通过 C 语言提供的输入/输出函数完成对结构体类型变量成员的输入/输出。由于结构体类型变量成员的数据类型通常是不一样的，所以要将结构体类型变量成员以字符串的形式输入，利用 C 语言的类型转换函数将其转换为所需类型。类型转换的函数是：

- int atoi(char *str)：转换 str 所指向的字符串为整型，其函数的返回值为整型。
- double atof(char*str)：转换 str 所指向的字符串为实型，其函数的返回值为双精度的实型。
- long atol(char*str)：转换 str 所指向的字符串为长整型，其函数的返回值为长整型。

使用上述函数，要包含头文件 stdlib.h。

对上述的结构体类型变量成员输入采用的一般形式：

```
char temp[20];
```

```
gets(student.name);                /*输入姓名*/
student.sex=getchar();             /*输入性别*/
gets(temp);                        /*输入学号*/
student.num=atol(temp);            /*转换为长整型*/
for(i=0;i<3;i++)                   /*输入三科成绩*/
{
  gets(temp);
  student.score[i]=atoi(temp);
}
```

对该结构体类型变量成员的输出也必须采用各成员独立输出，而不能将结构体类型变量以整体的形式输入输出。

C 语言允许针对具体问题定义各种各样的结构体类型，甚至是嵌套的结构体类型。

```
struct data
{
  int day;
  int mouth;
  int year;
};
struct stu
{
  char name[20];
  struct data birthday;            /*出生年月，嵌套的结构体类型*/
  long num;
} person;
```

该结构体类型变量成员的引用形式：person.name、person.birthday.day、person. birthday.month、person. birthday. year、person.num。

8.2 结构体数组

结构体类型是用几个不同类型的成员变量共同描述一个数据对象；数组类型则是相同类型的若干个数据对象组成的一个有序集合，使用循环可以对数组的元素进行统一处理。结构体和数组，二者各有侧重，各有所长，实际应用中二者常常配合使用。

数组可作为结构体成员，这一点前述例子中已经看到，例如：

```
struct abc
{
  char  age;
  float  scor[4];                  /*结构体的成员变量 scor 是数组 */
  char  name[10];                  /*结构体的成员变量 name 是数组 */
};
```

本节着重介绍结构体数组。所谓结构体数组就是数组中每个元素都是一个结构体变量。在程序设计时，如果要处理同种结构类型的若干数据，最好的方法是使用结构体数组。例如：

```
struct  abc  info[100];
```

这里数组 info 包含了 100 个结构元素，数组中每个元素代表一个完整的结构。即每个元素包含有 age、scor、name 三个成员。系统分配一片连续的存储空间存放该数组。定义结构数组也可以用两种方法：一是在定义结构体类型的同时定义结构数组；二是先定义结构体类型，然后再定义结构数组。

与一般数组一样，数组名即为该结构数组元素存放的首地址，它是一个地址常量。

同访问数组变量的数组元素一样，要访问结构体数组中的某一个数组元素，可用下标方法访问结构数组中的元素，结构体数组的下标也是从 0 开始。因此，info[0]表示访问结构数组的第一个元素，info[99]表示访问数组的第 100 个元素。

- info[1].scor[2]：表示访问数组 info 的第二个元素中的成员 scor 的第三个元素。
- info[4].name：表示访问数组 info 的第五个元素中的成员 name。

使用下面的语句可以输出结构数组 info 的最后一个元素的信息：

```
printf("%c%f%f%",info[99].age,info[99].scor[0],info[99].scor[1]);
printf("%f%f%s",info[99].scor[2],info[99].scor[3],info[99].name);
```

在定义结构数组时可以为数组中的元素赋初值。但要注意数组中的每个元素是由若干个成员组成的，所赋的初值要按顺序与成员的类型相一致。例如：

```
struct  abc
{
  char  age;
  float  scor[4];        /*结构体的成员变量 scor 是数组 */
  char  name[10];        /*结构体的成员变量 name 是数组 */
}stud[2]={{'m',{78.0,98.6,73.0,69.5},"zhu xiu hua"},
{'m',{97.0,91.6,77.0,68.8},"zhou ying"}};
```

上面定义结构数组 stud 有两个元素，同时为两个元素提供了初值。此处 stud[2]中的 2 可以不写。

结构体数组也可以是多维数组，它的定义及赋值形式与基本类型数组一样。例如：

```
struct  abc
{
  int  age;
  float  scor;
  char  name[10];
}s[][2]={{19,12.78,"li li"},{20,90.89,"liu ying"},
{19,66.7,"bai jun"},{18,87.5,"hou li"}};
```

对于结构体数组也可以只给前边的 n 个元素赋初值。例如：

```
struct  abm
```

```
 {
  int  no;
  float  scor;
  char  name[10];
}x[12]={{19,12.78,"li ming"},{18,90.00,"liu yang"},
{19,66.7,"bai li"}};
```

这里只对 x 数组的前三个元素赋初值，后边的九个元素的初值则按 0 处理，也可以把初始化数据全部放在一对花括号之内。

【例 8-2】 输入三名学生的学号、姓名和数学、计算机、英语三门课成绩，存入结构体数组 stu1 中，求每名学生三门课的平均成绩、每名学生的不及格门数，并按平均成绩由高到低排序输出结果。stu1[i].scor[3]存放第 i 名学生的平均成绩，Count 中存放三名学生中所有不及格的门数。

```
#include<stdio.h>
#define  N  3
struct  stu
{  int  num;
   int  fai;
   float  scor[4];                    /*结构体的成员变量 scor 是数组 */
   char  name[20];
}stu1[N],temps;
void main()
{   int i,j,count;
    char  name[20];
    float  sum,step1;
    for(i=0;i<N;i++)                  /*输入 N 个学生的数据并计算平均值*/
   {
    scanf("%d",&stu1[i].num);         /*输入第 i+1 个学生的学号*/
    getchar();
    gets (stu1[i].name);              /*输入第 i+1 个学生的姓名*/
   for(count=0,j=0;j<3;j++)           /*输入第 i+1 个学生三门成绩*/
   {scanf("%f",&step1);
   stu1[i].scor[j]=step1;
   if(stu1[i].scor[j]<60)  count++;   /*统计不及格门数*/
} stu1[i].fai=count;                  /*第 i+1 名学生不及格门数*/
for(sum=0,j=0;j<3;j++)                /*计算第 i+1 名学生的总分*/
   sum+=stu1[i].scor[j];
   stu1[i].scor[j]=sum/j;             /*这时 j=3，计算第 i+1 名学生的平均分*/
 }
for(i=0;i<N-1;i++)                    /*按平均成绩由大到小排序*/
for(j=0;j<N-i;j++)
   if(stu1[i].scor[3]<stu1[j].scor[3])
   {temps=stu1[i];                    /*同类型结构体变量，可以整体赋值*/
   stu1[i]=stu1[j];                   /*交换二个数组元素*/
```

```
  stu1[j]=temps;}
  printf ("No.   Name   Math   compu   Engl   Aver   fai\n");
for(i=0;i<N;i++)                      /*输出学生有关信息*/
 { printf("%d",stu1[i].num);
   printf("%s",stu1[i].name);
   for(j=0;j<4;j++)
   printf("%f",stu1[i].scor[j]);
   printf("%d\n",stu1[i].fai);
 }
}
```

运行程序，输入数据为：

```
3
wang li
90  67  71
1
zhu jun
34  99  45
2
liu ming
98  56  79
```

输出结果：

```
No. Name        Math    compu   Engl    Aver    fai
2   liu ming    98      56      79      77.6    1
3   wang li     90      67      71      76.0    0
1   zhu jun     34      99      45      59.3    2
```

8.3　指向结构体类型数据的指针

一个结构体变量在内存中占据一段连续的内存单元，这段内存单元的首地址就是结构体变量的指针。可以设置一个指针变量，用来指向一个结构体变量，这样的指针变量称为结构体的指针变量。

8.3.1　指向结构体变量的指针变量

在定义结构体变量时，也可定义指向结构体变量的指针变量，其说明方式与其他类型的指针变量的说明方式类似。对应结构体变量的三种定义方式也可以用来定义结构体指针变量。

1．先定义结构体类型，再定义结构体变量指针

```
struct  stu
{ int  num;
  float  scor[4];   /*结构体的成员变量 scor 是数组 */
```

```
    char  name[20];
};
struct  stu  stu1,*ps;
```

定义了一个结构体变量 stu1 和一个结构体指针变量 ps。指针变量 ps 可用于指向具有结构体类型 struct stu 的任何结构体变量。

2．在定义结构体类型的同时定义结构体指针变量

```
struct  stu
{ int  num;
  float  scor[4];
  char  name[20];
} stu1, *ps;
```

3．直接按结构体类型的结构模式说明结构体指针变量

```
struct
{ int  num;
  float  scor[4];
  char  name[20];
} stu1,*ps;
```

上面三种方式中分别说明的结构体变量 stu1 和结构体指针变量 ps，其效果是完全相同的，ps 可用于指向具有结构体类型 struct stu 所描述的任何结构体变量（如 stu1）。

若用赋值语句：

```
ps=&stu1;
```

则结构体指针变量 ps 指向结构体变量 stu1，即 ps 中将存放 stu1 的地址值，所以此时* ps 就是 stu1，如图 8-4 所示。

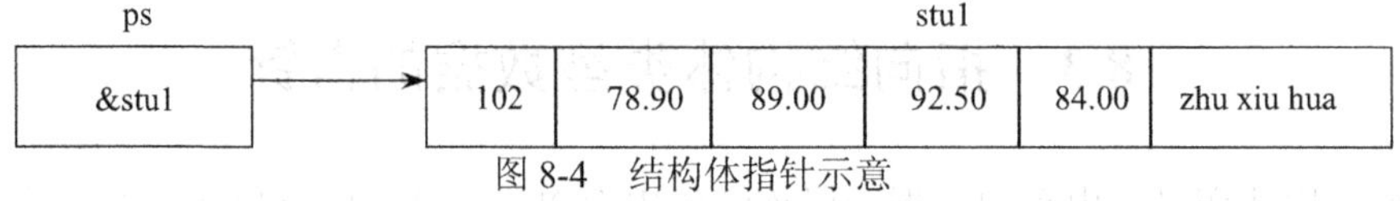

图 8-4　结构体指针示意

当结构体指针变量赋初值时，只能赋相同结构体类型变量的地址（如 ps=&stu1），或者将同一类型的结构体数组名赋给结构体指针变量。

利用结构体指针变量 ps 引用所指的结构体变量 stu1 的成员时可以用下面两种方法：

（*结构体指针变量名）. 成员变量名

如：(*ps).num 、(*ps).name 、(*ps).scor[0]等。

结构体指针变量名->成员变量名

如：ps->num、ps->name 、ps->scor[0]等。

在引用结构体成员时一定要注意以下几点：

（1）指向结构体变量的指针一定不能用来指向该结构体中变量的成员，例如：

```
ps=&stu1.num
```

（2）“->”和“.”都是取结构体成员的运算符，并且具有最高的运算优先级。若有如下结构：

```
struct  ptg
{ int  num;
  int *a;
  char  name[20];
} stu1,*ps;
```

则要注意以下引用：

- ++ps->a：表示先访问 ps 指针的成员 a，然后 a 进行前置加 1 运算，相当于 ++(ps->a)。
- *ps->a：相当于*（ps->a），即访问 a 中的内容。
- *++ps->a：是 ps 指向的成员 a 加 1 后的内容。
- ++*ps->a：为 ps 指向的成员 a 中的内容加 1。
- (++ps) ->a：先使指针 ps 加 1，然后再访问成员 a。
- *(ps->a)++：先访问成员 a 所指的内容，然后使 a 加 1。
- (*ps).num 不能写成 *ps.num， 在&((*ps).num)的写法中也要正确使用圆括号。而对&(ps-> num) 的引用可不用括号（），直接使用 &ps-> num 即可。

【例 8-3】 结构体指针与其他运算符联合使用的范例。

```
#include<stdio.h>
struct datem
{ int a; int b;
int c;
int *d;}*px,aa;
void main()
{ px=&aa;
  px->d=&px->c;
  px->a=100;
  px->b=120;
  px->c=150;
  printf("%d,",px->a++);
  printf("%d,",++px->a);
  printf("%d,",++px->c);
  printf("%d,",*px->d);
 }
```

程序运行结果：

```
100, 102, 151, 151,
```

8.3.2 指向结构体数组的指针

结构体指针变量与结构数组的关系同前面介绍的指针与数组的关系是类似的。在使用数组时，要求指向数组的指针变量的类型与数组的基类型一致。对于结构体数组及指向结构体数组的结构体指针变量也不例外。当结构体指针变量被赋于一个结构数组的起始地址之后，结构体指针与结构体数组元素间就建立了对应关系，通过结构体指针可以方便地处理结构体数组元素。

如：

```
struct
{ int unmb;
  char name[20];
  float score;
  char addr[30];
} stu [6],* p1;                    /* 说明 6 个元素的结构体数组 stu */
```

由于结构体指针变量 p1 和结构体数组 stu 的基类型一致，所以有：

（1）p1 可以指向数组 stu 的起始地址，即

```
p1=stu;
```

成立。

（2）p1 也可以指向数组 stu 的不同元素的地址：p1=&stu[2] 或 p1=&stu[5]等。

【例 8-4】 用结构体指针进行运算，求每个学生的平均成绩。

```
#include<stdio.h>
struct stud
{ char  *name;                     /*成员为指针变量*/
  int scor[3];                     /*存放三科成绩*/
} a[3]={{"Li",89,78,92},{"wang",67,87,95},{"zhao",88,79,68}};
void main()
{ struct  stud  *px;
  int  i,j,aver;
  px=a;
  for(i=1;i<4;++i)
    { aver=0;
      for(j=0;j<3;++j)
      aver+=px->scor[j];               /*求三科成绩的和*/
      aver/=3;                         /*求平均成绩*/
      printf("%s  %d\n",px->name ,aver);
      px++;                            /*使 px 指向下一个数组元素*/
      }
}
```

上面的程序可以改写如下：

```
#include<stdio.h>
struct stud
{ char  name[20];                  /*成员为字符数组*/
  float  scor[3];                  /*存放三科成绩*/
} a[3],*px,*pt;
void main()
```

```
{ float  temp1;
  int  i,j,aver;
  px=a;                                 /*px+i 等于&a[i]*/
  for(i=0;i<3;++i)
    gets((px+i)->name);                 /*输入学生的姓名*/
  for(i=0;i<3;++i)
      { aver=0;
        for(j=0;j<3;++j)
          {  scanf ("%f",&temp1);       /*通过一个实型变量输入成绩*/
             (px+i)->scor[j]=temp1;
             aver+=(px+i)->scor[j];     /*求三科成绩的和*/
          }
        aver/=3;                        /*求平均成绩*/
        printf ("%s  %d\n",(px+i)->name ,aver );
      }
  }
}
```

8.3.3 用结构体变量（或数组）作为函数参数

将一个结构体变量的值传递给一个函数，有三种方法：

（1）用结构体变量的成员作实参，用法与普通变量作实参是一样的，属于“值传递”。

（2）用结构体变量作参数，用法与普通变量作参数也是一样的，也属于“值传递”。

（3）用指向结构体变量（或数组）的指针作参数，属于“地址传递”，程序效率高。

【例 8-5】 用指向结构体变量（或数组）的指针作参数，求 n 个学生中平均成绩最高的学生的信息并输出。

```
#include<stdio.h>
struct CJ
{   int num;
    char name[10];
    float s[5];
    float aver;
};
struct CJ *fun(struct CJ *pstud,int n)
{
    struct CJ *p,*p_max,*p_end;
    int j;
    float max=0;
    p=pstud;
    p_max=p;
    p_end=p+n;
    for(;p<p_end;p++)
    { float sum=0;
      for(j=0;j<5;j++)
         sum=sum+p->s[j];
```

```
        sum=sum/5.0;
        p->aver=sum;
        if(sum>max)
        {
           max=sum; p_max=p;
        }
      }
   return p_max;
}
void main()
{
   int i,j;
   struct CJ *pp,stu[ ]={ {111,"zhang san",{67,89,76,54,86},},{105,"li si",
   {87,73,88,75,78},},{111,"wang wu",{79,82,56,64,77},},
   {107,"qian liu",{60,53,91,75,65},0 }};
   pp=fun (stu,4);
   printf ("%d %-10s %3.0f %3.0f %3.0f %3.0f %3.0f %5.1f\n",pp->num,
   pp->name,pp->s[0],pp->s[1],pp->s[2],pp->s[3],pp->s[4],pp->aver);
}
```

程序执行结果：

```
105  li si      87  73  88  75  78  80.2
```

函数 fun()返回值是结构体类型 struct CJ 的指针；实参 stu 是结构体数组名，形参 pstud 是结构体类型的指针变量。

函数 fun()也可定义为空类型，平均成绩最高的学生的指针用参数传递。

【例 8-6】 修改例 8-5 的程序，用指针的指针作参数，传递平均成绩最高的学生的指针。

修改后的程序如下：

```
#include<stdio.h>
#define NULL 0
struct CJ
{
    int num;
    char name[10];
    float s[5];
    float aver;
};
 void fun(struct CJ *pstud,struct CJ **p_max,int n)
 {
    struct CJ *p,*p_end;
    int j;
    float max=0;
    p=pstud;
    *p_max=p;
```

```
    p_end=p+n;
    for( ;p<p_end;p++)
      {  float sum=0;
         for(j=0;j<5;j++)
         sum=sum+p->s[j];
         sum=sum/5.0;
         p->aver=sum;
         if (sum>max)
            {
             max=sum;
            *p_max=p;
            }
      }
}
void main()
{
   int i,j;
   struct CJ *pp,stu[]={{111,"zhang san",{67,89,76,54,86},},{105,"li si",
   {87,73,88,75,78},},{111,"wang wu", {79,82,56,64,77},},{107,"qian liu",
   {60,53,91,75,65},0 }};
   fun (stu,&pp,4);
   printf ("%d %-10s %3.0f %3.0f %3.0f %3.0f %3.0f %5.1f\n",pp->num,
       pp->name,pp->s[0],pp->s[1],pp->s[2],pp->s[3],pp->s[4],pp->aver);
}
```

调用函数 fun()前，pp 的地址是 177500，pp 的值是 0；当函数 fun()开始执行时，p_max 与&pp 共享单元 177500，*p_max 的值即 177500 单元的值是 177502；当函数 fun()执行结束时，*p_max 的值变为 177546，即成绩最高的学生的指针；返回主函数后，由于 177500 单元的值已改为 177546，pp=*(&pp)=177500 单元的值=177546，这样函数 fun()返回时，*p_max 的值就传递给了实参 pp。如图 8-5 所示。

	…	177500	…	200100	…
调用函数 fun()前		pp		&pp	
		0		177500	
函数 fun()执行开始时		*p_max		&pp p_max	
		177502		177500	
函数 fun()执行结束时		*p_max		&pp p_max	
		177546		177500	
返回主函数后		pp		&pp	
		177546		177500	

图 8-5　函数调用示意图

如果把函数 fun()的形参 struct CJ **p_max 改为 struct CJ *p_max，实参用 pp 来调用，是不会有结果的。因为函数 fun()执行完后，平均成绩最高的学生的指针存放在 p_max 中，该值不会传递给实参 pp。请读者上机调试执行该程序，仔细体会。

8.4 内存的动态分配与单链表

在 C 语言中，经常使用的各种数组在内存中分配连续的存储空间，并且它们在内存中占据的空间的位置和大小是在它们被定义的同时由系统分配（静态分配）的，在整个程序运行期间，它们所占的内存空间的大小、位置都不变。因此，将数组这样的数据结构称为静态数据结构。由于静态数据结构中的各数组元素的位置相对固定，所以可随机有效地访问它们的任一元素，但是在数组中要插入和删除数组元素则是困难的，这往往要引起大量的数据移动。而且，在使用中无法增加数组所需的内存空间大小。为此，C 语言中也允许采用动态存储分配技术，即在程序运行期间，根据程序的需要随时为某种数据结构分配它们所需的内存空间，并且在使用之后可随时释放，这样可以有效地利用内存空间。像这样动态分配存储空间的数据结构，称为动态数据结构。组成动态数据结构中的各数据，在逻辑上是连续排列的，但在物理上，即数据在内存中的存放并不一定占用连续的内存空间。在动态的存储结构中，可以根据需要随机地增加或删除元素及分配和释放内存空间。

8.4.1 存储空间的动态分配

在 C 语言中，静态数据结构（如全局变量、局部静态变量等）分配在静态存储区，动态数据结构（如局部变量）分配在动态存储区中。动态存储分配有两种情况：一种是由 C 系统（无须用户程序控制）内部自动实现的动态分配，这主要包括函数形参变量、局部变量以及函数调用时保护的现场信息和返回地址等存储分配；另一种是由用户在程序中控制、调用 C 系统函数库中的标准函数 malloc ( ) 、calloc ( )和 free ( ) 实现的动态存储分配。

（1）函数 malloc (size)的函数原型为：

```
void *malloc (unsigned  int  size);
```

函数功能是：在内存的动态存储区中分配一个长度为 size 的连续空间（其中 size 是分配内存空间的字节数），函数的返回值是该空间的首地址。若当时动态存储区中无足够（size 字节）的空间供分配，则该函数返回一个空指针 NULL（即返回值为 0）。

（2）函数 calloc (n,size)的函数原型为：

```
void *calloc (unsigned  n, unsigned  size);
```

函数功能是：在内存的动态存储区中分配 n 个长度为 size 的连续空间，函数返回一个指向分配区域起始地址的指针；如果分配不成功，返回 NULL。用该函数可以为一维数组开辟动态存储空间，n 为数组元素的个数，每个数组元素的长度为 size。

（3）函数 free (prt) 的函数原型为：

```
void  free (void *p);
```

函数功能是：释放由指针 prt 指向的内存区。被释放的内存空间可由系统重新分配。prt 是最近一次调用 malloc()或 calloc()函数时返回的值，也就是释放的不是任意指针所指的内存空间，否则可能导致错误。

【例 8-7】 下面程序是实现动态存储分配的例子。

```
#include<stdio.h>
void main()
{ int i,*pt;
  pt=(int *)malloc(20*sizeof (int));
  if(pt==0)
  {  printf("out of memory\n");
     exit();
  }
  for(i=0;i<20;i++)
    *(pt+i)=i+1;
  for (i=0;i<20;i++)
    printf("%2d",*(pt+i));
  free(pt);
}
```

8.4.2 单链表的存储

线性表的链式存储结构是用任意的存储单元存放线性表中的数据元素,该结构不要求逻辑上相邻的元素在物理位置上也相邻，插入和删除操作非常方便，存储空间可以随机地申请和释放，不用事先分配。通常，将采用链式存储结构的线性表称为链表。

从链接方式来看，链表可以分为单链表、循环链表和双向链表。从实现角度来看，链表可以分为动态链表和静态链表。链接存储是最常用的存储方法之一，它不仅可以用来表示线性表，而且可以用来表示各种非线性的数据结构。本节只介绍动态单链表，进一步的知识读者可参阅数据结构教材。

在单链表中，除了存储元素本身的信息外，还需存储指示其直接后继的信息。这两部分信息组成的存储映像称为链式存储结构中的结点。一个结点包括两个域：数据域和指针域。数据域用来存放数据元素信息,指针域用来存放该结点的直接后继信息。指针域中的信息称为指针或链，n 个结点通过指针链成一个链表。由于这种链表中的每个结点只含有一个指针域,故称为线性链表或单链表。

	存储地址	数据域	指针域
头指针	1	B	13
7	7	A	1
	13	C	25
	19	E	37
	25	D	19
	31	G	NULL
	37	F	31

图 8-6　单链表存储结构示意图

因为单链表中每个结点的存储地址存放在其直接前趋结点的指针域中，而第一个结点无直接前趋，所以设一头指针指向单链表中的第一个结点。同理，由于单链表中最后一个结点无直接后继，我们规定线性表中最后一个结点的指针域为“空”(NULL)。例如，图 8-6 所示为线性表(A,B,C,D,E,F,G）的单链表存储结构示意图。整个链表的存取需从头指针开始，依次顺着每个结点的指针域找到线性表的各个元素。

由于在实际应用中，我们关心的只是链表中结点间的逻辑关系，而不是每个结点的实际存储位置，所以我们可以将链表更加直观地表示成用箭头链接起来的结点序列。其中，箭头就表示指针域中的指针。（见图 8-7，其中“∧”用来表示“NULL”）

为了操作方便，通常在单链表的第一个结点前附设一头结点，头结点的数据域中不含有数据元素信息，可根据用户需要存储一些关于线性表长度等的附加信息，也可以完全不用。有了头结点后，头结点的指针域指向链表中第一个数据元素结点（即首元结点），头指针则用来指向头结点。（见图 8-8，图中头结点的数据域不存放任何信息，用阴影表示）

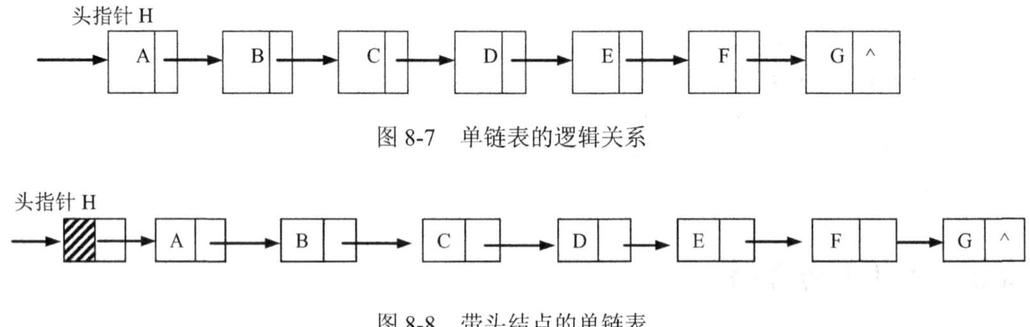

图 8-7　单链表的逻辑关系

图 8-8　带头结点的单链表

今后，除非特别说明外，均指采用带头结点的单链表。

和顺序表不同，单链表是一种非随机存取结构。这是因为链表中的结点在内存中的存储位置之间没有固定的联系，每个元素的存储位置包含在其直接前趋的指针域中，因此在单链表中要取得第 i 个数据元素，必须从头指针出发依次寻找。整个单链表由头指针唯一确定。

线性表的链式存储结构可以借助于高级语言中的“指针”数据类型来实现。

线性表的单链表的 C 语言描述如下：

```
struct node
{ DataType  data;
  struct node  *next;
};
Struct node  *l,*p,*q;
```

这样描述后，一个结点的结构如图 8-9 所示。其中 data 是结点的数据域，用来存放数据元素信息；next 是指针域，用来存放该结点的直接后继地址。struct node　*p;是声明变量 p 为指向该类型数据的指针变量，声明后，p 指针所指向的结点的数据域可表示为 p->data，p 指针所指向的结点的指针域可表示为 p->next。

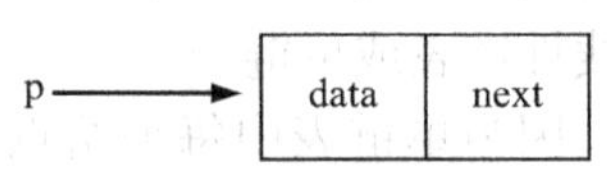

图 8-9　单链表结点结构示意图

8.4.3　单链表的基本操作

下面我们讨论单链表的几种常见基本操作的实现。

1. 建立单链表

定义好了链表的结构之后，只要在程序运行的时候向数据域中存储适当的数据，如有后继结点，则把链域指向其直接后继；若没有，则置为 NULL。下面通过例子来说明。

【例 8-8】 一个建立带表头（即头结点。若未说明，以下所指链表均带表头）的单链表的完整程序。

```
#include<stdio.h>
#include<malloc.h>                       /*包含动态内存分配函数的头文件*/
#define N 10                             /*N 为人数*/
struct node
{
  char name[20];
  struct node *link;
};
struct node *creat(int n)                /*建立单链表的函数，形参 n 为人数*/
{
  struct node *p,*h,*s;
                                         /* *h 保存表头结点的指针，*p 指向当前结点的前一个
                                          结点，*s 指向当前结点*/
  int i;                                 /*计数器*/
  if((h=(struct node *)malloc(sizeof(struct node)))==NULL)
                                         /*分配空间并检测*/
     {
       printf("不能分配内存空间!");
       exit(0);
     }
  h->name[0]='\0';                       /*把表头结点的数据域置空*/
  h->link=NULL;                          /*把表头结点的链域置空*/
  p=h;                                   /*p 指向表头结点*/
  for(i=0;i<n;i++)
  {
    if((s=(struct node *) malloc(sizeof(struct node)))==NULL) /*分配新存储
    空间并检测*/
        {
       printf("不能分配内存空间!");
       exit(0);
        }
    p->link=s;                           /*把 s 的地址赋给 p 所指向的结点的链域，这样就把 p
                                         和 s 所指向的结点连接起来了*/
    printf("请输入第%d 个人的姓名",i);
    scanf("%s",s->name);                 /*在当前结点 s 的数据域中存储姓名*/
    s->link=NULL;
    p=s;
  }
  return(h);
```

```
}
 void main()
 {
   int number;                    /*保存人数的变量*/
   struct node *head;             /*head 是保存单链表的表头结点地址的指针*/
   number=N;
   head=creat(number);            /*把所新建的单链表表头地址赋给 head*/
}
```

这样就写好了一个可以建立包含 N 个人姓名的单链表了。

写动态内存分配的程序应注意，请尽量对分配是否成功进行检测。

2．查找元素操作

（1）按序号查找。单链表的按序号查找操作是指在单链表中查找第 i（1≤i≤Length(L)）个数据元素，若找到则返回该结点的存储位置，否则返回 NULL。具体应用时，也可根据情况返回该结点的值或其他信息。正如前面所讲，单链表是一种非随机存取结构，要取得表中的第 i 个数据元素，必须从头指针出发依次寻找。为此，应设立 p 指针，用以指向当前所访问的结点。同时，为了了解当前所访问的结点的序号，应设立计数器 j 记录当前所访问的结点的序号。

单链表的按序号查找操作的具体算法实现如下：

```
struct node*Get(Struct node  *L,int  i)
{ struct node*p;
  int j;
  j=0;p=L;
  while(p->next!=NULL&&j< i )
     {  p=p->next;
        j++;
     }
   if(j==i)
   return  p;
   else
   return  NULL;
}
```

（2）按值查找。单链表的按值查找操作是指在单链表中查找其结点值等于给定值的结点，若找到则返回首次出现其值为给定值的结点的位置，否则返回 NULL。同单链表的按序号查找操作一样，为实现该操作，需从头指针出发沿着指针链依次寻找。

单链表的按值查找操作的具体算法实现如下：

```
Struct node  *Locate(Struct node *L, DataType x)
{ struct node *p;
  p=L->next;
  while(p!=NOULL&&p->data!=x)
  p=p->next;
```

```
  return p;
}
```

在实际应用中，也可以根据需要返回查找到的结点的序号，只需对以上算法稍做修改即可，读者可试着将其完成。

3．插入操作

在线性表的链式存储结构中，不要求数据元素的逻辑位置与其物理位置一致，因此在链表中进行插入操作时，不需要移动数据元素，只需做相应的指针修改即可。图 8-10 是在单链表的指针 p 所指的结点之后插入一个指针 s 所指的结点时指针的变化情况。

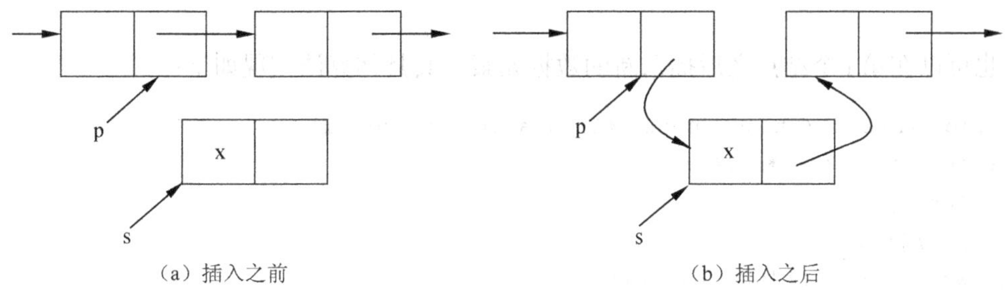

图 8-10　插入操作指针变化示意图

从图 8-10 可见，指针的修改操作为：

```
s->next=p->next;
p->next=s;
```

请读者注意以上两条语句的次序。

在涉及指针修改的操作中，一定要注意操作的先后次序。例如，若将上面的两条语句改为：

```
p->next=s;
s->next=p->next;
```

则完全达不到要插入结点的目的了。

现在我们来实现在单链表的第 i 个结点之前插入一个新的值为 x 的结点。

要在单链表的第 i 个结点之前插入一个结点，首先应在链表中找到第 i–1 个结点的位置，然后生成新的结点，再修改相应的指针。链表的存储空间是动态分配的，生成新的结点时需要向系统申请内存空间，这可借助于高级语言中的 malloc( )函数实现。

在单链表的第 i 个结点之前插入一个新的值为 x 的结点具体算法实现如下：

```
void  Insert(Struct node  *L,DataType  x,int  i)
{  struct  node  *p,*s;
   int j;
   p=L;j=0;
   while( p!=NULL&&j<i-1)
   { p=p->next;j++;}
     if (p==NULL||j>i-1)
```

```
        printf("此插入位置不存在");
        else
      { s=(Struct node *) malloc(sizeof(struct  node));
         s->data=x;
         s->next=p->next;
         p->next=s;
      }
}
```

算法的执行时间主要用在查找第 i–1 个结点所在的位置上，因而其算法时间复杂度为 O(n)。

也可以在第 i 个结点之后插入新的数据元素，其具体算法实现如下：

```
void  Insert (Struct node  *L,DataType  x,int  i)
{ struct  node  *p ,*s;
  int  j;
  p=L;j=0;
  while(p->next!=NULL&&j<i)
  { p=p->next;j++; }
    if(j==i)
  {  s=(Struct node *) malloc (sizeof(struct  node));
    s->data=x;
    s->next=p->next;
    p->next=s;
  }
  else
  printf ("此插入位置不存在") ;
}
```

请读者比较以上两个算法的异同。

在实际应用中，还会遇到各种不同的情况，例如在某给定元素之前或之后插入新的数据元素等，读者应做到举一反三，灵活运用所学知识加以解决。

【例 8-9】 一有序单链表（从小到大排列）,表头指针为 L，试编写一算法向该单链表中插入一值为 x 的结点，并使插入后的单链表仍然有序。

分析：首先查找值为 x 的结点应该在单链表中的插入位置，然后生成新的结点，将其插入单链表中。为此需从单链表的首元结点开始，将各结点的值依次同 x 比较，设立 p 指针指向当前待比较的结点，pre 指针始终指向当前待比较结点的直接前趋。具体算法实现如下：

```
void  Insert(Struct node  *L,DataType  x)
{    struct node *pre,*p,*s;
     pre=L;p=L->next;
     while(p!=NULL&&x>p->data)
        {    pre=p;
             p=p->next;}
```

```
    s=(Struct node *)malloc(sizeof(struct  node));
    s->data=x;
    s->next=pre->next;
    pre->next=s;
}
```

4. 删除操作

和插入操作类似，链表的删除操作也不需要移动元素，仅需修改相应的指针链接。图 8-11 是在单链表中删除 q 指针所指结点时的指针变化情况。

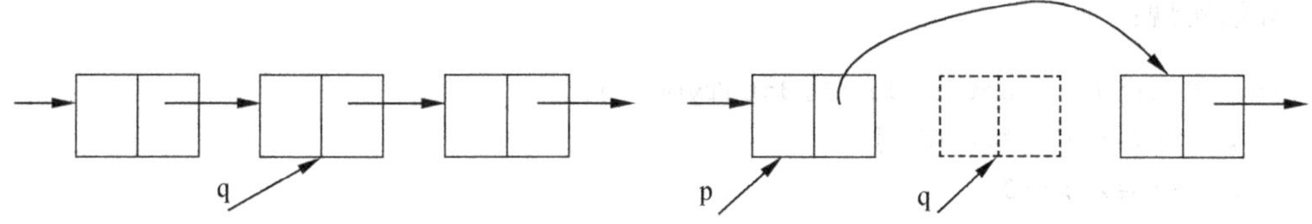

图 8-11　在单链表中删除 q 指针所指结点时的指针变化情况

从图 8-11 可见，指针的修改操作为：

```
p->next=q->next;
```

或

```
p->next=p->next->next;
```

删除结点后，应该将其所占用的内存空间释放给系统，这可借助于高级语言中的 free( ) 函数实现。例如，上述操作完成后，应使用 free (q)函数将 q 指针所指结点占用的内存空间归还给系统。如此，系统就可以重复使用内存空间而不至于出现内存空间不足的情况。

下面讨论如何实现删除单链表中的第 i 个结点。

从图 8-11 可以看到，要删除单链表中的第 i 个结点，需要寻找第 i 个结点的直接前趋结点。为此首先要找到第 i–1 个结点的位置，然后做相应的指针修改，最后释放被删除的结点。

具体算法实现如下：

```
void  Delete(Struct node  *L,int i)
{  struct node *p,*q;
   int j;
   p=L;j=0;
   while(p->next!=NULL&&j<i-1)
       { p=p->next;j=j+1;}
   if (p->next==NULL||j>i-1)
       printf(“此删除位置不存在”);
   else
     { q=p->next;
         p->next=q->next;
         free (q);
     }
}
```

8.4.4 单链表上的其他操作

以上我们讨论了单链表结构上关于建立、查找、插入和删除的操作，下面再通过例题说明单链表的其他相关操作。

【例 8-10】 一带头结点的单链表（不同结点的数据域的值可能相同），其头指针为 L，试编写算法计算数据域为 x 的结点的个数。

分析：从单链表的首元结点开始依次扫描，设立计数器 j 记录数据域值为 x 的结点的个数，当结点的数据域的值为 x 时，计数器加 1。

算法实现：

```
int  Count( Struct node *L,dataType x)
{  struct node *p;int j;
   p=L->next;j=0;
   while(p!=NULL)
      { if(p->data==x)
         j++;
         p=p->next; }
   return(j);
}
```

若表长为 n，则算法的时间复杂度为 O(n)。

【例 8-11】 试编写将一单链表在原表空间逆置的算法。

分析：先将头结点和首元结点断开，建立一新的空表，再用前插法建立单链表的方法将原单链链表中的各结点依次插到新的单链表中。

算法实现：

```
void  Convert( Struct node *L )
{  struct node *p,*q;
   p=L->next;
   L->next=NULL;
   while(p!=NULL)
      { q=p->next;
         p->next=L->next;
         L->next=p;
         p=q;
      }
}
```

【例 8-12】 编写算法将两个递增的单链表合并为一个递增的单链表，要求不另开辟存储空间。

分析：设两个递增的单链表分别为 La 和 Lb，题目要求不另开辟存储空间，可以考虑以 La 为主表，将 La 同 Lb 中的结点值比较，根据比较结果，将 Lb 中的结点插在 La 中合适的位置。为此，设立 p 指针和 q 指针，分别指向 La 和 Lb 中当前待比较的结点。比较结果分为两种：

（1）p 指针所指结点的数据域的值小于或等于 q 指针所指结点的数据域的值，此时 p 指针所指的结点即为合并后的表中的结点，p 指针向后移动，继续下一次比较；

（2）p 指针所指结点的数据域的值大于 q 指针所指结点的数据域的值，此时应将 q 指针所指的结点插在 p 指针所指的结点之前，q 指针向后移动，继续下一次比较。

比较结束后，若 Lb 表中还有剩余元素，则将剩余元素直接链在 La 表后。

算法实现：

```
void Merge(Struct node *La, Struct node *Lb)
  { struct node *p,*q,*pre,*u;
    p=La->next;
    q=Lb->next;
    pre=La;                /*pre 为 p 的直接前趋*/
    while(p!=NULL&&q!=NULL)
      if(p->data<=q->data)
         { pre=p;
           p=p->next;}
      else
         { u=q->next;
           pre->next=q;
           q->next=p;
           pre=pre->next;
           q=u;}
     if(q!=NULL)
        pre->next=q;
     free(Lb);
   }
```

该算法还可用另一种方法实现，仍然是将 La 和 Lb 两表中对应结点的元素值比较，但在归并时是将两个链表中的所有结点按元素值递增的关系重新链成一个新的递增的单链表，并由头指针 Lc 指示。具体算法如下：

```
Struct node *Merge( Struct node *La, Struct node *Lb)
    {struct node *p,*q,*r,*Lc;
    p=La->next;
    q=Lb->next;
    Lc=La;
    r=Lc;
    while(p!=NULL&&q!=NULL)
       if(p->data<=q->data)
           {r->next=p;
           r=p;
           p=p->next; }
       else
           {r->next=q;
           r=q;
```

```
    q=q->next; }
   if(p!=NULL)
       r->next=p;
   else
       r->next=q;
   free(Lb);
   return *Lc;
}
```

8.5 共 用 体

C 语言允许用户把若干个不同类型的数据组合在一体，作为结构体类型，也可作为共用体类型，二者都属于聚合类型。二者的不同之处在于，结构体类型中各个数据均作为结构体类型的一个成员，它们分别占用一定的存储单元，而共用体类型中各个数据占用的内存字节数不尽相同(由于数据类型不一定完全相同)，但都从同一起始地址的存储单元开始，即使用覆盖技术，使几个变量相互覆盖。这种几个不同的变量共同占用一段内存的结构，在 C 语言中被称作“共用体”类型结构，简称共用体。

8.5.1 共用体类型及共用体类型变量的定义

共用体类型的定义形式为：

```
union 共用体名
{
        成员表列
};
```

共用体的成员表列的定义与结构体相同。有了共用体类型就可以定义共用体类型变量。同结构体一样，共用体类型变量也有三种定义方式。如

```
union data
{
  char c;
  int i;
  float f;
} a,b;
```

与

```
union
{
  char c;
  int i;
  float f;
} a,b;
```

以及先定义共用体类型 union data，再定义变量 a,b 为 union data 类型，即

```
union data a,b;
```

都是定义了共用体类型变量 a、b。

共用体类型变量 a、b 在内存中各占 4 个字节（见图 8-12），正好是占用字节数最多的成员所需的字节数。如果是以上述三个成员定义的结构体变量，则每个结构体变量在内存中各占 7 个字节。

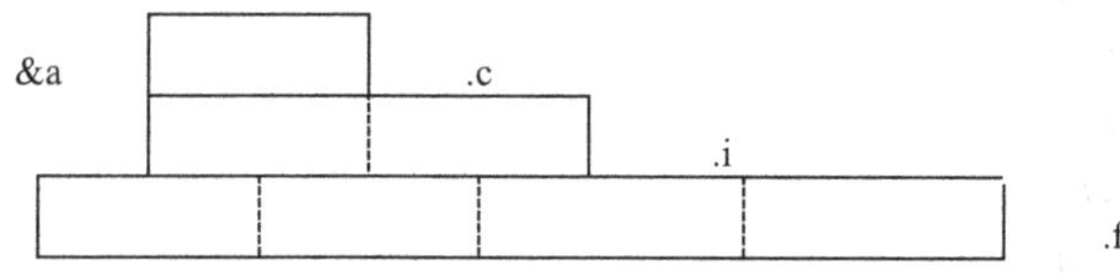

图 8-12　共用体类型变量 a 在内存中的存储情况

8.5.2　共用体变量的引用

共用体类型变量的引用方式与结构体类型变量的引用方式相同。如共用体类型变量 a 的成员引用可以是

```
scanf("%d",&a.i);
printf("%f",a.f);
```

但其整体引用，如：

```
printf("%d".a);
a=5;
k=a;
```

等都是错误的。

8.5.3　使用共用体应注意的问题

使用共用体类型变量时要注意以下几点：

（1）一个共用体类型变量可以用来存放几种不同类型的成员，无法同时实现。即每一个瞬间只有一个成员起作用。因各成员共用一段内存，彼此互相覆盖，故对于同一个共用体类型变量，给一个新的成员赋值就“冲掉”了原有成员的值。因此在引用变量时应十分注意当前存放在共用体型类变量中的究竟是哪个成员。

（2）共用体类型变量的地址和它的各成员的地址同值，如上述共用体类型变量 a 在内存中存放的情形如图 8-12 所示，所以&a.c、&a.i、&a.f、&a 都是同一地址值。

（3）不能对共用体变量名赋值，也不能企图引用变量名来得到一个值。同样，也不能在定义共用体类型变量时对其初始化，即 union data a={'', 0, 1.25}是错误的。

（4）不能把共用体类型变量作为函数参数或函数的返回值，但可以使用指向共用体类型变量的指针（与结构体型变量的用法类似）。

（5）共用体类型可以出现在结构体类型定义中，也可以定义共用体数组。反之，结构

体也可以出现在共用体类型定义中，数组也可以作为共用体的成员。

【例 8-13】 根据类型标志 type_flag 可以处理任意类型的结构体成员变量。

```
#include<conio.h>
void main()
{
  struct sss
    { union  uuu
      {int i;
      char c;
      float f;
      double d;
    }data;
  char type_flag
  }num;
  printf("Input the number's type(i,c,f,d):\n");
  num.type_flag=getche();
  printf("Input the number\n");
  switch(num.type_flag)
  {
      case 'i':scanf("%d",&num.data.i);break;
      case 'c':scanf("%c",&num.data.c);break;
      case 'f':scanf("%f",&num.data.f);break;
      case 'd':scanf("%lf",&num.data.d);
  }
  switch(num.type_flag)
    {
      case 'i':printf("%d",num.data.i);break;
      case 'c':printf("%c",num.data.c);break;
      case 'f':printf("%f",num.data.f);break;
      case 'd':printf("%lf",num.data.d);
    }
}
```

8.6 位　　段

8.6.1 位段的概念

在实际应用中，经常会遇到某个变量的取值是一个固定位数的字符串，且每位取值是有一定范围的。如某学校的学生学号共八位，第 1、2 位是入学年份的后两位数字（00～99），第 3、4 位是所在系的代号（00～15），第 5 位是所学专业的代号（0～9），第 6 位是本专业的班号（0～7）第 7、8 位是所在班的序号（1～30），通常的做法将是每个变量用长度为 8 的字符数组来存储（占 8 个字节）。但是如果从二进制位（bit）的角度来考虑，23 个位就足够了（用 7 个位表示年份，用 4 个位表示系号，用 4 个位表示专业代号，用 3 个位表示班号，用 5 个位表示班内序号），可以用 4 个字节来存储，这样可节省一半的存储空间。C 语言能实现上述目的吗？能！

我们知道，内存存取的最小单位是字节，即不能直接对字节中的若干位进行存取，但是可以利用 C 语言的位运算功能实现上述目的。即先取出一个或若干个连续字节的值，再用位运算得到其某些连续位上的值，但比较复杂，请读者阅读有关位运算的内容，在此不再展开讨论。另一个方法就是利用 C 语言的位段的概念。位段是一种特殊的结构体类型，其每个成员是以位为单位来定义长度的，而不再是各种类型的变量。例如，学生学号可以定义为：

```
struct  packed_xh
{
  unsigned  nf:7;
  unsigned  xb:4;
  unsigned  zy:4;
  unsigned  bj:3;
  unsigned  sx:5;
} xh;
```

该结构体变量 xh 在内存中占三个字节，每个位段分别占 7、4、4、3 和 5 位，如图 8-13 所示。

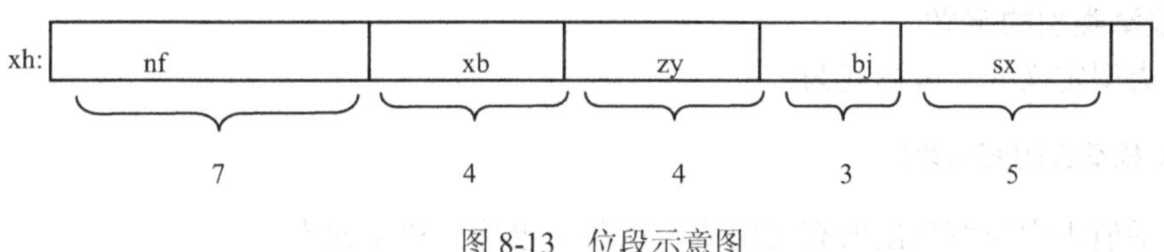

图 8-13　位段示意图

注意：*存储单元中位段的空间分配方向因机器而异，有些是从左到右，有些是从右到左。*

对位段中的数据的引用方法，与结构体一致。如

```
xh.nf=3;  xh.xb=8;  xh.zy=2;  xh.bj=3;  xh.sx=23;
```

但应注意位段允许的最大值范围。如令

```
xh.bj=9
```

系统只将 1001 后三位 001 赋给了 xh.bj，xh.bj 得到的值是 1。

8.6.2　使用位段应注意的问题

（1）一个位段必须被说明成 int、unsigned 或 signed 中的一种。长度为 1 的位段被认为是 unsigned 类型，因为单个位不可能具有符号。

（2）位段中成员的引用与结构体类型中成员的引用一样，用“.”运算符。比如：xh.xb=8 表示引用位段变量 xh 中的第 2 位，它的值是 0～15 中的一个。

（3）可定义无名位段，如：

```
struct
{
  unsigned   a: 1;
  unsigned   b: 2;
  unsigned    : 5;
  unsigned   c: 8;
};
```

（4）一个位段必须存储在同一存储单元中，不能跨两个单元，所以位段总长不能超过整型长度的边界。

（5）位段可在表达式中被引用（按整型数），也可用整型格式符输出。

（6）位段不能定义成数组。

8.7 枚 举 类 型

8.7.1 枚举类型的定义和枚举变量的定义

如果一个变量只有几种可能的值，可以定义为枚举类型。所谓“枚举”是指将变量的值一一列举出来，变量的值只限于列举出来的值的范围。

1．枚举类型的定义

枚举类型定义的一般形式为：

enum 枚举名{枚举值表};

在枚举值表中应罗列出所有可用值，这些值也称为枚举元素。

例如：

```
enum weekday {sun,mon,tue,wed,thu,fri,sat};
```

该枚举名为 weekday，枚举值共有 7 个，即一周中的 7 天。凡被说明为 weekday 类型变量的取值只能是 7 天中的某一天。

2．枚举变量的说明

如同结构题和共用体一样，枚举变量也可用不同的方式说明，即先定义后说明、同时定义说明或直接说明。

设有变量 a，b，c 被说明为上述的 weekday，可采用下述任一种方式：

```
enum weekday{sun,mou,tue,wed,thu,fri,sat};
enum weekday a,b,c;
```

或者为：

```
enum weekday{sun,mou,tue,wed,thu,fri,sat}a,b,c;
```

或者为：

```
enum {sun,mou,tue,wed,thu,fri,sat}a,b,c;
```

8.7.2 枚举类型在使用中应注意的问题

（1）枚举值是常量，不是变量，不能在程序中用赋值语句再对它赋值。

例如，对枚举 weekday 的元素再作以下赋值：

```
sun=5;
mon=2;
sun=mon;
```

都是错误的。

（2）枚举元素本身由系统定义了一个表示序号的数值，从 0 开始顺序定义为 0、1、2…。如在 weekday 中，sun 值为 0，mon 值为 1，……，sat 值为 6。

【例 8-14】

```
#include<stdio.h>
void main(){
enum weekday
{ sun,mon,tue,wed,thu,fri,sat } a,b,c;
  a=sun;
  b=mon;
  c=tue;
  printf("%d,%d,%d",a,b,c);
}
```

（3）只能把枚举值赋予枚举变量，不能把元素的数值直接赋予枚举变量。

如：

```
a=sum;
b=mon;
```

是正确的。而：

```
a=0;
b=1;
```

是错误的。如一定要把数值赋予枚举变量，则必须用强制类型转换。

如：

```
a=(enum weekday)2;
```

其意义是将顺序号为 2 的枚举元素赋予枚举变量 a，相当于：

```
a=tue;
```

（4）枚举元素不是字符常量也不是字符串常量，使用时不要加单、双引号。

【例 8-15】 下面程序利用了枚举变量的赋值和比较运算，注意与字符常量和字符串常量的区别。

```
#include<stdio.h>
void main()
{
  enum body
    { a,b,c,d } month[31],j;
  int i;
  j=a;
  for(i=1;i<=30;i++)
      {
      month[i]=j;
      j++;
      if (j>d) j=a;
      }
  for(i=1;i<=30;i++)
      {
      switch(month[i])
        {
          case a:printf(" %2d  %c\t",i,'a');break;
          case b:printf(" %2d  %c\t",i,'b');break;
          case c:printf(" %2d  %c\t",i,'c');break;
          case d:printf(" %2d  %c\t",i,'d');break;
          default:break;
        }
      }
      printf("\n");
}
```

8.8 typedef 语句

8.8.1 typedef 语句的一般形式及使用方法

到现在为止，我们已经学习了 C 语言中除文件外的所有数据类型。C 语言还提供了类型定义语句 typedef，它并不是用来重新定义新的数据类型，而是用来对原有的数据类型（无论是基本类型还是构造类型）起一个新的名字，以方便后续程序的使用。

typedef 语句的一般形式为：

typedef　原数据类型　新的类型名;

如可以定义结构体类型：

```
typedef  struct  list
{
int num;
  float data;
  struct list *next;
```

```
}LIST;
```

新的类型名 LIST 就代替了结构体类型 struct list，此后就可以用 LIST 来定义该结构体类型变量了，如

```
LIST  *head,*p;
```

则 head 和 p 就定义为结构体类型 LIST 的指针。还可定义

```
typedef  LIST  *LINKLIST;
```

则新的类型名 LINKLIST 就和 LIST *一样，LIST 类型的指针变量可用下面的语句定义：

```
LINKLIST  p1,p2;
```

对上面内容作一总结，可写成：

```
typedef   struct list
 {
  int num;
  float data;
  struct list *next;
 }LIST,*LINKLIST;
```

则

```
LINKLIST  p1,p2;
```

与

```
LIST  *p1,*p2;
```

等价。

基本类型也可用新的类型来代替，如

```
typedef  int INTEGER;
typedef  float  REAL;
```

指定用 INTEGER 代表 int 类型，用 REAL 代表 float 类型。

归纳起来，声明一个新的类型名的方法是：

（1）先按定义变量的方法写出定义体（如：int i）。

（2）将变量名换成新类型名（如：将 i 换成 INTEGER）。

（3）在最前面加 typedef（如：typedef int INTEGER）。

（4）然后可以用新类型名去定义变量。

8.8.2 使用 typedef 语句应注意的问题

在使用 typedef 定义新类型名时应注意以下几点：

（1）通常把用 typedef 定义的类型名用大写字母表示，以区别于系统提供的标准类型。

（2）可以用 typedef 定义各种类型名，但不能用来定义变量。typedef 仅是给已有类型增加了一个名字，并没有创造新的类型。

（3）当不同源文件要共用同一些数据类型（尤其像结构体、共用体、枚举及位段等类型）时，常用 typedef 定义这些数据类型，把它们单独放在一个文件中，然后在需要它们的文件中用#include 命令把它们包含进来。

（4）使用 typedef 有利于程序的通用和移植。例如，有的计算机系统 int 型数据用两个字节，而另一种计算机系统 int 型数据用四个字节。如果把在后一种计算机上编写的程序移植到前一种计算机上，一般的办法是将原程序中的 int 型变量逐一改成 long 型。但若原程序中用

```
typedef int INTEGER;
```

定义后的 INTEGER 编程，在新程序中只需将此 typedef 语句改为

```
typedef long INTEGER;
```

即可，而程序的其他部分无须改动即完成了移植。

【例 8-16】 分析用 typedef 语句定义图的邻接表的数据结构。

```
#define Vnum 20                  /*定义图的最大顶点个数为 20 */
typedef struct arcnode           /*定义图的弧结点结构体类型 struct arcnode */
 {
   int adjvex;                   /*下一条弧的弧头（始点）编号*/
   struct arcnode *nextarc;      /*指向下一条弧的指针*/
 }ArcNodeTp;                     /*给结构体类型 struct arcnode 赋予新的名字
                                 ArcNodeTp*/
typedef struct vexnode           /*定义图的顶点结构体类型 struct vexnode */
 {
   int vertex;                   /*顶点编号*/
   ArcNodeTp *firstarc;          /*指向第一条弧的指针*/
 }AdjList[Vnum];                 /*定义结构体数组类型 AdjList*/
typedef struct graph             /*定义图的结构体类型 struct graph */
 {
   AdjList adjlist;              /*定义成员 adjlist 是结构体 struct vexnode 类型
                                 的数组*/
   int vexnum; arcnum;           /*顶点和弧的个数为整型*/
   }GraphTp;                     /*给结构体类型 struct graph 赋予新的名字 GraphTp */
```

这样，若定义

```
GraphTp  g;
```

则 g 有三个成员，分别是顶点的个数 vexnum，弧的个数 arcnum，以及具有 Vnum 个结构体类型 struct vexnode 元素的数组 adjlist，每个数组元素又有 vertex 和 firstarc 两个成员，而 firstarc 仍有 adjvex 和 nextarc 两个成员。

习　题　8

一、选择题

1．当说明一个结构体变量时系统分配给它的内存是________。

A．各成员所需内存量的总和　　B．结构中第一个成员所需内存量

C．成员中占内存量最大者所需的容量　　D．结构中最后一个成员所需内存量

2．当说明一个共用体变量时系统分配给它的内存是________。

A．各成员所需内存量的总和　　B．共用体第一个成员所需内存量

C．成员中占内存量最大者所需的容量　　D．共用体最后一个成员所需内存量

3．以下对C语言中共用体类型数据的叙述正确的是________。

A．可以对共用体变量名直接赋值

B．一个共用体变量中可以同时存放其所有成员

C．一个共用体变量中不可能同时存放其所有成员

D．共用体类型定义中不能出现结构体类型的成员

4．若有以下定义和语句：

```
union data
{ int  i;
  char  c;
  float f;
}a;
 int n;
```

则以下语句正确的是________。

A．a=5;　　B．a={2，'a',1.2};　　C．printf("%d\n",a);　　D．n=a.i;

5．若有以下说明语句：

```
struct stu
{   int a;
    float b;
}stutype;
```

则以下不正确的叙述是________。

A．struct 是结构体类型的关键字　　B．struct stu 是用户定义的结构体类型

C．stutype 是用户定义的结构体类型名　　D．a 和 b 都是结构体成员名

6．若有以下定义和语句：

```
#include<stdio.h>
struct student
{ int age;
  int num;
}
```

```
struct student stu[3]={{1001,20},{1002,19},{1003,21}};
void main()
{ struct student *p;
  p=stu;
  …
}
```

则以下不正确的引用是________。

A．(p++)->num　　B．p++　　C．(*p).num　　D．p=&stu.age

7．以下 scanf 函数调用语句中对结构体变量成员的不正确引用是________。

```
struct abc
{ char name[20];
  int age;
  int sex;
}a[5],*p;
```

A．scanf("%s",a[0].name);　　B．scanf("%d",&a[0].age);

C．scanf("%d",&(p->sex));　　D．scanf("%d",p ->age);

8．字符'a'的 ASCII 码的十六进制数为 41，且数组的第 0 个元素在低位，则以下程序的输出结果是________。

```
main()
{ union{int i[2];
  long k;
  char c[4];
 } r,*s=&r;
  s->i[0]=0x41;
  s->i[1]=0x42;
  printf("%c\n",s->c[0])
}
```

A．41　　B．42　　C．a　　D．b

9．设有以下定义，则语句 printf("%d",sizeof(struct date)+sizeof(max));的执行结果是________。

```
typedef union
{ long i;
  int k[5];
  char c;
}DATE;
struct date
{ int cat;
```

```
  DATE cow;
  double dog;
}too;
DATE max;
```

A．25　　B．30　　C．18　　D．8

10．有如下定义：

```
struct person{char name[9]; int age;};
struct person class[10]={"John",17,"Paul",19,"Mary",18,"Adam",16,};
```

根据上述定义，能输出字母 M 的语句是________。

A．printf("%c\n",class[3].name);　　B．printf("%c\n",class[3].name[1]);

C．printf("%c\n",class[2].name[1]);　　D．printf("%c\n",class[2].name[0]);

二、填空题

1．结构体和数组都属于构造类型，但结构体中各个成员的________可以不同。

2．结构体和共用体都属于构造类型，但共用体中各个成员共享相同的________。

3．要定义结构体变量（数组、指针），必须先定义________。

4．设有以下结构体类型说明和变量定义，则变量 a 在内存所占字节数是________。

```
struct stud
{ char num[6];
  int s[4];
  double ave;
}a,*p;
```

5．以下程序的输出结果是________。

```
struct HAR
{ int x, y;
  struct HAR *p;
}h[2];
void main()
{ h[0].x=1;h[0].y=2;h[1].x=3;h[1].y=4;h[0].p=&h[1].p;
  printf("%d%d \n",(h[0].p)->x,(h[1].p)->y);
}
```

6．以下程序的输出结果是________。

```
union myun
{ struct
  { int x,y,z;
  }u;
  int k;
```

```
  }a;
void main()
{ a.u.x=4; a.u.y=5; a.u.z=6; a.k=0;
  printf("%d\n",a.u.x);
}
```

三、程序设计题

1．定义一个表示日期的结构体变量，写一名为 days()的函数，计算某日是本年的第几天，并编写主函数调用 days()函数实现其功能。

2．定义一个表示学生的结构体数组（包括学号、姓名、性别、年龄、电话号码（座机、手机）、总成绩、名次等信息），编写三个函数，分别实现学生信息的录入、按学生姓名进行查询、输出某个学生的信息，并编写主函数调用上述函数，实现简单的学生信息。

3．编写一个函数，合并两个有序的单链表。

4．编写一个函数，在一个有序的单链表中插入一个结点，使其仍有序。

5．定义一个表示星期的枚举类型。假设某月的第一天是星期一，编程实现输入该月的任意一天，由程序给出这一天是星期几。

第9章 文　件

为了提高数据的处理效率，一般高级语言都能对文件进行操作。文件可以是自己编制的，也可以是系统已有的。无论是程序或数据，都是以文件方式存储的。本章主要介绍文件的一般概念，文件指针以及文件的打开、关闭、读、写、定位等操作。

9.1 C 语言文件概述

在讲文件概念前，先看下面的例子：

```
#include<stdio.h>
void main()
{ printf("This is a C program.");
}
```

执行该程序，printf()函数会从终端屏幕上输出“This is a C program.”。同样，也可以用 scanf()函数从键盘上输入该内容。这里的终端显示器是标准输出设备，键盘是输入设备。终端显示器显然不能永久保存数据，如果需要将“This is a C program.”永久保存起来，就必须输出到磁盘（或其他永久性设备）上保存起来。下面的程序是将其输出到磁盘中。

```
#include<stdio.h>
void main()
{ FILE *fp;
  fp=fopen("file1.txt","w");
  fprintf(fp, "This is a C program.");
  fclose(fp);
}
```

在这个程序中，建立了一个名为“file1.txt”的文件，并将“This is a C program.”通过 fprintf()函数输出到文件中保存起来。同样，也可以用 fscanf 函数从文件“file1.txt”中输入该内容。

文件是程序设计中的一个重要概念。所谓“文件”是指存储在外部介质上的数据的集合。大家知道，用户自己编写的程序要保存在磁盘（外部介质）上，这些保存在磁盘上的源程序就是程序文件，它是一种文本文件。在程序运行时，有时也需要将中间数据或结果输出到磁盘上保存起来，以后需要时再从磁盘上输入到内存。这也要用到磁盘文件。

操作系统是以文件为单位对数据进行管理的，提供“按名存取”的功能，也就是说，无论是想要存放一批数据到外部介质上或想取外部介质上存放的数据，都必须先按文件名找到指定的文件，然后再从该文件中存取数据。例如，要存取上例中的数据“This is a C program.”就必须找到文件“file1.txt”。

在 C 语言中“文件”的概念具有更广泛的意义。它把所有外部设备都作为文件来对待，这样的文件称为设备文件。例如，键盘是输入文件，显示屏和打印机是输出文件，可以用 scanf()函数输入键盘文件，printf()函数输出显示屏和打印机文件。实际上，外部设备的输入/输出操作就是读写设备文件的过程，对设备文件的读写与对一般磁盘文件的读写方法完全相同。

C 语言把文件看作一个字符（字节）的序列，即文件由一个一个字符（字节）的数据顺序组成。根据数据的组织形式，可分为 ASCII 文件和二进制文件。ASCII 文件又称文本（text）文件，它的每一个字节存放一个 ASCII 代码，代表一个字符。二进制文件是把内存中的数据按其在内存中的存储形式原样输出到磁盘上存放。这类文件可以节省内存空间。例如，有一个整数为 4096，在内存中的存放形式为 00010000　00000000，占 2 个字节。用 ASCII 码存放 4096 到磁盘上，由于 ASCII 码与字符一一对应，一个字节代表一个字符，因此需占 4 个字节。虽然用 ASCII 形式存放比按二进制形式存放占较多的存储空间，但是这便于对字符进行逐个处理和输出。

如前所述，一个 C 语言文件是一个字节流或二进制流。它把数据看作一连串的字符（字节），而不考虑记录的界限。也就是说，C 语言文件不是由记录组成的。在 C 语言中对文件的存取是以字符（字节）为单位的。输入/输出的数据流的开始和结束仅受程序控制而不受物理符号（如回车换行符）控制。一般把这种文件称为流式文件。C 语言允许对文件存取一个字符，这就增加了处理的灵活性。

在过去使用的 C 语言版本中（如 UNIX 系统下使用的 C 语言）有两种对文件的处理方法：一种叫“缓冲文件系统”，另一种叫“非缓冲文件系统”。

所谓缓冲文件系统是指系统自动地在内存区为每一个正在使用的文件名开辟一个缓冲区。从内存向磁盘输出数据必须先送到内存中的缓冲区，装满缓冲区后才一起送到磁盘去。如果从磁盘向内存读入数据，则一次从磁盘文件中将一批数据读入到内存缓冲区（充满缓冲区），然后再从缓冲区逐个地将数据送到程序数据区（给程序变量），如图 9-1 所示。缓冲区的大小由各个具体的 C 语言版本确定。一般为 512 字节。

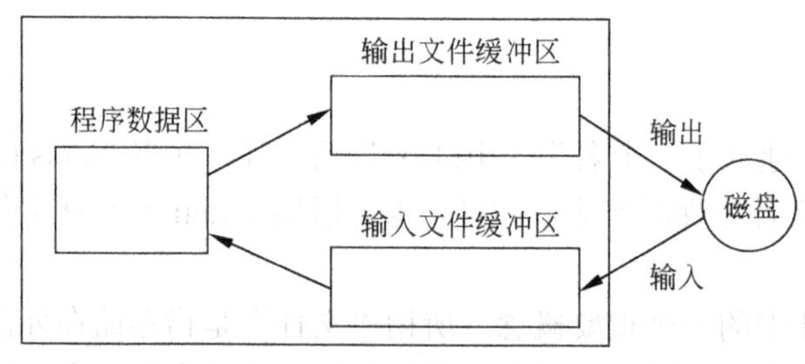

图 9-1　内存缓冲区示意

所谓“非缓冲文件系统”是指系统不自动开辟确定大小的缓冲区，而由程序为每个文件设定缓冲区。

在 UNIX 系统下，用缓冲文件系统来处理文本文件，用非缓冲文件系统来处理二进制文件。用缓冲文件系统进行的输入/输出又称为高级（或高层）磁盘输入/输出，用非缓冲文件系统进行的输入/输出又称为低级（或低层）磁盘输入/输出。1983 年 ANSI C 标准决定不采用非缓冲文件系统，而只采用缓冲文件系统。也就是说，用缓冲文件系统既可处理二进制文件，又可以处理文本文件。这里主要讨论 ANSI C 的文件系统以及它的读写操作。

9.2 文件类型指针

在进行文件操作时，要用到文件指针。文件指针用来指向被操作文件的有关信息（如文件名、文件状态及文件当前位置等）。这些信息是保存在一个结构体变量中的。该结构体类型是由系统定义的，类型名为 FILE。有的 C 语言版本在 stdio.h 文件中有以下的文件类型声明：

```
typedef struct
{   int  fd;                          /*文件号*/
    int  cleft;                       /*缓冲区中剩下的字符*/
    int  mode;                        /*文件操作模式*/
    char  *nextc;                     /*下一个字符位置*/
    char  *buffer;                    /*文件缓冲区位置*/
}FILE;
```

有了 FILE 类型以后可以定义文件类型的指针变量。例如，在前面的例子里就有下列语句：

```
FILE *fp;
```

其中，fp 是一个指向 FILE 类型结构体的指针变量。可以使 fp 指向某一个文件的结构体变量，从而能够通过该结构体变量中的文件信息去访问该文件。也就是说，通过文件指针变量 fp 能够找到与之相关的文件“file1.txt”。一般来说，打开多少个文件，就应该有多少个文件型指针变量，使它们指向对应的文件（实际上是指向存放该文件信息的结构体变量），以实现对文件的访问。

9.3 文件的打开与关闭

在对文件操作之前必须“打开”文件。打开文件的作用实际上是建立该文件的信息结构体，并且给出指向该信息结构体的指针以便对该文件进行访问。文件使用结束之后应该“关闭”该文件。文件的打开与关闭是通过调用 fopen()和 fclose()函数来实现的。

9.3.1 文件的打开

ANSI C 规定了标准输入/输出函数库，用 fopen()函数来实现文件的打开，其调用的一般格式如下：

```
FILE *fp;
fp=fopen(fname,mode);
```

其中，fname 是要打开的文件名，可以是字符串常数、字符型数组或字符型指针。文件名也可以带路径。mode 表示文件的使用方式，它规定了打开文件可以进行的操作，如 表 9-1 所示。

表 9-1 文件使用方式

文件使用方式	含 义	说 明
“r”（只读）	打开文本文件，只读	如果指定文件不存在，则出错
“w”（只写）	打开文本文件，只写	新建一个文件，如果指定文件已存在，则删除它，再新建
“a”（追加）	打开文本文件，追加	如果指定文件不存在，则创建该文件
“rb”（只读）	打开二进制文件，只读	如果指定文件不存在，则出错
“wb”（只写）	打开二进制文件，只写	新建一个文件，如果指定文件已存在，则删除它，再新建
“ab”（追加）	打开二进制文件，追加	如果指定文件不存在，则创建该文件
“r+”（读写）	打开文本文件，读、写	如果指定文件不存在，则出错
“w+”（读写）	打开文本文件，读、写	新建一个文件，如果指定文件已存在，则删除它，再新建
“a+”（读追加）	打开文本文件，读、追加	如果指定文件不存在，则创建该文件
“rb+”（读写）	打开二进制文件，读、写	如果指定文件不存在，则出错
“wb+”（读写）	打开二进制文件，读、写	新建一个文件，如果指定文件已存在，则删除它，再新建
“ab+”（读追加）	打开二进制文件，读、追加	如果指定文件不存在，则创建该文件

例如，前面的例子里就有下列语句：

```
fp=fopen("file1.txt","w");
```

它表示要打开名字为“file1.txt”的文件，使用文件方式为“只写”。fopen()函数的返回值是指向文件“file1.txt”的指针，将其赋给 fp，这样 fp 就指向了文件“file1.txt”。

说明：

（1）用以上方式可以打开文本文件或二进制文件，这是 ANSI C 的规定，即用同一种文件缓冲系统来处理文本文件和二进制文件。但目前有些 C 语言编译系统可能不完全提供所有这些功能，有的 C 语言版本不用“r+”、“w+”、“a+”而用“rw”、“wr”、“ar”等。请大家注意所用 C 语言系统的规定。

（2）如果文件“打开”不能实现，fopen()函数值将会返回一个错误信息。出错的原因可能是：用“r”方式打开一个并不存在的文件；磁盘出故障；磁盘已满无法建立新文件等。此时，fopen()函数将返回一个空指针值 NULL（NULL 在 stdio.h 文件中已被定义为 0）。

常用下列方法打开一个文件：

```
if ((fp=fopen ("file1","r"))==NULL)
 {  printf ("cannot open this file \n");
    exit(0);
 }
```

即先检查打开文件（file1）有无出错，如果有错就在终端上输出“cannot open this file()”。

exit()函数的作用是关闭所有文件，终止正在调用的过程。

（3）在读取文本文件时，会自动将回车、换行两个符号转换为一个换行符，在写入时又会自动将一个换行符转换为回车和换行两个字符。在用二进制文件时，不会进行这种转换。因为在内存中的数据形式与写入到外部文件中的数据形式完全一致，一一对应。

（4）在程序开始运行时，系统自动打开三个文件：标准输入、标准输出和标准出错输出。通常这三个文件都与终端相联系。因此以前我们所用到的从终端输入或输出，都不需要打开终端文件。系统自动定义了三个文件指针 stdin、stdout 和 stderr，分别指向终端输入、终端输出和标准出错输出（也从终端输出）。如果程序中指定要从 stdin 所指的文件输入数据，就是指从终端键盘输入数据。

9.3.2 文件的关闭

文件使用完后应将它关闭，以保证本次文件操作的有效。“关闭”就是使文件指针变量不再指向该文件，也就是文件指针变量与文件“脱钩”。此后不能再通过该指针对原来关联的文件进行操作。

用 fclose 函数关闭文件。fclose 函数调用的一般形式为：

```
fclose(文件指针);
```

例如：

```
fclose(fp);
```

在前面例子中，把 fopen()函数带回的指针赋给了 fp，现在通过 fp 关闭该文件。即 fp 不再指向该文件。

在程序终止之前应关闭所有使用的文件，否则将会丢失数据。这是因为在向文件写数据时，是先将数据写入缓冲区，等缓冲区写满后才真正输出给文件。如果缓冲区未满而程序结束运行，就会将缓冲区中的数据丢失。用 fclose()函数关闭文件，可以避免这一问题的发生。

如果文件关闭成功，fclose()函数返回值为 0，否则返回 EOF(–1)。这可以用 ferror()函数来测试。

9.4 文件的读写

文件打开之后，就可以对它进行读写了。本节介绍常用的文件读写函数。

9.4.1 文件的字符读写函数

1．fputc()函数

把一个字符输出（写入）到磁盘文件上，与其完全等价的还有 putc()。它们的一般调用形式为：

```
fputc(ch,fp);
putc(ch,fp);
```

其中，ch 是要输出的字符，它可以是一个字符常量，也可以是一个字符变量。fp 是文件指针变量。fputc(ch,fp)函数的作用是将字符（ch 的值）输出到 fp 所指向的文件上。如果输出成功，函数的返回值是输出的字符；如果输出失败，则返回文件结束标志 EOF。EOF 是在 stdio.h 中定义的符号常量，值为–1，十六进制表示为 0xFF。

【例 9-1】 将字符 A、B、C 和 EOF 写入文件 file1.txt 中。

```
#include<stdio.h>
FILE *fp;
void main()
{ char  a='A',b='B',c='C';
   if((fp=fopen("file1.txt","w"))==NULL)
      {printf ("cannot open file\n");exit(1);}
   fputc(a,fp);
   fputc(b,fp);
   fputc(c,fp);
   fputc(0xff,fp);
   fclose(fp);
}
```

程序运行时，先以“w”方式打开文件 file1.txt，然后由 fputc()依次将保存在变量 a、b、c 中的字符写到文件中，最后写入 EOF 并关闭文件。通过 Windows 资源管理器可以看到文件 file1.txt 被建立，其长度为 4 个字节。

文本文件也可以用 DOS 的 TYPE 命令将其内容显示在屏幕上（EOF 将按照 ASCII 码值为 255 显示）。

2．fetc()函数

用来从指定文件中读取一个字符，与它完全等价的还有 getc()。它们的调用格式如下：

```
ch=fgetc (fp);
ch=getc (fp);
```

其中，fp 为文件指针。该函数的功能是从指定的文件读取一个字符，并赋给字符型变量 ch。如果读取成功，函数返回读取的字符；如果遇到文件结束符，则返回一个文件结束标志 EOF。

【例 9-2】 从例 9-1 建立的文件 file1.txt 中读出所有的字符并显示在屏幕上。

```
#include<stdio.h>
FILE *fp;
void main()
{ char a;
  int i;
  if((fp=fopen ("file1.txt","r"))==NULL)
     {printf("cannot open file\n");exit(1);}
  while((a=fgetc(fp))!=EOF)
     putchar(a);
```

```
    fclose (fp);
  }
```

程序运行时，以“r”方式打开文件 file1.txt，用 fgetc()读取文件中的一个字符赋给变量 a，并将 a 输出到显示器上，直到文件结束符 EOF 为止，而 EOF 不被显示。因此，程序的运行结果为：

```
ABC
```

9.4.2 文件的字符串读写函数

1. fputs()函数

fputs()函数是用来将一个字符串写入到指定的文本文件中，其调用格式如下：

```
fputs(s,fp);
```

其中，s 可以是字符型数组名、指向字符串的指针变量，也可以是一个字符串常量；fp 为指向写入文件的指针。该函数的功能是将 s 所指定的字符串写入 fp 所指向的文件中，字符串结束符'\0'自动舍去，不写入文件中。如果函数执行成功，则返回值为写入字符个数；出错时，返回值 EOF(–1)。

【例 9-3】 将字符串"BASIC"，"PASCAL"，"FORTRAN"，"COBOL"，"ALGOL"写入文件 file2.txt。

```
#include<stdio.h>
FILE *fp;
 void main()
   { char a[][9]={"BASIC","PASCAL","FORTRAN","COBOL","ALGOL"};
     int i;
     if ((fp=fopen("file2.txt","w"))==NULL)
         { printf("Cannot open file\n");
        exit(1);}
     for (i=0;i<=4;i++)
          fputs (a[i],fp);
     fclose(fp);
   }
```

在程序中，用“w”方式打开文件 file2.txt，然后通过循环语句将字符型数组 a 中的字符串写入文件。写入时是按照字符串中字符的个数写入，并非按照数组定义的大小，而且是不含字符串结束符的，因此总共写入 28 个字符，文件长度也为 28 字节。

由于 fputs()函数并不将字符串结束符'\0'写入文件，文件中的字符串之间不存在任何分隔符，因此，字符串很难被正确读出。为了使文件中的字符串能被正确读出，可在每个字符串末尾增加一个换行符。这时，写入文件的每个字符串后除多一个换行符（'\n'）外，还自动加一个 EOF。例如，将上例中的第四行改为：

```
char a[ ][9]={"BASIC\n", "PASCAL\n", "FORTRAN\n", "COBOL\n", "ALGOL\n"};
```

程序运行后，文件"file2.txt"的长度由 28 字节变为 38 字节。

【例 9-4】在上例创建的 file2.txt 文件的末尾增加三个字符串："Turbo C"、"Borland C"、"MS-C"。

```
#include<stdio.h>
FILE *fp;
void main()
{   char a[][10]={"Turbo C\n", "Borland C\n","MS-C\n" };
    int i;
    if((fp=fopen("file2.txt", "a"))==NULL)
      {printf("Cannot open file\n");
       exit(1);}
    for(i=0;i<=2;i++)
     fputs(a[i],fp);
    fclose(fp);
}
```

程序以“a”方式打开文件后，文件指针自动指向文件末尾，因此，循环语句中的 fputs()函数依次将三个带换行符的字符串写入到了文件的末尾。

2．fgets()函数

fgets()函数用来从指定的文本文件中读取一个字符串，其调用格式如下：

```
fgets(s,n,fp);
```

其中，s 是作为缓冲区使用的字符数组名或字符串指针，即为读取到的字符串的内存地址；参数 n 为读取字符的个数；参数 fp 为要读取文件的指针。

该函数的功能是从 fp 指定的文件中读取 n–1 个字符，存入 s 所指定的内存缓冲区。如果读取够 n–1 个字符，或在 n–1 个之前读取到换行符，或读取到文件结束标志 EOF，将在读取到的字符串后自动添加一个'\0'字符，结束读取。读取到的换行符被保留在'\0'之前，EOF 不予保留。该函数执行成功，返回读取的字符串 s 的首地址，否则返回空指针。

【例 9-5】 从例 9-3、例 9-4 所创建的文本文件 file2.txt 中读出各个字符串，并将其中第 0、2、4、6 号字符串显示在屏幕上。

```
#include<stdio.h>
FILE *fp;
void main()
{ char a[8][10];
  int i;
  if((fp=fopen("file2.txt", "r"))==NULL)
     {printf ("Cannot open file\n");
      exit (1);}
  for (i=0;i<8;i++)
     {fgets (a[i],10,fp);
      if (i%2==0) printf ("%s\n",a[i]);
  }
```

```
  fclose (fp);
}
```

程序执行时，每循环一次最多只读 9 个字符，若遇到换行符或 EOF 则提前结束本次读取操作。由于在 file2.txt 中每个字符串的末尾都有换行符和 EOF，因此，fgets()函数读出并存放在 a[i]中的字符串都带有换行符和'\0'，在用 printf()函数输出时，格式转换说明符“%s”中不必加入换行符"\n"就能使每个字符串输出后换行。程序的运行结果为：

```
BASIC
FORTRAN
ALGOL
Borland C
```

9.4.3 文件的数据块读写函数

1．fwrite()函数

fwrite()函数用来向指定文件中写入数据块。其一般调用形式为：

```
fwrite(buf,size,count,fp);
```

其中，buf 为被写入数据在内存中存放的起始地址，可以是数组名或指向数组的指针；size 为每次要写入的字节数；count 为要写入的次数；fp 为文件指针。

该函数的功能是从 buf 所指向的内存区域取出 count 个数据项写入 fp 指向的文件中，每个数据项的长度为 size，也就是写入的数据块大小为 size*count 个字节。如果函数执行成功，返回值为实际写入数据项的个数；若返回值小于实际需要写入数据项的个数 count，则出错。当文件按二进制打开时，fwrite 函数可以写入任何类型的信息。

【例 9-6】 从键盘输入几个学生的学号、姓名和成绩，并将该数据写入文件 file3.dat 中。程序如下：

```
#include<stdio.h>
#define N 3
struct student
{ int no;
  char name[10];
  int score;
}stud[N];
 void main()
{ FILE *fp;
  int i;
  for(i=0;i<N;i++)
   { printf ("\nInput the number:");
     scanf("%d",&stud[i].no);
     printf("Input the name:");
     scanf("%s",stud[i].name);
     printf("Input the score:");
```

```
        scanf("%d",&stud[i].score);
      }
    if((fp=fopen("file3.dat","wb"))==NULL)
      {printf("Cannot open file\n");
         exit(1);
      }
    for(i=0;i<N;i++)
         if(fwrite(&stud[i],sizeof(struct student),1,fp)!=1)
          printf("File write error\n");
    fclose (fp);
}
```

程序中字符常量 N 表示输入学生的个数。程序运行时一共输入了 3 个学生的数据：

```
Input the number:1↙
Input the name:LiMing↙
Input the score:90↙

Input the number:2↙
Input the name:WangFang↙
Input the score:85↙

Input the number:3↙
Input the name:ZhangHua↙
Input the score:91↙
```

2．fread()函数

fread()用于从文件中读取一个数据块，其调用形式为：

```
fread (buf,size,count,fp);
```

其中，buf 为从文件中读取的数据在内存中存放的起始地址，size 为一次读取的字节数，count 为要读取的次数，fp 为文件指针。该函数的功能是从 fp 所指的文件中，读取长度为 size 个字节的数据项 count 次，存放到 buf 所指的内存单元中，所读取的数据块总长度为 size*count 个字节。当文件按二进制打开时，fread()函数可以读出任何类型的信息。函数执行成功时，返回值为实际读出的数据项个数；若返回值小于实际需要读出数据项的个数 count，则出错。

【例 9-7】 从上例建立的文件 file3.dat 中读取学生的学号、姓名和成绩，并打印出来。

程序如下：

```
#include<stdio.h>
#define N 3
struct student
{ int no;
  char name[10];
  int score;
```

```
} stud[N];
 void main()
   { FILE *fp;
     int i;
     if((fp=fopen ("file3.dat","rb"))==NULL)
       {printf ("Cannot open file\n");
        exit(1);
       }
     for(i=0;i<N;i++)
       {if(fread (&stud[i],sizeof(struct student),1,fp)!=1)
          {if(feof(fp)) printf ("Premature end of file \n");
           else printf("File read error\n");
              exit(1);
          }
       printf ("NO:%-4dNAME:%-10sSCORE:%d\n",stud[i].no,stud[i].
              name,stud[i].score);
      }
    fclose (fp);
  }
```

程序中字符常量 N 表示输入学生的个数，程序运行中一共读出了 3 个学生的数据，输出结果：

```
NO:1   NAME:LiMing    SCORE:90
NO:2   NAME:WangFang  SCORE:85
NO:3   NAME:ZhangHua  SCORE:91
```

9.4.4 文件的格式化读写函数

1．fprintf()函数

与 printf()函数作用相仿，都是格式化写入函数，只不过写入对象不是终端而是文件。其调用格式为：

```
fprintf(fp,format,arg1,arg2,…,argn);
```

其中，fp 为文件指针，format 为格式控制字符串，arg1～argn 为输出项表列，即要写入文件的内容。该函数的功能是按转换控制字符串 format 的格式，将 arg1～argn 的值写入 fp 所指向的文本文件中。

例如：

```
fprintf(fp,"%d,%6.2f",i,t);
```

它的作用是将整形变量 i 和实型变量 t 的值按%d 和%6.2f 格式写入 fp 所指向的文件中。如果 i=3，t=4.5，则写入到文件中的是以下字符串：

```
3,  4.50
```

该函数执行成功，返回值为实际写入的字符个数，否则为负数。

2．fscanf()函数

Fscanf()函数与 scanf()函数作用相仿，都是格式化读取函数，只不过不是从终端读取，而是从文件读取。其调用格式为：

```
fscanf(fp,format,arg1,arg2,…,argn);
```

其中，fp 为文件指针，format 为格式控制字符串，arg1～argn 为输入项地址表列，即存放从文件中所读取内容的内存地址。该函数的功能是从 fp 所指向的文本文件中读取数据，按转换控制字符串 format 的格式存入 arg1～argn 所指向的内存中。

例如：

```
fscanf(fp," %d,%f ",&i,&t);
```

如果文件中有如下字符：

```
3,4.5
```

则文件中的数据 3 送给变量 i，4.5 送给变量 t。函数执行成功，返回值为实际读取的项目的个数，否则为 EOF 或 0。

使用 fscanf()函数需要注意的是，fscanf()从文件中读取数据时，以制表符、空格字符、回车符作为数据项的结束标志。因此，在用 fprintf()函数写入文件时，也要注意在数据项之间留有制表符、空格字符和回车符。

9.4.5 文件的其他读写函数

其他函数主要有 putw()和 getw()。对于大多数 C 语言的编译系统来说，都提供这两个函数，用来对磁盘读写一个字（整数）。例如：

```
putw(10,fp);
```

作用是将整数 10 写入 fp 所指的文件，而

```
i=getw(fp);
```

的作用是从文件读一个整数到内存，赋给变量 i。

如果所用 C 语言的编译系统的库函数中不包括 putw()和 getw()函数，则可以自己定义这两个函数。putw()函数定义如下：

```
putw(int i, FILE *fp)
{ char *s;
   s=&i;
   putc(s[0],fp);
   putc(s[1],fp);
   return (i);
}
```

在程序中 s 是指向整型 i 的指针变量，因此 s 指向 i 的第一个字节，s+1 指向 i 的第二个字节。由于*(s+0)就是 s[0]，*(s+1)就是 s[1]，所以 s[0]，s[1]分别对应 i 的第一个字节和第二个字节，顺序输出 s[0]，s[1]就相当于输出了 i 的两个字节中的内容。

同样，可以定义 getw()函数如下：

```
getw(FILE *fp)
{ char *s;
  int i;
  s=&i;
  s[0]=getc(fp);
  s[1]=getc(fp);
  return(i);
}
```

putw()和 getw()并不是 ANSI C 标准定义的函数。但许多 C 语言的编译系统都提供这两个函数，也有的 C 语言的编译系统不用 putw 和 getw 命名，而用其他函数名，请使用时注意。

9.5　文件的定位

文件中有一个位置指针，指向当前读写的位置。如果顺序读写一个文件，每次读写一个字符，则读写完一个字符后，位置指针自动移动，指向下一个字符位置。如果随机读写一个文件，就必须强制移动指针，使其指向需要的文件读写位置，这就需要用文件定位函数来实现。

9.5.1　rewind()函数

rewind 函数的功能是将文件指针重新返回到文件的开头，调用格式如下：

```
rewind(fp);
```

其中，fp 是文件指针。该函数没有返回值。

【例 9-8】 有一个文件 file1.txt，第一次使它显示在屏幕上，第二次把它复制到另一个文件 file2.txt 中。程序如下：

```
#include<stdio.h>
void main()
{ FILE *fp1,*fp2;
  fp1=fopen("file1.txt","r");
  fp2=fopen("file2.txt","w");
  while(!feof(fp1));
      putchar(fgetc(fp1));
  rewind(fp1);
  while(!feof(fp1));
      fputc(fgetc(fp1),fp2);
```

```
    fclose(fp1);
    fclose(fp2);
}
```


当第一次显示在屏幕上以后，文件 file1.txt 的位置指针已指到文件末尾，feof 的值为真，执行 rewind()函数，使文件的位置指针重新定位于文件开头，并使 feof()函数的值重新恢复为假。

9.5.2 ftell()函数

ftell()函数用来返回文件指针的当前位置。其调用格式如下：

```
ftell(fp);
```

由于在文件的随机读写过程中，位置指针不断移动，往往不容易搞清当前位置，这时就可以使用 ftell()函数得到文件指针的当前位置。ftell()函数的返回值为一个长整型数，表示相对文件头的字节数，出错时返回–1L。例如：

```
long i;
if((i=ftell(fp))==-1L)
printf ("A file error has occurred at %ld.\n",i);
```

该程序可通知用户在文件什么位置出现了文件错误。

9.5.3 fseek()函数

fseek()函数可移动文件指针到指定的读写位置，其调用格式如下：

```
fseek(fp,offset,from);
```

其中，fp 为指向当前文件的指针；offset 是一个带符号长整数，表示文件位置指针的位移量，正值表示向文件结尾方向移动，负值表示向文件头方向移动；from 是初始位置的“定位代码”，表示从文件的哪一点开始测量 offset，按表 9-2 规定的方式取值，既可以是标准 C 规定的常量名，也可以取对应的数字。

表 9-2　指针初始位置表示法

符号名	数　字	含　义
SEEK_SET	0	文件开头
SEEK_CUR	1	文件指针当前位置
SEEK_END	2	文件末尾

该函数的功能是将文件指针 fp 指到以 from 定位点为初始位置、移动 offset 个字节后的位置上。如果文件定位成功，则 fseek()返回 0，否则返回一个非 0 值。

fseek()函数常用于二进制文件的随机读写。用于文本文件时，因字符转换问题，常出现定错位问题。

【例 9-9】 在文件 file3.dat 中存有 3 名学生的学号、姓名和成绩数据（见例 9-7），要求读取单号学生的数据并在显示器上输出。程序如下：

```
#include<stdio.h>
#define N 3
struct student
{ int no;
  char name[10];
  int score;
} stud[N];
void main()
{ FILE *fp;
  int i;
  if((fp=fopen("file3.dat","rb"))==NULL)
    { printf("Cannot open file\n");
     exit(1);
     }
 for(i=0;i<N;i++)
    {fseek (fp,i*sizeof (struct student),0);
     if(fread (&stud[i],sizeof (struct student),1,fp)!=1)
        {if (feof(fp)) printf ("Premature end of file \n");
         printf ("File read error");
         exit(1);
        }
    if(stud[i].no%2)
        printf ("NO:%-4dNAME:%-10sSCORE:%d\n",
    stud[i].no,stud[i].name,stud[i].score);
    }
 fclose(fp);
}
```

【例 9-10】 对上例中的学生成绩文件 file3.dat 中的记录按学号进行排序（升序），结果存入文件 file4.dat。程序如下：

```
#include<stdio.h>
#define N 3
struct student
{ int no;
  char name[10];
  int score;
} stud[N],temp;
void main()
{ FILE *fp;
  int i,j,k;
  if((fp=fopen("file3.dat","rb"))==NULL)
    {printf("Cannot open file\n");
     exit(1);
    }
```

```
    for(i=0;i<N;i++)
        {fseek (fp,i*sizeof (struct student),0);
         if(fread (&stud[i],sizeof (struct student),1,fp)!=1)
            {if(feof (fp)) printf ("Premature end of file \n");
             printf ("File read error");
             exit(1);
            }
        }
    fclose(fp);
    for(i=0;i<N-1;i++)
        {k=i;
         for(j=i+1;j<N;j++)
            if(stud[j].no<stud[k].no) k=j;
            if(k!=i)
              {temp=stud[i];stud[i]=stud[k];stud[k]=temp;}
        }
        if((fp=fopen("file4.dat","wb"))==NULL)
             {printf("Cannot open file\n");
             exit(1);
            }
        for(i=0;i<N;i++)
           if(fwrite(&stud[i],sizeof(struct student),1,fp)!=1)
             {printf("File write error"); exit(1);}
    fclose(fp);
}
```

在这个程序中，先将文件中的内容读入数组，再对数组进行排序，最后将数组重新写回文件。

【例 9-11】 输入一个学生的学号、姓名和成绩，插入例 9-10 的成绩文件 file4.dat，并形成新文件 file5.dat，要求保持学号递增顺序。

```
  #include<stdio.h>
  struct student
  { int no;
    char name[10];
    int score;
  } st,temp;
void main()
  { FILE *fp1,*fp2;
    int inserted=0;
    if((fp1=fopen("file4.dat","rb"))==NULL)
       { printf("Cannot open file\n");
         exit(1);
       }
   if((fp2=fopen("file5.dat","wb"))==NULL)
```

```
        { printf("Cannot open file\n");
          exit(1);
        }
    printf("\ninput number:");
    scanf("%d",&st.no);
     printf("input name:");
     scanf("%s",st.name);
     printf("input score:");
     scanf("%d",&st.score);
     while(!feof(fp1))
        {if(fread (&temp,sizeof (struct student),1,fp1)!=1)
            {printf ("File read error\n");exit(1);}
        if(st.no<temp.no&&inserted==0)
            {if (fwrite (&st,sizeof(struct student),1,fp2)!=1)
                                /*插入输入的学生成绩*/
              {printf ("File write error\n"); exit(1);}
                inserted=1;
            }
       if(fwrite(&temp,sizeof (struct student),1,fp2)!=1)
            {printf("File write error\n"); exit (1);}
       }
   if(inserted==0)
       if(fwrite (&st,sizeof(struct student),1,fp2)!=1)
                                /*在文件末尾插入输入的学生成绩*/
       {printf("File write error\n");exit (1);}
   fclose (fp1);
   fclose (fp2);
}
```

【例 9-12】 输入一个学生的学号，将其从例 9-11 的成绩文件 file5.dat 中删除，并形成新文件 file6. dat。程序如下：

```
  #include<stdio.h>
  struct student
  { int no;
    char name[10];
    int score;
  } st,temp;
void main()
  { FILE *fp1,*fp2;
    int deleted=0;
    if((fp1=fopen("file5.dat","rb"))==NULL)
       { printf ("Cannot open file\n");
         exit(1);
       }
```

```
    if((fp2=fopen("file6.dat","wb"))==NULL)
        {printf("Cannot open file\n");
         exit(1);
        }
    printf("input number:");
    scanf("%d",&st.no);
    while(!feof(fp1))
        {if(fread(&temp,sizeof(struct student),1,fp1)!=1)
            {printf("File read error");exit(1);}
         if (st.no==temp.no)
              deleted=1;
         else
              if(fwrite(&temp,sizeof(struct student),1,fp2)!=1)
               {printf("File write error");exit(1);}
         }
    if(deleted==0)
        printf("no number  %d!",st.no);
    fclose(fp1);
    fclose(fp2);
}
```

9.6 文件操作中的错误检测

C 语言标准中有一些检测输入/输出函数调用中的错误的函数。

9.6.1 ferror()函数

在调用各种输入/输出函数（如 fputc()、fgetc()、fread()、fwrite()等）时，如果出现了错误，除了函数返回值有所反映外，还可以用 ferror()函数检测，它的一般调用形式为：

```
ferror (fp);
```

如果其返回值为 0，则表示未出错。如果返回一个非 0 值，则表示出错。应该注意的是，对同一个文件，每一次调用输入/输出函数，均产生一个新的 ferror()函数值。因此，应在调用一个输入/输出函数结束后立刻检查 ferror()函数的值，否则信息会丢失。

在执行 fopen()函数时，ferror()函数的初值自动置为 0。

9.6.2 clearerr()函数

clearerr()函数用于将文件的错误标志和文件结束标志置 0。其调用格式如下：

```
fclear(fp);
```

当调用输入/输出函数出错时，ferror()函数值为一个非 0 值，并一直保持此值，直到使用 fclear()函数或 rewind()函数时才重新置 0。用该函数可及时清除出错标志。

9.6.3 feof()函数

在文本文件中，C 语言编译系统定义 EOF 为文件结束标志，EOF 的值为–1。由于 ASCII 码不可能取负值，所以它在文本文件中不会产生冲突。但在二进制文件中，–1 有可能是一个有效数据。为此，C 语言编译系统定义了 feof()函数用作二进制文件的结束标志。其调用格式如下：

```
feof(fp);
```

如果文件指针已到文件末尾，函数返回值为非 0，否则为 0。例如：

```
while (!feof(fp))
getc(fp);
```

该程序段可将文件一直读到结束为止。

9.6.4 常用文件操作函数表

C 语言对文件的操作是通过调用库函数完成的。下面将本章介绍过的输入/输出函数作一概括性小结，具体如表 9-3 所示。

表 9-3 常用文件操作函数

分　类	函数名	功　能
打开文件	fopen()	打开文件
关闭文件	fclose()	关闭文件
文件定位	fseek()	改变文件位置指针的位置
	rewind()	使文件位置指针重新置于文件开头
	ftell()	返回文件位置指针的当前值
文件读写	fgetc(),getc()	从指定文件读取一个字符
	fputc(),putc()	把字符写入指定文件
	fgets()	从指定文件读取一个字符串
	fputs()	把字符串写入指定文件
	getw()	从指定文件读取一个字（int 型）
	putw()	把字（int 型）写入指定文件
	fread()	从指定文件读取数据项
	fwrite()	把数据项写入指定文件
	fscanf()	从指定文件中按指定格式输入数据
	fprintf()	按指定格式将数据输出到指定文件中
文件状态	feof()	若到文件末尾，函数值为真（非 0）
	ferror()	若对文件操作出错，函数值为真（非 0）
	clearerr()	使 ferror()和 feof()函数值置 0

习　题　9

一、选择题

1．C 语言文件的组成成分是________。

A．记录　　B．数据行　　C．数据块　　D．字符（字节）序列

2．C 语言中，数据文件的存取方式为________。

A．只能顺序存取　　B．只能随机存取

C．可以顺序存取和随机存取　　D．只能从文件的开头进行存取

3．C 语言中，用“a”方式打开一个已含有 10 个字符的文本文件，并写入了 5 个新字符，则该文件中存放的字符是________。

A．新写入的 5 个字符

B．新写入的 5 个字符覆盖原有字符中的前 5 个字符，保留原有的后 5 个字符

C．原有的 10 个字符在前，新写入的 5 个字符在后

D．新写入的 5 个字符在前，原有的 10 个字符在后

4．设已正确打开一个存有数据的文本文件，文件中原有的数据为 abcdef，新写入的数据为 xyz，若文件的数据变为 xyzdef，则该文件的打开方式是________。

A．w　　B．w+　　C．a+　　D．r+

5．fgets(str,n,fp)函数的功能是从文件读入字符串存入内存首地址 str，以下叙述中正确的是________。

A．n 代表最少能读入 n 个字符串　　B．n 代表最多能读入 n 个字符串

C．n 代表最少能读入 n–1 个字符串　　D．n 代表最多能读入 n–1 个字符串

6．执行 fseek(fp,–20,2);后的结果是________。

A．将文件指针从当前位置向文件末尾方向移动 20 字节

B．将文件指针从文件头向文件末尾方向移动 20 字节

C．将文件指针从当前位置向文件头方向移动 20 字节

D．将文件指针从文件末尾向文件头方向移动 20 字节

7．若 fp 为文件指针，且文件已正确打开，以下语句的输出结果为________。

```
fseek(fp,0,seek_end);
n=ftell(fp);
printf("n=%d\n",n);
```

A．fp 所指文件的长度，以字节为单位

B．fp 所指文件的当前位置，以比特为单位

C．fp 所指文件的长度，以比特为单位

D．fp 所指文件的当前位置，以字节为单位

8．下列叙述中正确的是________。

A．EOF 只能作为二进制文件的结束标志，feof ()只能作为文本文件的结束标志

B．EOF 只能作为文本文件的结束标志，feof ()只能作为二进制文件的结束标志

C．feof ()只能作为二进制文件的结束标志，EOF 则可作为文本文件和二进制的结束标志

D．EOF 只能作为文本文件的结束标志，feof()则可作为文本文件和二进制的结束标志

9．若 fp 是指向某文件的指针，且已读到文件的末尾，则 C 语言函数 feof()的返回值

是________。

A. EOF　　　　B. −1　　　　C. 非 0 值　　　　D. NULL

10. 在 C 语言中，可以把整数以二进制形式存放到文件中的函数是________。

A. fprintf()函数　B. fread()函数　　C. fwrite()函数　D. fputc()函数

二、填空题

1. 以下程序是由键盘输入一个文件名，然后把由键盘输入的字符依次存放到该文件中，用#号作为键盘输入结束的标志。请填空。

```
#include<stdio.h>
void main()
{  FILE *fp;
   char ch,fname[10];
   printf ("Input the name of file.\n");
   gets (fname);
   if ((fp=____)==NULL)
      {printf ("cannot open file .\n");exit (0);}
   printf ("enter data.\n");
   while (ch=getchar()!='#')
      fputc (____,fp);
   fclose (fp);
}
```

2. 以下程序中用户由键盘输入一个文件名，然后输入一串字符（用#结束输入）存放到此文件中，形成文本文件，最后将字符的个数写到文件的尾部。请填空。

```
#include<stdio.h>
void main()
{  FILE *fp;
   char ch,fname[32];
   int count=0;
   printf ("Input the filename:");
   scanf ("%s",fname);
   if ((fp=fopen(____,"w+"))==NULL)
      {printf("Can't open file:%s\n",fname);exit(0);}
   printf ("Enter data:\n");
   while (ch=getchar()!='#')
     {fputc(ch,fp);
      count++;
     }
  fprintf (____,"%d\n",count);
  fclose(fp);
}
```

3. 下面的程序把从键盘输入的文本（用@作为文本结束标志）复制到一个名为 bi.dat 的新文件中。请填空。

```
#include<stdio.h>
void main()
{ FILE *fp;
  char ch;
  if ((fp=fopen(____))==NULL)
     exit(0);
  while (ch=getchar()!='@')
     fputc(ch,fp);
  ___;
}
```

4. 下面的程序用来统计文件 file1.dat 中字符的个数，请填空。

```
#include<stdio.h>
void main()
{  FILE *fp;
   long num=0;
   if ((fp=fopen("file1.dat","r"))==NULL)
      {printf ("Can't open file!\n");exit (0);}
   while
      {fgetc (____);
       num++;
      }
   printf ("num=%d\n",num);
   fclose (fp);
}
```

5. 设文本文件 file1.txt 中存放了一组整数，下面程序的功能是统计文件中正整数的个数。请填空。

```
#include<stdio.h>
#include<stdlib.h>
void main()
{  FILE *fp;
   int x,count=0;
   if ((fp=fopen ("file1.txt","rb"))==NULL)
      {printf ("Can't open file!\n");exit(0);}
   while (!feof(fp))
      {______;
       if(x>0) count++;
      }
   fclose(fp);
   fprintf ("The result is: %d\n",count);
}
```

6. 以下程序把从终端读入的 10 个整数以二进制形式写到名为 bifile.dat 的新文件中，

请填空。

```
#include<stdio.h>
void main()
{ FILE *fp;
  int i,j;
  if ((fp=fopen(_____,"wb"))==NULL)
      exit(0);
  for (i=0;i<10;i++)
      {scanf("%d",&j);
       fwrite(&j,sizeof(int),1,_____);
      }
  fclose(fp);
}
```

7. 在对文件进行操作的过程中，若要求文件指针的位置回到文件的开头，应当调用的函数是________。

8. 下面的程序是将磁盘中的一个文件复制到另外一个文件中，两个文件名在命令行中给出。

```
#include<stdio.h>
void main(int argc,char *argv[])
{ FILE fp1,fp2;
  char ch;
  if (argc<_____);
       {printf ("parameters missing!\n");exit(0);}
  if (((fp1=fopen(argv[1],"r"))==NULL)
  ||((fp2=fopen(argv[2],"w"))==NULL))
       {printf("Can't open file!\n");exit(0);}
  while (_____) fputc (fgetc(fp1),fp2);
  fclose(fp1);
  fclose(fp2);
}
```

三、程序设计题

1. 从键盘输入一个字符串，将其中的大写字母全部转换成小写字母，然后输出到一个磁盘文件中保存。输入的字符串以“#”结束。

2. 读取磁盘上某一C语言源程序文件，要求加上注解后再存回磁盘中。

3. 用读文件字符串函数fgets()读取某磁盘文件中的字符串，并在显示器上输出。

4. 有5个学生，每个学生有3门课的成绩，从键盘输入以上数据（包括学号、姓名及3门课程的成绩），计算出平均成绩，将原有的数据和平均成绩存放在磁盘文件stud.dat中。

5. 将上题中的stud.dat文件中的学生数据，按平均分进行排序处理，将已排序的学生数据存入一个新文件stu_sort.dat中。

6．将上题已排序的学生成绩进行插入处理，插入一个学生的 3 门课程成绩。程序先计算出新插入学生的平均成绩，然后按平均成绩高低顺序插入，插入后形成一个新的文件。

7．对于上题的结果仍存入原有的文件 stu_sort.dat 中而不建立新文件。

8．有一个磁盘文件，存放有某单位职工的有关信息：姓名（10 个字符）、工作证号（4 位数字）、性别（一个字符）、工资（实型数），编一程序从文件中读取数据后，计算该单位 N 名职工的工资总数，并打印输出该工资表。

9．从上题职工的有关信息文件中删去一个职工的数据，再存回原文件。

10．编写一个程序，将指定文本文件中的某一个单词替换成另外一个单词。

11．编写一个文件复制程序。

第 10 章　C 语言上机实验

10.1　C 语言上机环境

编写完 C 语言程序后，如何上机运行呢？因计算机类型和操作系统的不同，上机步骤会略有不同，下面就两种不同环境下的运行情况作一介绍。

10.1.1　Visual C++ 6.0 集成开发环境

Visual C++集成开发环境是 Microsoft 公司开发的集编辑、编译、连接、运行等功能于一体的一个 C++语言程序的集成开发环境。Visual C++ 6.0 是 Microsoft 公司于 1998 年推出的版本，它在继承了以前版本的灵活、方便、性能优越等优点的同时，给 C++带来了更高水平的生产效率。此集成开发环境也可用于 C 语言程序的开发，但要求文件扩展名一定要是*.c。

1. 进入 Visual C++ 6.0 集成开发环境

启动计算机，进入计算机窗口环境操作界面。

选择“开始”|“程序”|Microsoft Visual Studio 6.0|Microsoft Visual C++ 6.0 命令或双击桌面快捷图标，打开如图 10-1 所示 Visual C++ 6.0 集成开发环境界面。

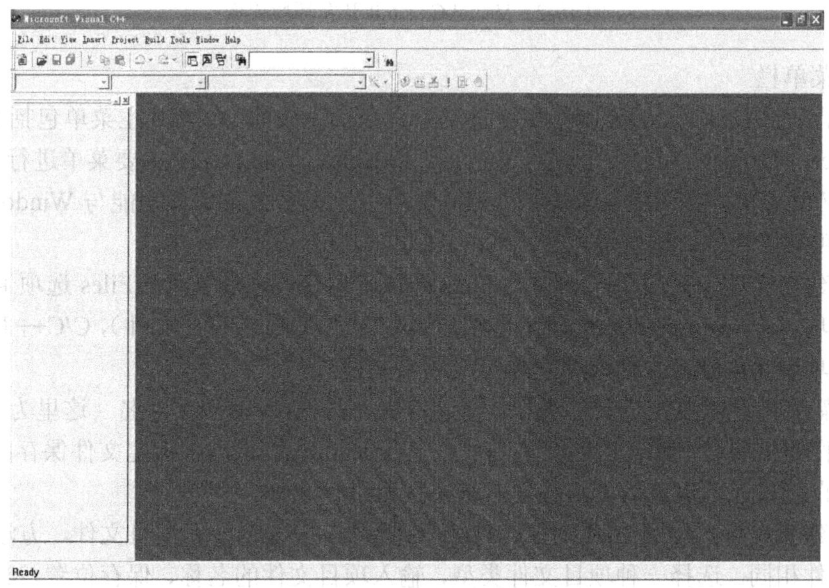

图 10-1　Visual C++ 6.0 集成开发环境

2. Visual C++ 6.0 开发环境界面

Visual C++ 6.0（以下简称 VC 6.0）开发环境界面由菜单栏、工具栏、项目工作区、主工作区（文档编辑窗口）、输出窗口和状态栏 6 部分组成，如图 10-2 所示。

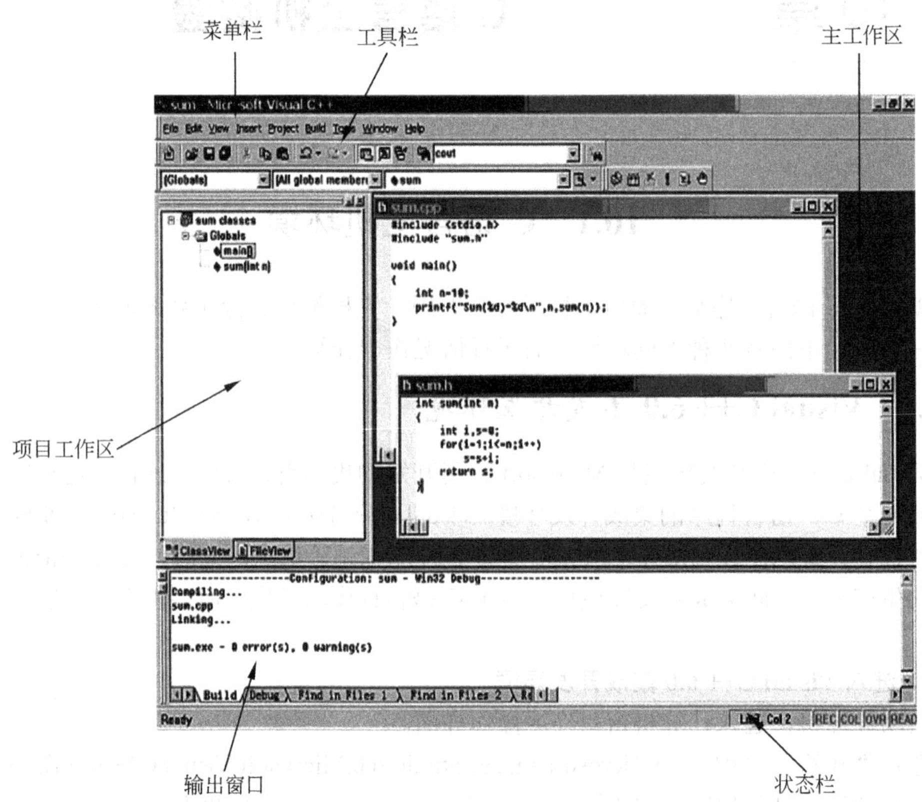

图 10-2　Visual C++ 6.0 开发环境界面

（1）菜单栏

在进行程序设计时，部分操作是通过菜单命令来完成的。VC 6.0 主菜单包括 File、Edit、View、Insert、Project、Build、Tools、Window 和 Help，下面对几个主要菜单进行简要介绍。

① File 菜单。在 VC 6.0 提供的 File 菜单中，大多数菜单项功能与 Windows 其他软件的菜单项功能类似。这里重点介绍 New 菜单项功能。

- 创建新文件。如图 10-3 所示，Files 选项卡用来创建新文件。Files 选项卡下有许多选项，C++ Source File 选项用来创建.cpp 文件（C++源程序文件），C/C++ Header File 选项用来创建.h 文件（用户自定义的头文件）。

创建新文件时需要指定文件类型，并在 File 编辑框中输入文件名（这里为 Hello，如不输入文件的扩展名，默认扩展名为.cpp），在 Location 编辑框中指定文件保存的路径。路径既可以直接输入，也可以单击该框右侧小按钮进行选择。

- 创建新项目。如图 10-4 所示，Projects 选项卡用来创建新项目文件，方法与创建新文件相同。选择一种项目文件类型，输入项目文件的名称、保存位置，其他都保持默认值，新项目会添加到当前工作区中。若要添加新项目到已打开的项目工作区中，可单击 Add to current workspace 单选按钮；如果要使新项目成为已有项目的子项目，可选中 Dependency of 复选框并指定项目名。

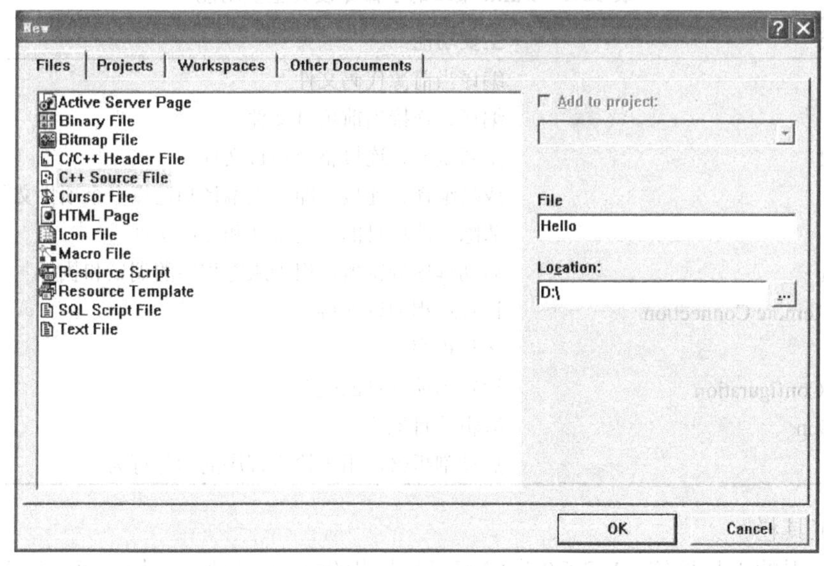

图 10-3　New 对话框的 Files 选项卡

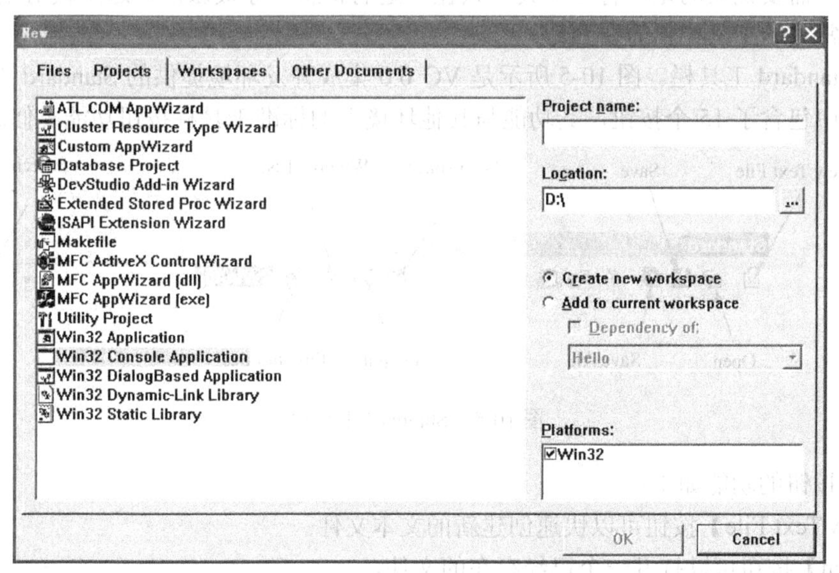

图 10-4　New 对话框的 Projects 选项卡

- 创建新工作区。Workspaces 选项卡用来创建新工作区。

② Edit 菜单。Edit 菜单中包含了文件编辑所需要的全部命令，例如文件的复制、粘贴、删除、查找、替换、设置断点与调试等，其中大部分功能与 Windows 其他软件的 Edit 菜单项功能类似。

③ Build 菜单。Build 菜单中包含了用于编译、连接、运行和调试应用程序所需要的所

有命令。Build 菜单中的各菜单项功能见表 10-1。

表 10-1 Build 菜单的子命令及其主要功能

菜单子命令	主要功能
Compile	编译当前源代码文件
Build	编译、连接当前项目文件
Rebuild All	重新编译、连接整个项目文件
Batch Build	成批编译、连接，即一次编译和连接多个项目文件
Clean	清除当前项目的中间文件和输出文件
Start Debug	启动程序调试器，用于跟踪程序的调试和执行
Debugger Remote Connection	设置远程调试连接
Execute	运行程序
Set Active Configuration	设置当前项目的配置
Configuration	编辑项目配置
Profile	启动剖析器，用于检查程序的运行行为

（2）工具栏

列出常用的工具按钮。VC 6.0 集成开发环境提供了十多种工具栏，每个工具栏由一组工具栏按钮组成，这些工具栏按钮分别对应一些菜单命令的功能，使用它们可大大方便用户的操作。需要说明的是，有些工具栏只在一定的状态下才被激活。这里仅对集成开发环境中两个常见的工具栏作简要介绍。

① Standard 工具栏。图 10-5 所示是 VC 6.0 集成开发环境提供的 Standard（标准）工具栏，其中包含了 15 个按钮，其功能与其他环境下的标准工具栏按钮功能类似。

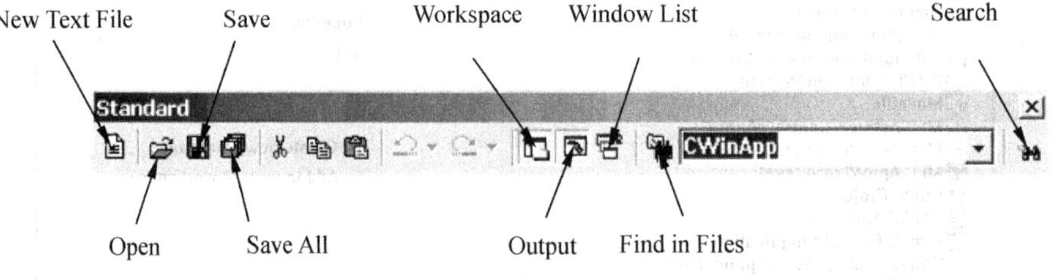

图 10-5 Standard 工具栏

这些按钮的功能如下：

【New Text File】按钮可以快速创建新的文本文件。

【Open】按钮可以打开一个已经存在的文件。

【Save】按钮用来保存文件。

【Save All】按钮用来保存当前打开的所有文件。

【Workspace】按钮显示或隐藏项目工作区窗口。

【Output】按钮显示或隐藏输出窗口。

【Window List】按钮显示当前已打开的窗口。

【Find in Files】按钮用来在多个文件中查找指定的字符串。

【Search】按钮用来进入系统帮助界面。

② Build 工具栏。图 10-6 所示是 Build 工具栏，其中包含了 6 个按钮，这些按钮与编译、连接、运行和调试操作命令对应。

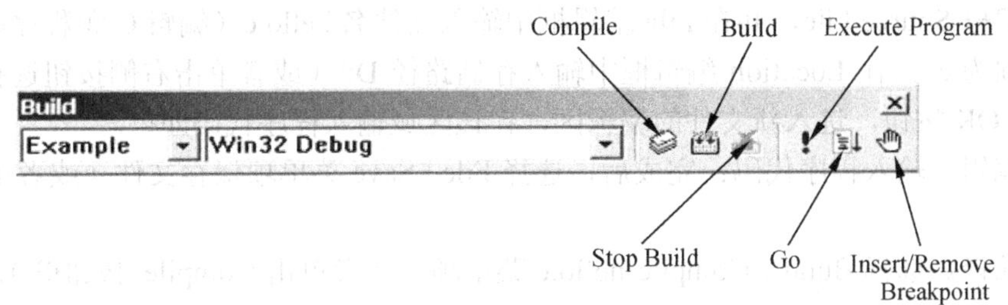

图 10-6　Build 工具栏

这些按钮的功能如下：

【Compile】按钮用来编译当前源代码文件。

【Build】按钮用来编译、连接并生成可执行的.EXE 文件。

【Stop Build】按钮用来停止程序的编译、连接。

【Execute Program】按钮使程序开始运行。

【Go】按钮使程序进入调试状态。但在此之前，必须先在程序中至少设置一个断点。在断点设置后，单击该按钮使程序运行到第一个断点标记处停止，并进入调试状态。

【Insert/Remove Breakpoint】按钮在程序的当前光标位置插入断点标记，再次单击该按钮则删除程序当前光标位置的断点标记。

（3）主工作区（工作窗口）

主要用于编辑文件的源代码。在此区域内可同时打开多个子窗口，最上面一个窗口是当前的活动窗口，用户的编辑信息是对当前活动窗口进行的。

（4）输出窗口

用于显示编译和运行时的一些系统输出信息。输出窗口一般包含 6 个标签页，其基本功能如下：

Build：输出编译执行的信息。

Debug：输出调试信息。

Find in Files 1：输出主菜单 Edit 中菜单项 Find in Files 的执行结果。

Find in Files 2：执行 Members 选择的命令项。

Results：输出主菜单 Build 中菜单项 Profile 的执行结果。

SQL Debugging：显示 SQL 语句的调试结果。

（5）状态栏

用于显示光标在工作窗口内当前工作窗口中的位置。

另外，进入调试状态时，VC 6.0 还提供其他各种窗口，包括变量窗口、观察窗口、寄存器窗口、存储器窗口、调试堆栈窗口、反汇编窗口等。

3. 利用 VC 6.0 编辑、编译和运行一个简单的 C 程序

下面通过一个例子演示 C 源程序的编辑、编译和运行过程。

要求：程序输出 I am a student!字符串。

操作步骤如下：

（1）新建。打开 VC 6.0，选择 File | New 菜单项，出现 New 对话框，选择 Files 选项卡，单击 C++ Source File，并在 File 编辑框中输入文件名 hello.c（编辑 C 源程序时，文件扩展名必须为.c），在 Location 编辑框中输入存储路径 D:\（或者单击右侧按钮选择存储路径），单击 OK 按钮，进入新文件的编辑区，在该区域输入程序代码即可。

（2）编辑。输入程序代码；完成后，选择 File | Save 菜单项保存文件（或者单击 Save 按钮）。

（3）编译。选择 Build | Compile hello.c 菜单项（或者单击 Compile 按钮），编译该源程序，会弹出如图 10-7 所示的对话框，单击“是”按钮。如果输入内容没有错误，则在屏幕下方的输出窗口将会显示如图 10-8 所示的结果，生成 hello.obj 文件。

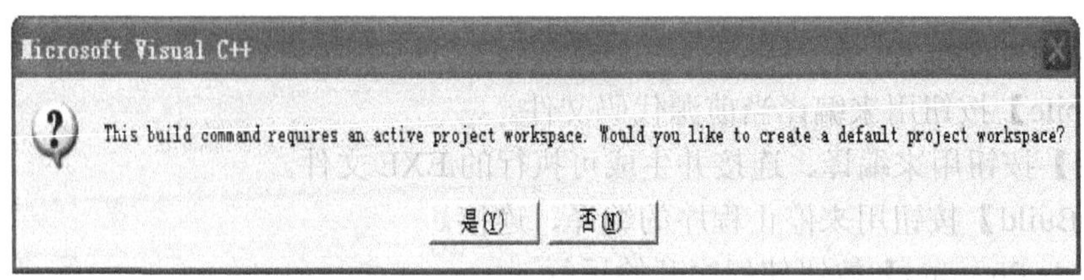

图 10-7

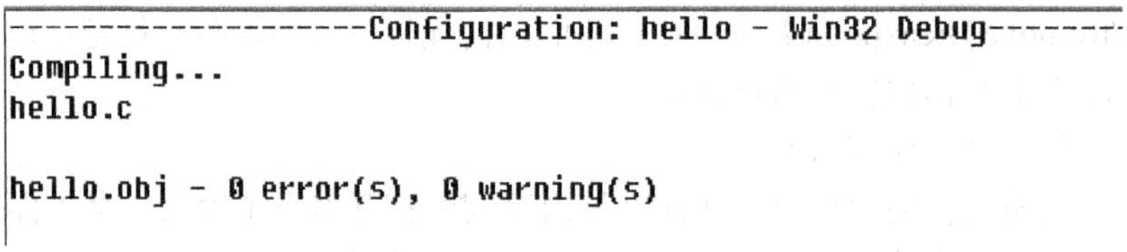

```
--------------------Configuration: hello - Win32 Debug--------
Compiling...
hello.c

hello.obj - 0 error(s), 0 warning(s)
```

图 10-8　编译成功结果

如果在编译时得到错误或警告信息，可能是源文件出现错误。再次检查源文件是否有错误，若有则改正它，再重新编译，直到出现如图 10-8 所示的结果。

（4）连接。选择 Build | Build hello.exe 菜单项（或者单击 Build 按钮），如果连接正确，则在输出窗口将会显示如图 10-9 所示的结果，生成 hello.exe 文件。

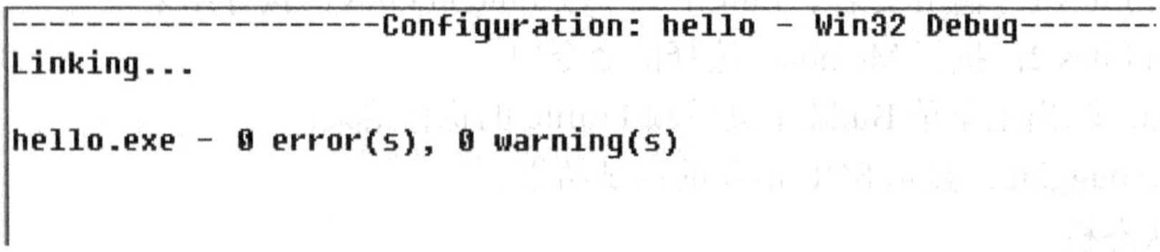

```
--------------------Configuration: hello - Win32 Debug--------
Linking...

hello.exe - 0 error(s), 0 warning(s)
```

图 10-9　连接成功结果

（5）运行。选择 Build | Execute hello.exe 菜单项（或者单击 Execute Program 按钮 ! ），执行该文件，程序运行后显示输出结果如图 10-10 所示。

（6）关闭工作空间。如果要编辑下一个 C 程序，选择 File | Close workspace 菜单项，

弹出如图 10-11 所示的对话框，单击“是”按钮，关闭当前工作空间。然后重复步骤（1）～（5）。

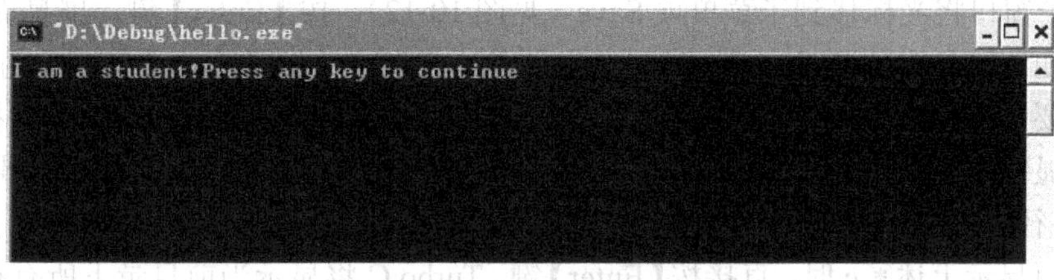

图 10-10　DOS 风格的输出结果

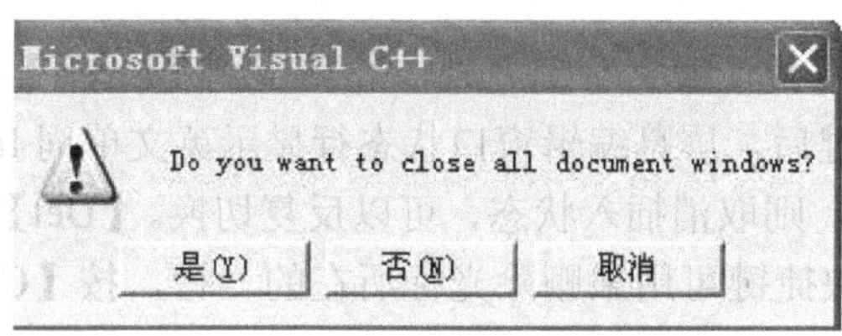

图 10-11

10.1.2　利用 Turbo C 运行 C 语言程序

Turbo C 是一个集程序编辑、编译、连接、调试为一体的 C 语言程序开发软件，具有速度快、效率高、功能强等优点，使用非常方便。C 语言程序员可在 Turbo C 环境下进行全屏幕编辑，利用窗口功能可以进行编译、连接、调试、运行和环境设置等工作。

Turbo C 可在 IBM-PC 系列机上运行。一般将 Turbo C 系统程序安装在硬盘的 TC 目录中。在 Windows 操作系统下，可利用 MS-DOS 方式进入 TC 目录后，输入 TC，并按【Enter】键，即可进入 Turbo C 编译系统。也可在 Windows 中找到 TC 目录中的 TC.EXE 文件，双击该文件图标进入 Turbo C 编译系统。屏幕显示如图 10-12 所示。

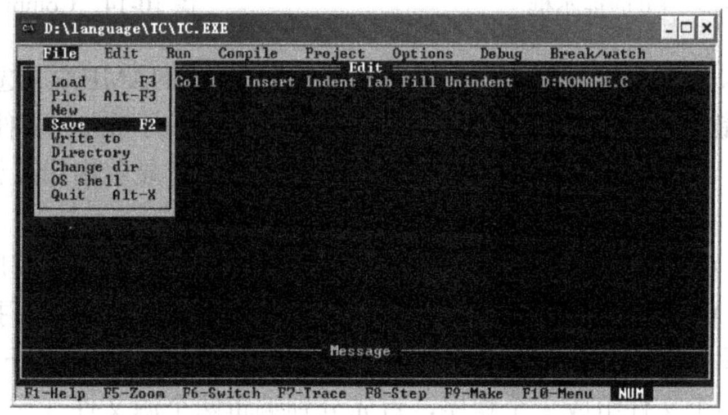

图 10-12　Turbo C 编译系统界面

1．编辑源文件

在“主菜单”状态下（某一菜单项反相显示），此时可使用菜单命令。若建立新文件，可按【F10】功能键转为编辑状态。编辑完源程序后，再按【F10】功能键转为“主菜单”状态，利用光标移动键将光标移到左上角的 File 处，然后按【Enter】键，屏幕显示 File 子窗口。在子窗口将光标移到子菜单项 Save（见图 10-12），按【Enter】键，屏幕提示输入文件名。例如，输入文件名 file1.c，扩展名必须是.c 或省略，按【Enter】键后则存盘。

如果要调用磁盘上已有的文件，在 File 菜单窗口中，将光标移到 Load 处，按【Enter】键，这时显示一个包含*.c 的提示框，如图 10-13 所示。此时用户可输入要编辑的文件名（可以带路径），然后按【Enter】键即可调出文件的内容供用户修改。如果忘记了文件名，可在子窗口显示上述*.c 时，直接按【Enter】键，Turbo C 将显示当前目录下所有扩展名为.c 的文件名。用光标移动键可选择需要编辑的文件，按【Enter】键后，该文件即显示在屏幕上，供用户编辑与修改。

在编辑过程中，除用到一般字符键之外，还将用到【Insert】和【Del】键。【Insert】是插入切换键，按下该键后，屏幕编辑窗口状态行显示英文单词 Insert，这时可插入修改；再次按一下【Insert】键，则取消插入状态，可以反复切换。【Del】键用来删除光标所在处的字符。按【Ctrl+Y】快捷键可用来删除光标所在的一行，按【Ctrl+N】快捷键可用来插入一行。

编辑完成后，可从 File 菜单中选择 Save 命令，将文件存盘；也可直接按【F2】功能键，将文件存盘。

2．编译与连接

编译与连接是先编译源代码，生成目标文件（.obj），然后将目标文件进行连接生成可执行文件（.exe）。对单个文件编译、连接的方法是将文件存盘后，按【F10】功能键，将光标移至 Compile 处按【Enter】键，如图 10-14 所示。

图 10-13　*.c 的提示框

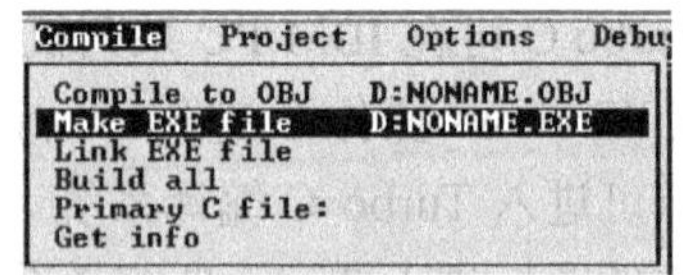

图 10-14　Compile 下拉菜单

如果存盘时未为源程序另起名，则默认源文件名为 NONAME.C，选择 Make EXE file（或按【F9】功能键），则 Turbo C 将对文件编译、连接并生成可执行文件 NONAME.EXE，如图 10-14 所示。若程序有错，则在屏幕底部 Message 窗口显示出错及警告信息，这时可进行修改。改完后，再次进行编译和连接。

此外，Turbo C 最显著的特点之一是能分别编译，即把一个长的程序分为多个文件，分别编译；Turbo C 提供一个工具，再将这些文件连接成一个完整的可执行文件，而不必用户显式地分别编译连接。这个工具就是 Project 菜单项，使用步骤如下：

（1）假设有两个文件组成一个程序，首先分别编辑两个源文件（如 file1.c 和 file2.c）并存盘。

（2）建立 project 文件，输入以下内容：

```
file1.c
file2.c
```

其中“.c”可以省略，file1，file2 的顺序任意。当 file1.c 和 file2.c 不在同一个目录中时，可在前边给出各自的路径，例如：

```
\turboc\usr\file1
\turboc\file2
```

使用【F10】功能键转入菜单状态，从 File 菜单中选择 Write to 命令，输入 myprog.prj 将 project 文件存盘。

（3）在主菜单中，选择菜单项 Project，此时显示如图 10-15 所示的子窗口。将光标移到 Project name 处，按【Enter】键，输入 project 文件名（比如，myprog.prj），按【Enter】键，然后再按【F9】功能键即可生成相应的可执行文件，文件名为用户给出的 project 文件名（比如，myprog.exe）。运行时可用下述的 Run 命令，也可在操作系统状态（使用 File 菜单下的 OS shell）下直接输入文件名（比如 myprog）运行。

3．运行

一个文件编译、连接完成后，可利用 Run 菜单中的 Run 命令或直接按【Ctrl+F9】快捷键来运行，如图 10-16 所示。

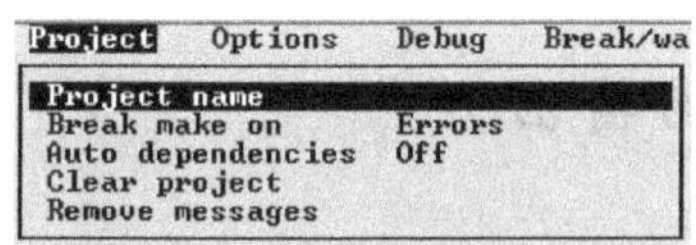

图 10-15 Project 的下拉菜单

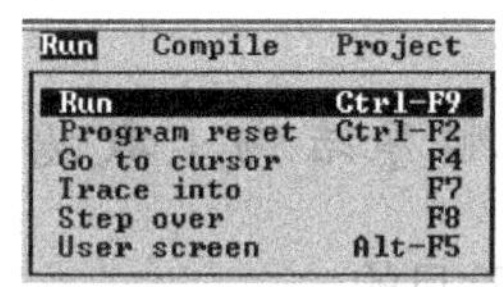

图 10-16 Run 的下拉菜单

如果用户认为自己的源程序不会有语法错误，可在编辑完成后直接使用 Run 命令（或按【Ctrl+F9】快捷键）。这时 Turbo C 将一次完成从编译、连接到运行的全过程。这是运行 Turbo C 程序最常用的简便方法。

程序运行后，仍回到 Turbo C 编辑屏幕。这时，若想看运行结果，可选择 Run|User screen 命令，也可直接按【Alt+F5】快捷键转到用户屏幕，程序运行的结果直接显示在用户屏幕上，看完后可按任意键回到 Turbo C 编辑屏幕。

4．退出 Turbo C 系统

要退出 Turbo C 系统，可选择 File|Quit 命令。

5．C 语言上机操作举例

输入一个华氏温度，要求输出摄氏温度。公式为 $C=(5/9)(F-32)$。程序设计如下：

```
main( )
{ float c,f ;
  printf("please input hua shi wen du:\n");
  scanf("%f",&f);
  c=(5.0/9.0)*(f-32);
  printf("she shi wen du wei:  %5.2f\n",c);
}
```

Turbo C 上机操作步骤如下：

在 Windows 状态下双击 TC.exe 文件图标，这时屏幕显示 Turbo C 主菜单，按【F10】功能键转入编辑状态，输入上述程序。按【F10】功能键激活菜单，选择 File|Save 命令并按【Enter】键，根据提示输入文件名，例如 aaA.c。

再次按【F10】功能键激活菜单，光标移动选择 Compile|Make EXE file 命令，则 Turbo C 对文件进行编译，连接生成 EXE 文件。编译过程中若发现语法错误，屏幕上将会出现提示，系统转入信息提示状态。要修改错误，按下【F6】功能键，修改之后，再编译，如此反复，直到屏幕出现 compile completely。然后，激活菜单，选择 Run 命令开始执行。

运行结果：

```
please input hua shi wen du:
78 ↙
```

这时又回到 Turbo C 编辑屏幕，按【Alt+F5】快捷键转到用户屏幕查看运行结果：

```
she shi wen du wei:  25.56
```

10.2 上机实验内容

实验一 顺序结构（数据类型、输入与输出）

一、实验目的

（1）学习 C 语言的数据类型，熟悉如何定义整型、实型和字符型变量。

（2）学习赋值语句的使用和数据输入/输出的方法。

二、实验内容

1．变量声明与使用。

输入并运行下列程序：

```
#include<stdio.h>
void main()
{  int a,b;
   float d,e;
   char c1,c2;
   double f,g;
   long m,n;
   unsigned int p,q;
   a=61; b=62;c1='a';c2='b';d=3.56;
   e=-7.82;f=3127.890121;g=0.123456789;
   m=5000;n=-60000;p=32768;q=40000;
   printf("a=%d,b=%d\nc1=%c,c2=%c\n",a,b,c1,c2);
   printf("d=%6.2f,e=%6.2f\n",d,e);
   printf("f=%15.6f,g=%15.12f\n",f,g);
   printf("m=%ld,n=%ld\n",m,n);
   printf("p=%u,q=%u\n",p,q);
}
```

2．计算直角三角形面积。

输入直角三角形两条直角边的长度，输出其面积，试输入 2.5 与 3.6 得出输出结果。

```
#include<stdio.h>
void main()
{  float a,b,s;
   scanf("%f%f",&a,&b);
   s=1.0/2*a*b;
   printf("%f\n",s);
}
```

3．将小写字母转换为大写字母。

任意输入一个小写字母，将它改成大写字母，输出大小写字母及其对应的 ASCII 码。

```
#include<stdio.h>
void main()
{
  char c1,c2;
  c1=getchar();
  printf("%c,%d\n",c1,c1);
  c2=c1-32;
  printf("%c,%d\n",c2,c2);
}
```

4．计算球的表面积和体积。

输入球的半径（实数），输出球的表面积和体积（保留两位小数）。

```
#include<stdio.h>
#define PI 3.1415926
void main()
{  float r,S,V;
   scanf("%f",&r);
   S=4*PI*r*r;
   V=4.0/3*PI*r*r*r;
   printf("球的表面积为:%.2f\n",S);
   printf("球的体积为:%.2f\n",V);
}
```

三、实验报告要求

（1）给出输入数据及两次运行程序的结果；

（2）在编译和运行时出现什么问题？叙述主要问题及实验体会。

实验二　选择结构

一、实验目的

（1）学习正确使用逻辑运算符和逻辑表达式。

（2）学习和掌握 if 语句和 switch 语句。

二、实验内容

1．编写一个程序，然后上机调试。设有一函数为：

$$y=\begin{cases}x & x<1\\ 2x-1 & 1\leqslant x<10\\ 3x-9 & x\geqslant 10\end{cases}$$

用 scanf()函数输入 x 的值（分为 $x<1$，$1\leqslant x<10$，$x\geqslant 10$ 三种情况），求 y 的值。

要点说明：

用 if 语句编写程序，分别输入三个区间的数据，程序分别运行三次，观察运行结果。

2．编写一个程序，实现如下功能：从键盘上任意输入 3 个正整数，求出它们中的最大值。

3．编写一个程序，求一元二次方程 $ax^2+bx+c=0$ 的两个实根并打印，a、b、c 由键盘输入。

4．编写一个程序，实现如下功能：根据学生的考分来划分成绩的优秀、良好、中等、及格和不及格。学生成绩等级划分如下：

分数	等级
100～90	优秀
89～80	良好
79～70	中等
69～60	及格
59～0	不及格

要点说明：

假定考试分数变量为 score。用 switch 语句编写程序，程序运行三次，分别输入任意三个区间的数据，观察运行结果。

三、实验报告要求

（1）分析运行结果，发现有什么问题？应当如何解决？

（2）写出使用分支结构的体会和建议。

实验三　循环控制

一、实验目的

（1）学习使用 While 语句、Do…While 语句和 For 语句实现循环的方法。

（2）学习在程序设计中使用循环的方法来实现各种算法。

二、实验内容

1．打印出如下图形。

```
*****
 ***
  *
```

2．编写程序，从键盘任意输入两个正整数 m 和 n，计算 $m!+n!$。

3．编写程序，输出 100～200 之间的所有素数，每行输出 8 个。

4．编写程序，求 y 的值（x 和 n 的值由键盘输入），设：

$$y = x + \frac{x^2}{2} + \frac{x^3}{3} \cdots + \frac{x^n}{n} \qquad (|x|<1)$$

三、实验报告要求

（1）给出源程序和运行结果。

（2）在编译和运行时出现什么问题？叙述主要问题及实验体会。

实验四　数组

一、实验目的

（1）学习一维数组和二维数组的定义、赋值和输入/输出的方法。

（2）学习与数组有关的算法（特别是排序算法）。

二、实验内容

1．编写程序，求 30 个同学某门成绩的最高分、最低分及平均分。成绩用一维数组存放。

2．编写程序，输出如下所示的 3×3 矩阵中最大元素的值，并输出它所在的行号和列号。

$$\begin{pmatrix} 2 & 0 & -5 \\ -8 & 6 & 9 \\ 1 & 7 & 10 \end{pmatrix}$$

3．编程将一个一维字符数组进行逆置。例如，原来顺序为“china”，逆置后的顺序为“anihc”。

4．设有一个四行五列的矩阵如下：

$$\begin{bmatrix} 27 & 15 & 31 & 5 & 7 \\ 21 & 23 & 8 & 6 & 9 \\ 3 & 14 & 13 & 36 & 22 \\ 16 & 8 & 33 & 11 & 4 \end{bmatrix}$$

编写程序，用二维数组存放该矩阵的数据，并将该数组的元素按行的顺序传递给一维数组；然后，对一维数组从小到大排序，排序后再将一维数组传递给二维数组；最后，输出排序后的二维数组。

要点说明：

二维数组与一维数组传递使用二重循环，两个循环变量分别作为“行标”和“列标”，另设一整型变量并赋初始值为 0。在内层循环中，每次递增 1，该变量可作为一维数组的下标；在内层循环中，用赋值语句达到传递数据的目的。

三、实验报告要求

（1）给出源程序和运行结果。

（2）在编译和运行时出现什么问题？叙述主要问题及实验体会。

实验五　函数

一、实验目的

（1）学习定义函数的方法。

（2）练习形参与实参数据传递的方式。

（3）深刻理解全局变量与局部变量，动态变量与静态变量的区别。

二、实验内容

1．编写一个判断素数的函数，在主函数中输入一个整数，判定是否是素数并输出是否是素数的信息。

要点说明：

函数值可以取整型数或其他类型作为判定素数的标志。例如，函数体中若判定“形参”为素数，可返回函数值“1”；否则返回“0”。主函数中根据函数的返回值决定输出何种信息。

2．编写一个函数 average()，实现的功能为：求 10 位同学某门课的平均成绩。成绩存储在一维数组 score[]中。

3．编写一个 lmp(s,t)函数：将字符串 s 中的字符存放到 t 串中，然后把 s 中的字符按逆序连接到 t 串的后面。

要点说明：

在主函数中给 s[]赋值，将 s 和 t 作为实参传入 lmp()函数中，先将 s 中的内容给 t，然后再将 s 的内容逆序连接在 t 的后面，最后用'\0'结束。

```
char s[]={"a12345"};
```

4．求 $\dfrac{m!-n!}{m!+n!}$ 的值，要求阶乘用函数实现。

三、实验报告要求

（1）给出源程序、输入数据及运行结果。

（2）说明函数的定义与函数调用的区别。

（3）编译和运行时出现什么问题？叙述主要问题及实验体会。

实验六　编译预处理

一、实验目的

学习和掌握宏定义、“文件包含”处理和条件编译的方法。

二、实验内容

1．用宏定义方式说明圆周率 PI，从键盘输入圆柱体的底面半径 r（实数）和高 h，计算圆柱体的表面积。

2．假设有一带参数的宏：#define　MAX(x,y)　x>y?x:y

利用宏 MAX(x,y)计算并输出两个数中的最大者。

3．请用宏定义实现以下功能：

（1）ISLOWER(ch)：判断 ch 是否为小写字母。

（2）ISLEAP(year)：判断 year 是否为闰年。

4．用条件编译方法实现以下功能：

输入一行电报文字，可任选两种输出：一是原文输出，二是将字母变成其下一字母（比如，a 变成 b，b 变成 c，…，z 变成 a，其他字符不变）。用＃define 命令来控制是否要译成密码，例如：

```
#define  CHANGE 1
```

则输出密码。若

```
#define  CHANGE  0
```

则不译成密码，按原码输出。

要点说明：

（1）为了掌握包含文件方法，建立一个简单文件，内容仅用几个输出语句，文件为 print-format.h。

（2）在编写的程序前用 #include"print-format.h"，重新运行，分析结果。

三、实验报告要求

（1）给出源程序。

（2）写出对条件编译的体会。

实验七　指针

一、实验目的

（1）学习指针的概念、学会定义和使用指针变量。

（2）学习使用数组的指针和指向指针的指针变量。

（3）学习使用指向字符串的指针变量。

（4）学习使用指向函数的指针变量。

二、实验内容

1．设有数组 `int s[10]={1,2,3,4,5,6,7,8,9,0};`，用指针法输入并输出数组元素的值。

2．利用指针变量，将字符串 a 复制为字符串 b。

要点说明：

字符串 a、b 都用一维字符数组存储；字符串 a 中存储内容为：How are you?

3．用指针实现一个字符串的逆置。

4．用一个函数实现两个字符串的比较，即编写一个 strcmp()函数：

```
strcmp(sl,s2)
```

如果 sl=s2，则函数返回值为 0；如果 sl≠s2，则返回它们二者第一个不同字符的 ASCII 码差值（比如，BOY 与 BAD，第二个字母不同，O 与 A 之差为 79–65=14；如果 s1>s2，则输出正值；如果 s1<s2，则输出负值）。

两个字符串 s1、s2 由 main()函数输入，strcmp()函数的返回值在 main()函数中输出。

三、实验报告要求

（1）给出源程序、输出结果。

（2）说明字符串指针变量与字符数组名的区别。

（3）在编译和程序运行时出现什么问题？叙述主要问题及实验体会。

实验八　结构体与共用体

一、实验目的

（1）学习结构体类型变量的使用以及结构体类型数组的概念和应用。

（2）学习链表的概念，初步掌握对链表的操作。

（3）了解共用体的概念及使用。

二、实验内容

1．有 5 个学生，每个学生的数据包括学号、姓名、3 门课的成绩，从键盘输入 5 个学生的数据，存入结构体数组，打印出 3 门课的总平均成绩以及最高分的学生数据（包括学号、姓名、3 门课的成绩、平均分数）。

要求用一个 input()函数输入 5 个学生数据，用一个 average()函数求总平均分，用 max()函数求出最高分的学生数据。总平均分和最高分的学生的数据都在主函数中输出。

2．用链表实现上题。

3．编写程序，在上题链表中插入一个同学结点，插入位置，学号、姓名、3 门课的成绩，从键盘输入。

4．建立同学通讯录。

要点说明：

同学通讯录中应包含同学的基本信息，如姓名、电话等，用结构体类型数组编程。

三、实验报告要求

（1）给出源程序、输入的数据和运行结果。

（2）说明结构体类型变量与数组有什么不同。

（3）在编译和运行时出现什么问题？叙述主要问题及实验体会。

实验九　位运算及枚举类型

一、实验目的

（1）了解位运算及枚举类型的概念，学会使用位运算符及枚举类型。

（2）学习通过位运算实现对某些位的操作。

二、实验内容

1．编写一个函数 getbits()，从一个 16 位的单元中取出某几位（即该几位保留原值，其余位为 0）。函数调用形式为：

```
getbits (value,n1,n2)
```

value 为该 16 位数的值，n1 为欲取出的起始位，n2 为欲取出的结束位。比如：

```
getbits (o101675,5,8)
```

表示对八进制数 101675，取出其左起第 5 位到第 8 位。

要求把这几位数用八进制数的形式打印出来。注意将这几位数右移到最右端，然后用八进制形式输出。用笔算结果与之比较，以验证运算的正确性。

2．利用位运算，将正整型数组中的所有元素转换为不小于它的最小奇数。例如，原数组内容为：

```
12 18 25 20 28
```

则转化后的内容为：

```
13 19 25 21 29
```

3. 定义一个表示星期的枚举类型。假设某月的第一天是星期一，编程实现输入该月的任意一天，由程序给出这一天是星期几。

三、实验报告要求

（1）给出源程序。

（2）给出主函数中的数据，写出运行结果。

（3）在编译和程序运行时出现什么问题？叙述主要问题及实验体会。

实验十　文件

一、实验目的

（1）学习文件、缓冲文件系统和文件指针的概念。

（2）学会使用文件打开、关闭和读写等功能操作函数。

（3）学会用缓冲文件系统对文件进行简单的操作。

二、实验内容

1. 有 5 个学生，每个学生有 3 门功课的成绩，从键盘输入这些数据（包括学号、姓名、3 门功课的成绩），计算每个学生的平均成绩，将原有数据和计算出的平均分数存放到磁盘文件 stud 中，再从 stud 文件中读取数据，按平均分数进行排序，将已排序的学生数据存放到一个新的文件 stu-sort 中。

2. 从键盘输入一些字符，以'#'作为结束符，存储到文本文件 D:\test.txt 文件中。

3. 从文本文件 D:\test.txt 中将字符顺序读出，并在屏幕上显示。

三、实验报告要求

（1）给出源程序以及数据文件的内容。

（2）说明文本文件与二进制文件在使用时的不同之处。

（3）在编译和程序运行时出现什么问题？叙述主要问题及实验体会。

附录A　C 语言的字符集

1. 大小写英文字母（52 个）
2. 数字（0，1，2，3，4，5，6，7，8，9）
3. 键盘符号（33 个）（见表 A-1）

表 A-1　键盘符号

~	`	!	@	#	$	%	^	&	*	(
)	_	-	+	=	|	\	{	}	[	]
:	;	"	'	<	>	,	.	?	/	空格

4. 转义字符（见表 A-2）

表 A-2　转义字符

转义字符	名　称	转义字符	名　称
\n	回车换行符	\a	响铃符号
\t	Tab 符号	\"	双引号
\v	垂直制表符	\'	单引号
\b	左退一格符号	\\	反斜杠
\r	回车符号	\ddd	1～3 位八进制数 ddd 对应的符号
\f	换页符号	\xhh	1～2 位十六进制数 hh 对应的符号

附录 B　C 语言的关键字

在 C 语言中有特殊含义的英语单词称为关键字（见表 B-1）。

表 B-1　C 语言的关键字

auto	break	case	char	continue
const	default	do	double	else
enum	extern	float	for	goto
int	if	long	register	return
short	signed	sizeof	static	struct
switch	typedef	union	unsigned	void
volatile	while			

附录 C　ASCII 码表

表 C-1　ASCII 码表

$b_3b_2b_1b_0$（B/H） \ $b_6b_5b_4$（B/H）		0 000	1 001	2 010	3 011	4 100	5 101	6 110	7 111
0	0000	NUL	DLE	SP	0	@	P	`	p
1	0001	SOH	DC1	!	1	A	Q	a	q
2	0010	STX	DC2	“	2	B	R	b	r
3	0011	ETX	DC3	#	3	C	S	c	s
4	0100	EOT	DC4	$	4	D	T	d	t
5	0101	ENQ	NAK	%	5	E	U	e	u
6	0110	ACK	SYN	&	6	F	V	f	v
7	0111	BEL	ETB	‘	7	G	W	g	w
8	1000	BS	CAN	(	8	H	X	h	x
9	1001	HT	EM	)	9	I	Y	i	y
A	1010	LF	SUB	*	:	J	Z	j	z
B	1011	VT	ESC	+	;	K	[	k	{
C	1100	FF	FS	,	<	L	\	l	|
D	1101	CR	GS	-	=	M	]	m	}
E	1110	SO	RS	.	>	N	^	n	~
F	1111	SI	US	/	?	O	_	o	DEL

附录 D C 语言的库函数

不同类型的库函数包含在不同的头文件中，分别见表 D-1～表 D-6。

表 D-1 stdio.h 中的部分内容

函数原型	函数功能	函数返回值
int fclose(FILE *fp);	关闭 fp 所指的文件，释放文件缓冲区	有错误返回非 0；否则返回 0
int feof(FILE *fp);	检查文件是否结束	遇文件结束符返回非 0 值；否则返回 0
int fflush(FILE *fp);	清除文件缓冲区，文件以写方式打开时首先将缓冲区内容写入文件；若要清除键盘缓冲区，文件名为 stdin；若要清除显示器缓冲区，文件名为 stdout	成功返回 0；失败返回非 0
int fgetc(FILE *fp);	从 fp 所指定的文件中取得下一个字符	返回所得到的字符。若读入出错，返回 EOF
char *fgets(char *buf, int n, FILE *fp);	从 fp 指向的文件读取一个长度为 n–1 的字符串，存入起始地址为 buf 的空间	返回地址 buf。若遇文件结束或出错，返回 NULL
FILE *fopen(char *filename,char *mode);	以 mode 指定的方式打开名为 filename 的文件	若成功，返回一个文件指针（文件数据的起始地址）；否则返回 0
int fprintf(FILE *fp,char *format,args,…);	把 args 的值以 format 指定的格式输出到 fp 所指定的文件中	实际输出的字符数
int fputc(char ch, FILE *fp);	将字符 ch 输出到 fp 指定的文件中	若成功，则返回该字符；否则，返回 EOF
int fputs(char *str, FILE *fp);	将 str 指定的字符串输出到 fp 所指定的文件	若成功，返回 0；若出错，返回非 0
int fread(char *pt,unsigned size,unsigned n, FILE *fp);	从 fp 所指定的文件中读取长度为 size 的 n 个数据，存到 pt 所指向的内存区	返回所读的数据项个数。若遇文件结束或出错则返回 0
int fscanf(FILE *fp,char format,args,…);	从 fp 指向的文件中按 format 给定的格式将输入数据送到 args 所指向的内存单元（args 是指针）	已输入的数据个数
int fseek(FILE *fp,long Offset,int base);	将 fp 所指向的文件的位置指针移到以 base 所指的位置为基准，以 offset 为偏移量的位置	返回当前位置。若出错返回–1
long ftell(FILE *fp);	返回 fp 所指向的文件中的读写位置	返回 fp 所指向的文件中的读写位置
int fwrite(char *ptr, unsigned size,unsigned n, FILE *fp);	把 ptr 所指向的 n*size 个字节输出到 fp 所指向的文件中	返回写到 fp 文件中的数据项的个数

续表

函数原型	函数功能	函数返回值
int getc(FILE *fp);	从 fp 所指向的文件中读入一个字符	返回所读的字符。若文件结束或出错，返回 EOF
int getch(void);	从标准输入设备（键盘）读取一个字符，但不显示在屏幕上	所读字符
int getchar(void);	从标准输入设备（键盘）读取一个字符并显示在屏幕上	所读字符
void gets(str);	从标准输入设备（键盘）输入一个字符串并存放到 str 指向的字符数组中，以换行结束输入	无
int printf(char *format, args,…);	按 format 指向的格式字符串所规定的格式向标准输出设备（显示器）输出变量列表值	输出字符的个数。若出错，返回负数
int putc(int ch,FILE *fp);	把一个字符 ch 输出到 fp 所指的文件中	输出的字符 ch。若出错，返回 EOF
int putchar(cha ch);	把字符 ch 输出到标准输出设备	输出的字符 ch。若出错，返回 EOF
int puts(char *str);	向标准输出设备（显示器）输出字符串 str	返回换行符。若失败，返回 EOF
int rename(char *oldname, char *newname);	把由 oldname 所指的文件名改为由 newname 所指的文件名	成功返回 0，出错返回–1
void rewind(FILE *fp);	将 fp 指示的文件中的位置指针置于文件起始位置，并清除文件结束标志	无
int scanf(char *format,args,…);	从标准输入设备（键盘）按 format 指向的格式字符串所规定的格式，读取数据给 args 所指向的单元	读入给 args 的数据个数。遇文件结束返回 EOF，出错返回 0

表 D-2　math.h 中的部分内容

函数原型	函数功能	函数返回值
int abs(int x);	求整数 x 的绝对值	计算结果
double acos(double x);	求 x 的反余弦函数值，要求 x 的值在–1 到 1 之间	计算结果
double asin(double x);	求 x 的反正弦函数值，要求 x 的值在–1 到 1 之间	计算结果
double atan(double x);	求 x 的反正切函数值	计算结果
double cos(double x);	求 x 的余弦函数值，x 为弧度	计算结果
double cosh(double x);	计算 x 的双曲余弦 cosh(x)的值	计算结果
double exp(double x);	求以 e 为底的指数函数值（e 的 x 次方）	计算结果
duble fabs(double x)	求 x 的绝对值	计算结果
double floor(double x)	求出不大于 x 的最大整数，并表示为双精度浮点型	计算结果
double fmode(double x, double y);	求整除 x/y 的余数	返回余数的双精度数
double log(double x);	求 x 的自然对数值，即求 ln x	计算结果
double log10(double x);	求 x 的常用对数值，即 lg x	计算结果
double pow(double x, double y);	计算 x 的 y 次幂值	计算结果

续表

函数原型	函数功能	函数返回值
double sin(double x);	求 x 的正弦函数值，x 为弧度	计算结果
double sinh(double x);	计算 x 的双曲正弦函数 sinh(x) 的值	计算结果
double sqrt(double x);	求 x 的平方根，x 大于等于 0	计算结果
double tan(double x)	计算 tan(x)的值，x 为弧度	计算结果

表 D-3　ctype.h 中的部分内容

函数原型	函数功能	函数返回值
int isalnum(int ch);	检查 ch 是不是字母(alpha)或者数字(numeric)字符	是字母或数字返回 1；否则返回 0
int isalpha(int ch);	检查 ch 是不是字母	是字母返回 1；否则返回 0
int iscntrl(int ch);	检查 ch 是不是控制字符（其 ASCII 码在 0 到 31 之间）	是，返回 1；否则返回 0
int isdigit(int ch);	检查 ch 是不是数字字符（0～9）	是，返回 1；否则返回 0
int isgraph(int ch);	检查 ch 是不是可打印字符（空格除外）	是，返回 1；否则返回 0
int islower(int ch);	检查 ch 是不是小写字母（a～z）	是，返回 1；否则返回 0
int isprint(int ch);	检查 ch 是不是可打印字符（包括空格）	是，返回 1；否则返回 0
int ispunct(int ch);	检查 ch 是不是标点符号（不是字母、数字、空格的任何可打印字符）	是，返回 1；否则返回 0
int isspace(int ch);	检查 ch 是不是空格或回车换行或换行或跳格符（制表符）	是，返回 1；否则返回 0
int isupper(int ch);	检查 ch 是不是大写字母	是，返回 1；否则返回 0
int isxdigit(int ch);	检查 ch 是不是一个十六进制数字字符（a～f 或 A～F 或 0～9）	是，返回 1；否则返回 0
int tolower(int ch);	将 ch 代表的字符转换为小写字母	返回 ch 所代表字符的小写字母
int toupper(int ch);	将 ch 代表的字符转换成大写字母	与 ch 相应的大写字母

表 D-4　string.h 中的部分内容

函数名	函数功能	函数返回值
char *strcat(char *str1, char *str2);	把字符串 str2 接到 str1 后面，str1 最后面的'\0'被取消	str1
char *strchr(char *str, int ch);	找出 str 指向的字符串中第一次出现字符 ch 的位置	返回指向该位置的指针。如找不到，则返回空指针
int strcmp(char *str1, char *str2);	比较两个字符串 str1 和 str2 的大小	str1<str2，返回负数；str1=str2，返回 0；str1>str2，返回正数
char *strcpy(char *str1,char *str2);	把 str2 指向的字符串拷贝到 str1 中去	返回 str1
unsigned int strlen(char *str);	统计字符串 str 中字符的个数（不包括终止符'\0'）	返回字符个数
char *strncat(char *str1,char *str2,int maxlen);	若 str2 中字符个数大于等于 maxlen，将 str2 中前 maxlen 个字符连接到 str1 后边；否则将 str2 连接到 str1 后边	返回 str1
int strncmp(char *str1,char *str2,int maxlen);	比较两个字符串 str1 和 str2 中的不超过 maxlen 个字符的大小	str1<str2，返回负数；str1=str2，返回 0；str1>str2，返回正数

续表

函数名	函数功能	函数返回值
char *strncpy(char *str1,char *str2,int len);	将字符串 str2 中 len 个字符复制到 str1 中	返回 str1
char *strrchr(char *str,char ch);	找出字符 ch 在字符串 str 中最后一次出现的位置	若 ch 包含在 str 中，返回在 str 中最后一次出现的地址；否则，返回空指针
char *strstr(char *str1,char *str2);	找出字符串 str2 在字符串 str1 中第一次出现的位置	返回该位置的指针；若找不到，返回空指针

表 D-5　stdlib.h 中包含的部分内容

函数原型	函数功能	函数返回值
double atof(char *str);	将字符串 str 转化为双精度浮点型数值，str 必须为合法浮点数	双精度浮点数
int atoi(char *str);	将字符串 str 转化为整型数值，str 必须为合法整数值	得到的整数
long atol(char *str);	将字符串 str 转化为长整型数值，str 必须为合法整数值	得到的长整型数
void exit(int n);	使正在运行的程序正常终止。n 是传给调用进程的整数，以表示程序退出状态。一般 0 表示正常退出，非 0 表示异常退出	无
void *calloc(unsigned n, unsigned size);	分配 n 个数据项的内存连续空间，每个数据项的大小为 size	所分配的内存数据单元的起始地址；如失败，返回 0
char *fcvt(double value, int ndigit,int *dec,int *sign);	将浮点数转换成一个字符串。value 是待转换的浮点数，ndigit 是转换后的字符串长度，dec 是转换后的小数点位置，sign 是符号	字符串的首地址
void free(void *p);	释放 p 所指的内存区	无
char *itoa(int value, char *string,int radix);	将整数 value 转换成一个字符串。radix 是转换的进制，string 是转换后的字符串	指向 string 的指针
void *malloc(unsigned size);	分配 size 字节的内存区	所分配的内存区地址。如内存不够，返回 0
int rand(void);	产生一个 90～32 767 间的随机整数	随机整数
void *realloc(void *p, unsigned size);	将 p 所指出的已分配存储区的大小改为 size。size 可以比原来分配的空间大或小	指向该内存区的指针

表 D-6　graphics.h 中包含的部分内容

函数原型	函数功能	函数返回值
void arc(int x,int y,int stangle.int endangle,int r);	绘制以(x,y)点为圆心，stangle、endangle 为起始和终止角度，以 r 为半径的圆弧	无
void bar(int x0,int y0, x1, y1);	在点(x0,y0)和(x1,y1)之间绘制实心条形图	无
void circle(int x,int y,int r);	绘制以(x,y)点为圆心，以 r 为半径的圆形	无
void cleardevice(void);	清除整个屏幕的内容	无
void clearviewport(void);	清除当前屏幕窗口显示	无
void closegraph(void);	关闭图形工作方式	无
void detectgraph(int *driver, int *mode);	检测计算机图形适配器的类型和工作模式。driver 代表适配器类型，mode 代表适配器工作模式	无

续表

函数原型	函数功能	函数返回值
void drawpoly(int numpoint, int *points);	绘制一个多边形。numpoint 是顶点数目，points 是顶点坐标数组。注意，绘制封闭多边形时 points 给出顶点的第一个和最后一个坐标值要相同，坐标顺序为{x1,y1,x2,y2,…}	无
void ellipse(int x,int y,int start,int end,int xr,int yr);	绘制以(x,y)点为椭圆中心，以 start 和 end 为起始和终止角，xr、yr 为其两个半轴的椭圆	无
void fillpoly(int numpoins,int *points);	按当前设置的填充模式和颜色填充多边形，参数意义与 drawpoly 相同	无
void floodfill(int x, int y, int border);	填充一个有边界的区域，点(x,y)必须在区域内，border 是边界颜色，内部颜色必须用 setfillsyle 来设置	无
int getbkcolor(void);	得到当前背景颜色	颜色值
int getcolor(void);	得到当前前景颜色	颜色值
void getimage(int left, int top, int right, int bottom);	保存矩形图形屏幕的内容到 bitmap 缓冲区	无
int getmaxx(void);	得到当前图形模式下的最大有效 x 坐标数值	最大有效 x 坐标数值
int getmaxy(void);	得到当前图形模式下的最大有效 y 坐标数值	最大有效 y 坐标数值
void getmoderange(int graphdriver, int *lomode, int *himode);	得到某个图形驱动器 driver 的图形模式范围	无
unsigned getpixel(int x,int y);	得到坐标为（x,y）的像素颜色	该像素颜色数值
int far getx(void);	得到当前位置的 x 坐标	当前位置的 x 坐标
int far gety(void);	得到当前位置的 y 坐标	当前位置的 y 坐标
unsigned imagesize(int left, int top, int right, int bottom);	得到存储一块屏幕图像所需要的字节数	存储图像的字节数
void initgraph(int *graphdriver, int *graphmode, char *pathtodriver);	初始化图形系统。以下代码将图形系统初始化为 VGA 640×480 16 色工作方式： int driver=VGA,mode=VGAHI; initgraph(&driver,&mode,"c:\\tc")	无
void line(int x1, int y1, int x2, int y2);	画直线。（x1,y1）和（x2,y2）是直线的起点和终点坐标	无
void lineto(int x, int y);	从当前位置到指定位置画直线。（x,y）是直线的终点坐标	无
void linerel(int deltax, int deltay);	从当前位置开始，在 X 轴和 Y 轴方向分别按 deltax,deltay 增量画直线	无
void moverel(int dx, int dy);	移动图形模式下的光标位置。dx,dy 是光标从当前位置移动的偏移量	无

续表

函数原型	函数功能	函数返回值
void moveto(int x, int y);	移动图形模式下的光标位置。(x,y)是光标移动的目的坐标	无
void outtext(char *textstring);	图形模式下在当前位置显示一行字符串。textstring 是要显示的字符串	无
void outtextxy(int x, int y, char *textstring);	图形模式下在(x,y)坐标位置显示一行字符串。(x,y)是显示的坐标，textstring 是要显示的字符串	无
void pieslice(int x, int y, int start, int end,int radius);	画扇形。(x,y)是扇形所在圆的圆心坐标，start,end 为扇形的开始和结束角度，radius 为圆的半径	无
void putimage(int left, int top, void *bitmap, int op);	将先前存储的屏幕图像恢复到屏幕上。left,top 是恢复的位置，bitmap 是存储的图像位图缓存，op 是恢复模式。例如完全复制时 op 取值 COPY_PUT	无
void putpixel(int x, int y, int color);	在屏幕上画一个点。(x,y)是画点位置的坐标，color 是画点颜色	无
void rectangle(int left, int top, int right, int bottom);	图形方式下，在屏幕上画一个矩形。(left, top)和(right,bottom)为矩形的左上角和右下角坐标	无
void setbkcolor(int color);	设置背景颜色	无
void setcolor(int color);	设置前景颜色	无
void setfillstyle(int pattern, int color);	设置填充模式和填充颜色。color 为填充颜色，pattern 为填充模式。例如 SOLID_FILL 表示实填充	无
void setgraphmode(int mode);	设置图形工作模式： mode=VGAHI=2 表示 640×480，16 种颜色； IBM8514LO=0　表示 640×480，256 种颜色； IBM8514HI= 1　表示 1024×768，　256 种颜色	无
void setlinestyle(int linestyle, unsigned upattern, int thickness);	设置画线模式。linestyle 是画线风格，取值和含义如下： SOLID_LINE= 0 为实线，DOTTED_LINE = 1 为点线； upattern 在 linestyle=USERBIT_LINE 时，表示自定义的线型；thickness 为线宽，有 2 个取值： NORM_WIDTH = 1　1 个像素宽度 THICK_WIDTH = 3　3 个像素宽度	无
void settextstyle(int font, int direction, int charsize);	设置图形模式下字符显示的字体、方向和大小。例如 font=0 为 8×8 点阵字，font=2 为小号字；direction=0 表示水平输出，charsize 表示放大倍数	无
void setviewport(int left, int top, int right, int bottom, int clip);	设置图形模式下图形函数操作的窗口大小。(left, top)和（right,bottom）为窗口大小坐标；clip 表示是否剪切，1 表示对超出设置图形窗口大小的操作不显示，0 表示超出的内容也显示	无

参考文献

[1] 谭浩强．C 语言程序设计[M]．北京：清华大学出版社，2003.
[2] 周察全．C 语言程序设计教程[M]．成都：电子科技大学出版社，2004.
[3] 孙淑霞，等．C 语言程序设计[M]．北京：电子工业出版社，2003.
[4] 李培金，等．C 语言程序设计案例教程[M]．西安：西安电子科技大学出版社，2003.
[5] 张淑平，等．C 语言程序设计辅导[M]．西安：西安电子科技大学出版社，2002.
[6] 何钦铭．C 语言程序设计[M]．北京：人民邮电出版社，2003.
[7] 温海，张友，等．C 语言精彩编程百例[M]．北京：中国水利水电出版社，2004.
[8] 李春葆．C 语言程序设计题典[M]．北京：清华大学出版社，2002.
[9] 罗澄源，等．物理化学实验[M]．北京：高等教育出版社，1994.
[10] 王正烈，等．物理化学[M]．北京：高等教育出版社，2003.
[11] 陈锺贤．计算物理学[M]．哈尔滨：哈尔滨工业大学出版社，2003.
[12] 何良知，等．石油化工工艺计算程序[M]．北京：中国石化出版社，1993.
[13] Herbert Schildt．C 语言大全[M]．郭兴社，戴建鹏，编译．北京：电子工业出版社，1990.
[14] 龚杰民，金益民．C 语言程序设计及其应用[M]．西安：西安电子科技大学出版社，1992.
[15] 迟成文，汪小琼．高级语言程序设计[M]．北京：经济科学出版社，2000.
[16] 曾令明，等．C 程序设计与实例教程[M]．西安：西安电子科技大学出版社，2007.
[17] 郑军红，等．C 语言程序设计基础[M]．武汉：武汉大学出版社，2011.
[18] 王晓丹，等．C 语言程序设计课程与考试辅导[M]．西安：西安电子科技大学出版社，2007.
[19] 姚琳，等．C 语言程序设计（第 2 版）[M]．北京：人民邮电出版社，2010.
[20] Peter Van Der Linden，徐波．C 专家编程[M]．北京：人民邮电出版社，2008.
[21] 郭有强，等．C 语言程序设计[M]．北京：清华大学出版社，2009.
[22] 周彩英，等．C 语言程序习题解答与学习指导[M]．北京：清华大学出版社，2011.
[23] 陈叶芳，等．C 语言程序设计方法及在线实践[M]．北京：清华大学出版社，2011.
[24] 汪新民，等．C 语言基础案例教程[M]．北京：北京大学出版社，2010.

图书资源支持

感谢您一直以来对清华版图书的支持和爱护。为了配合本书的使用，本书提供配套的素材，有需求的用户请到清华大学出版社主页(http://www.tup.com.cn)上查询和下载，也可以拨打电话或发送电子邮件咨询。

如果您在使用本书的过程中遇到了什么问题，或者有相关图书出版计划，也请您发邮件告诉我们，以便我们更好地为您服务。

我们的联系方式：

地　　址：北京海淀区双清路学研大厦 A 座 707

邮　　编：100084

电　　话：010－62770175－4604

资源下载：http://www.tup.com.cn

电子邮件：weijj@tup.tsinghua.edu.cn

QQ：883604(请写明您的单位和姓名)

扫一扫

资源下载、样书申请

新书推荐、技术交流

用微信扫一扫右边的二维码，即可关注清华大学出版社公众号“书圈”。